鈴木ひであき
Hideaki Suzuki

よく分かる Power BI

パワービーアイ

データを可視化して業務効率化を成功させる方法

インプレス

本書は、2023年7月時点の情報を掲載しています。
本文内の製品名およびサービス名は、一般に各開発メーカーおよびサービス提供元の登録商標または商標です。
なお、本文中にはTMおよび®マークは明記していません。

はじめに

ビジネスインテリジェンス（BI）とは「企業などの組織のデータを、収集・蓄積・分析・報告することで、経営上などの意思決定に役立てる手法や技術のこと」と定義できます。そしてBIの主な目的は、ビジネスでより早くより適切な決断・決定を促すためのものです。私なりに言い換えれば、データベースをデータの保存だけに使うのはもったいないので、積極的に活用して売上アップや業務の効率化を図ろう、ということです。

BIプロジェクトは、かつては予算に余裕のある大企業だけがBIの専門家を雇って行うものでしたが、最近では技術の進歩や知識の広がりにより、中小企業も含めたより多くの企業でも行えるようになりました。Microsoft社のPower BIはそのようなBIプロジェクトを遂行するために開発されたツールの1つで、多くの機能があるにもかかわらず無料で使用できるため、非常に人気が高まっています。大量のデータをさまざまな形で可視化して、データの分析も簡単に行えるようになりました。私自身は2004年からBI関連の仕事にかかわってきましたが、2017年に初めてPower BIを使ったときには、グラフの作成やドリルダウンの設定の簡単さに非常に驚いたのを憶えています。

Power BIは比較的初心者でも使いやすいように設計されていますが、毎月アップデートがあるため、最近では逆に機能が多くなりすぎ、重要なものとそうでないものの判断が難しくなってきました。そのため、本書はPower BIのすべての機能を辞書的に説明するのではなく、レポートを作るときに誰もが通る1つの流れとして、全体のプロセスがわかりやすいように書かれています。本書を読むことにより、Power BIの初心者でも全体像をつかんで自信を持ってレポート作成が行えるようになると思います。データ分析のプロを目指して一緒に勉強していきましょう！

2023年7月
鈴木ひであき

CONTENTS

chapter 4 | Power Queryでデータを加工しよう

chapter 5 | DAXで分析に必要なデータを用意しよう

chapter 6 | レポートを作成しよう

chapter 7 | Power BIサービスでレポートを共有しよう

▼本書サンプルファイルのダウンロードについて

本書で使用しているサンプルファイルは本書情報ページからダウンロードできます。パソコンのWebブラウザで下記URLにアクセスし、「●ダウンロード」の項目から入手してください。ファイルはzip形式で圧縮しているので、展開してからご利用ください。

https://book.impress.co.jp/books/1122101109

chapter 1

Power BIの
基本をおさえよう

Power BI　BIツール　グラフ化

Power BIでデータをビジネスに生かす

うーん……販売実績データを分析して、広告のターゲットの戦略を立てるように言われたけれど……。

おや、どうしたの？　Excelのデータを悩ましげに見つめているけれど。

あっ、聞いてくださいよ。今年から、会社としてデータの分析に力を入れる方針とのことなんですけど、上司から売上の分析を頼まれてしまって。何かいい方法ってありませんかね……？

ふむふむ、BI（Business Intelligence）というやつだね。それなら、Power BIを使ってみるのはどうかな？

Power BI ？

Power BIはMicrosoft社が提供しているBIツールのソフトだよ。BIツールというのは、簡単にいうとデータを分析してビジネスに生かすためのツールだね。

データを分析……Excelとは何が違うんでしょうか？

Power BIは必ずしもExcelを置き換えるものではないんだよ。ただ、グラフ化などの作業はPower BIのほうが圧倒的に優れていて、見栄えのよいさまざまなタイプのグラフを短時間で作成できるから、データ分析がしやすくなるんだ。

なるほど……製品の売上や日付、地域を記録した販売実績データがあるんですけど、Power BIを使ってデータ分析できるでしょうか？

データの構造にもよるけれど、そのデータだったら売上の前年比や前月比との比較を簡単に行ったり、地域ごとの収支レポートを作成して比較したり、製品別の売上を簡単に分析したりすることができるね。

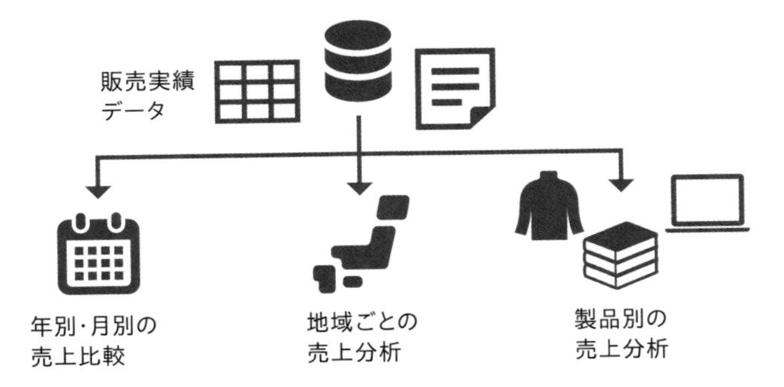

そのほかにも、例えば人事データを読み込んで労働時間を分析することで労働環境の改善につなげたり、在庫データを可視化・分析して発注プロセスの改善に生かしたりといったケースも考えられるね。

なんだか便利そうです！　実際に使ってみたいんですが、簡単に説明してくれませんか？

もちろん！　まずはPower BIの画面を見ながら、大まかな機能を1つずつ理解していこう！

chapter 1で学ぶこと

- Power BIとは
- Power BIの主な画面

Power BI Desktop　Power BIサービス　グラフの作成と共有

Power BIとは

Power BIってどういうツールなんでしょうか？

まずはBIツールとは何か、そしてPower BIでどのようなことができるのか説明しよう！

Power BIとは

Power BIは、Microsoft社が提供しているBIツールのソフトです。BI（Business Intelligence）とは、データを分析してビジネスに生かすことで、具体的には「売上のデータを分析して広告のターゲットの参考にする」や「社員の勤務時間をグラフにして労務管理をしやすくする」といった例が挙げられます。Power BIは、そんなBIを実現するためのツールです。

Power BIのイメージ

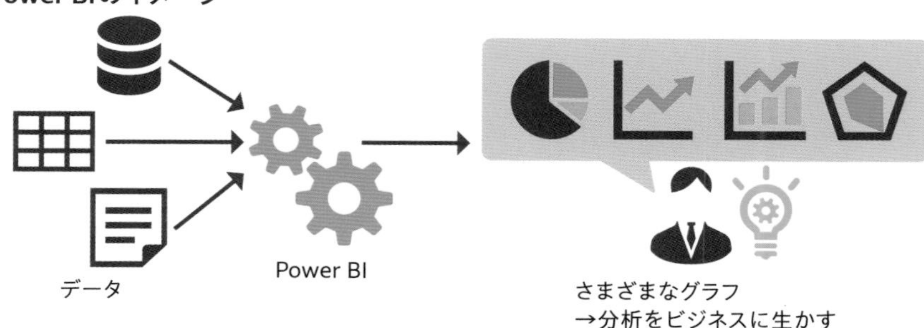

▲ Excelやデータベースなどのさまざまなデータを、グラフによって視覚化することで分析しやすくし、ビジネスに活用する

Power BIには、インストールして使用する**Power BI Desktop**と、Webブラウザ上で動作する**Power BIサービス**があります。本書では主にPower BI Desktopを使用していますが、Power BIサービスについてもchapter 7で説明します。

Power BIでできること

■ グラフを作成する

Excelなどのデータを読み込んで、見栄えのよいさまざまなグラフを短時間で簡単に作成できます。そのため、データの分析が行いやすくなります。

Power BIで売上データのグラフを作成した例

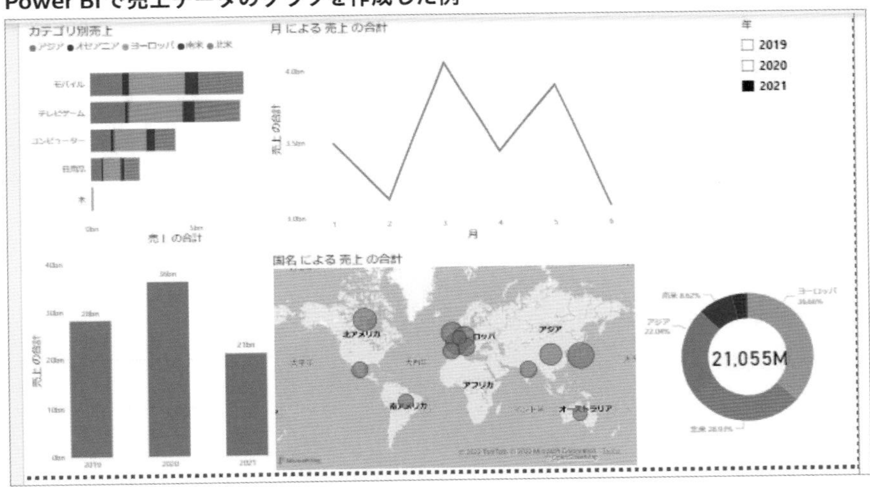

▲積み上げ棒グラフや折れ線グラフなどのグラフや、地図上に表示したデータなどを作成できる

■ 作成したグラフの共有

Power BIサービスを使うと、作成したグラフをクラウド上で他のユーザーと共有できます。なお、共有機能には有償のPower BI Proのライセンスが必要です。

グラフの共有

▲作成したグラフを共有することで、クラウド上で他のユーザーが同じグラフを確認できるようになる。分析したデータを社内で共有したいときなどに便利

Power BIで売上を分析する流れ

実際にPower BIで売上を分析しようとしたとき、どのような流れになるんでしょうか？

それでは、実際にPower BIを使うときの一般的な流れについて説明するね！

Power BIでデータを分析するには、まず元となるデータを読み込みます。そのデータを加工し、グラフを作成していきます。Power BIでは、グラフを集めてデータを分析できるように視覚化したものを**レポート**と呼びます。作成したレポートは、他のユーザーもWebブラウザ上などで確認できるように共有することが可能です。

Power BIでレポートを作成する流れ

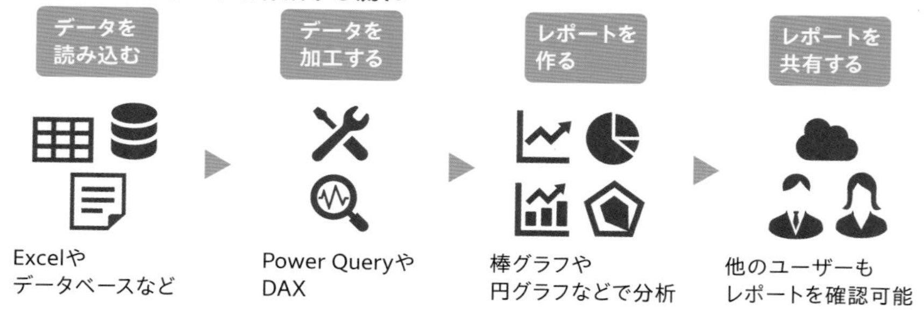

▲元となるデータを読み込み、必要に応じてデータを加工する。それらのデータを使用してグラフを集めたレポートを作成する。同じ会社の人などにもレポートを見せたいときは、共有機能を使うのが便利

■ ①データを読み込む

まずは元となるデータを読み込みます。読み込むことのできるデータは、Excelファイルや CSVデータ、SQL Serverなどのデータベース、Webページ上の表など多岐にわたります。詳しくはchapter 2で解説します。

■ ②データを加工する

続いて、読み込んだデータを編集していきます。Excelなどのデータは、必ずしもデータ分析に適した構造にはなっていなかったり、必要なデータが足りなかったりするためです。

複数のデータの間の結びつき（リレーションシップ）を調整したり、分析に必要なデータをPower QueryやDAXを使って新たに算出したりします。詳しくはchapter 3、4、5で解説します。

例えば、製品の単価と販売数を掛け算して、売上を計算し、そのデータをグラフでの分析に使うといった目的で、データの編集を行っていくんだ。

■ ③レポートを作る

読み込んだデータを加工して必要な情報を用意できたら、分析したいデータを表したグラフを作成してレポートにまとめていきます。棒グラフや円グラフなどの基本的なグラフをはじめとして、さまざまなグラフを作成することができます。詳しくはchapter 6で解説します。

Power BIのレポートとして作成したグラフでは、年別や地域ごとのデータを確認したいと思ったら、クリックひとつで簡単に表示することができるんだ。

それは便利ですね……！　売上データの分析がはかどります！

■ ④レポートを共有する

作成したレポートは、Webブラウザ上で動作するPower BIサービスを使うことで共有することが可能です。なお、共有機能を利用するには有償のPower BI Proライセンスが必要となります。詳しくはchapter 7で解説します。

グラフの画像だけを共有するのと比べて、Power BI上でレポートを操作してデータを地域別や年別などで表示できるので、その人にとって見たいデータを簡単に確認することができるのがメリットだね。

インストール　Microsoft Store

Power BI Desktopのインストール方法

Power BI Desktopは無償で使用できるBIツールで、インストールの手順もとても簡単だよ。

Power BI Desktopのインストール

Power BI Desktopは、Windows標準アプリの［Microsoft Store］からダウンロードし、**インストール**できます。

Power BI Desktopのシステム要件は、Windows 10 Version 14393.0以降、x64アーキテクチャで、メモリは2GB以上を推奨としています。

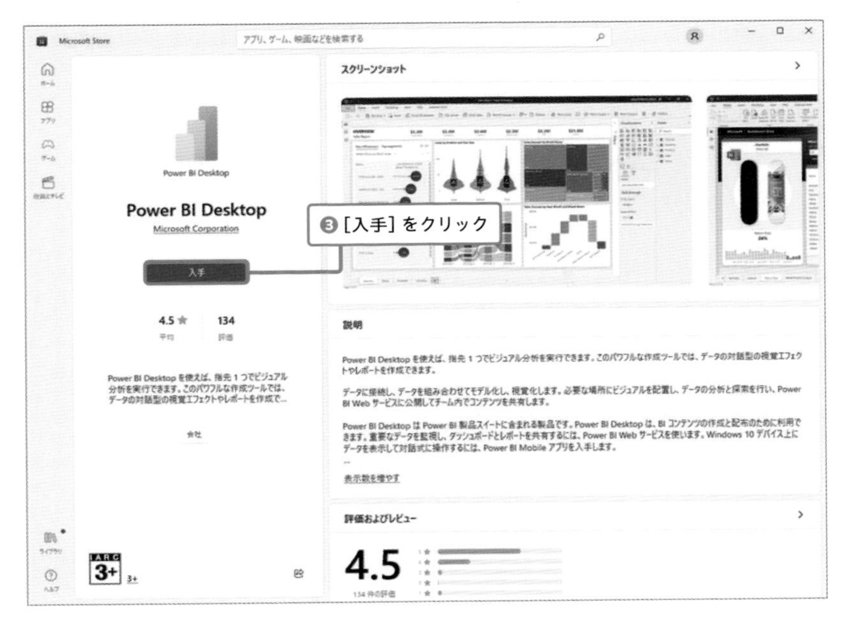
Microsoft Store
アプリ、ゲーム、映画などを検索する
スクリーンショット
Power BI Desktop
Power BI Desktop
Microsoft Corporation
❸［入手］をクリック
入手
4.5
134
説明
Power BI Desktop を使えば、指先 1 つでビジュアル分析を実行できます。このパワフルな作成ツールでは、データの対話型の視覚エフェクトやレポートを作成できます。
データに接続し、データを組み合わせてモデル化し、視覚化します。必要な場所にビジュアルを配置し、データの分析と探索を行い、Power BI Web サービスに公開してチーム内でコンテンツを共有します。
Power BI Desktop は Power BI 製品スイートに含まれる製品です。Power BI Desktop は、BI コンテンツの作成と配布のために利用できます。重要なデータを監視し、ダッシュボードとレポートを共有するには、Power BI Web サービスを使います。Windows 10 デバイス上にデータを表示して対話式に操作するには、Power BI Mobile アプリを入手します。
表示数を増やす
評価およびレビュー
4.5
134 件の評価

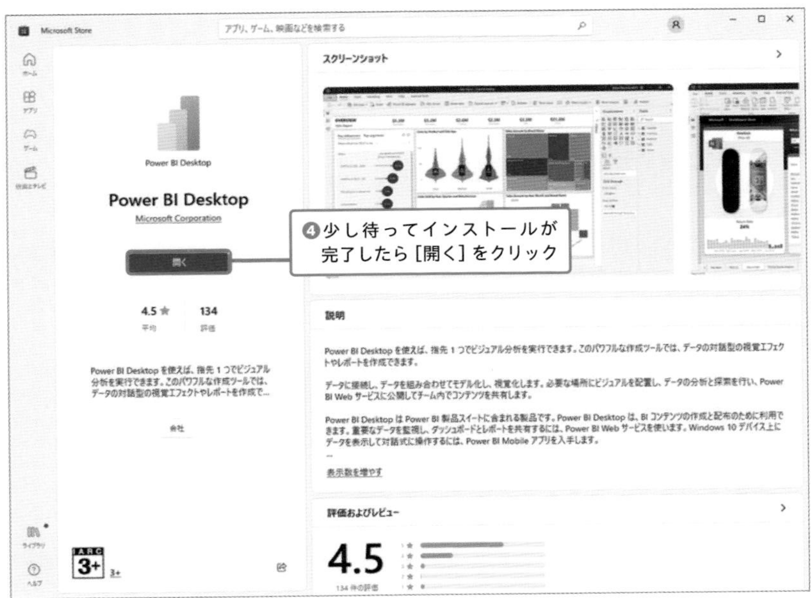
Microsoft Store
アプリ、ゲーム、映画などを検索する
スクリーンショット
Power BI Desktop
Power BI Desktop
Microsoft Corporation
❹少し待ってインストールが
完了したら［開く］をクリック
開く
4.5
134
説明
表示数を増やす
評価およびレビュー
4.5
134 件の評価

次のページに続く

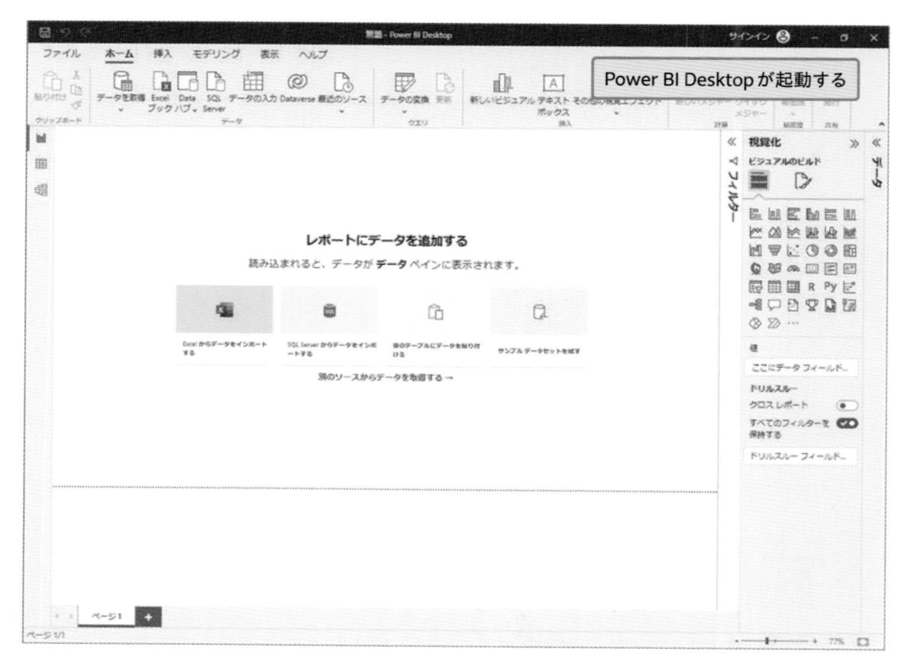

おお、Power BI Desktopが起動しました！　手順がわかりやすくて、インストールもとても簡単に行うことができますね。

それじゃあ、本格的な解説に入る前に、Power BIの画面について簡単に説明していくね。

ビュー　Power Query

Power BIの画面

Power BIは大きく分けて4つの画面に分かれているんだ。レポートビュー、テーブルビュー、モデルビューというデータの内容をそれぞれ異なる形で確認する3つのビューと、データの加工を行うPower Query画面だよ。

レポートビュー

グラフなどの視覚化した情報をまとめたものを、Power BIでは**レポート**といいます。レポートビューでは、レポートの作成、編集を行います。

レポートビュー画面

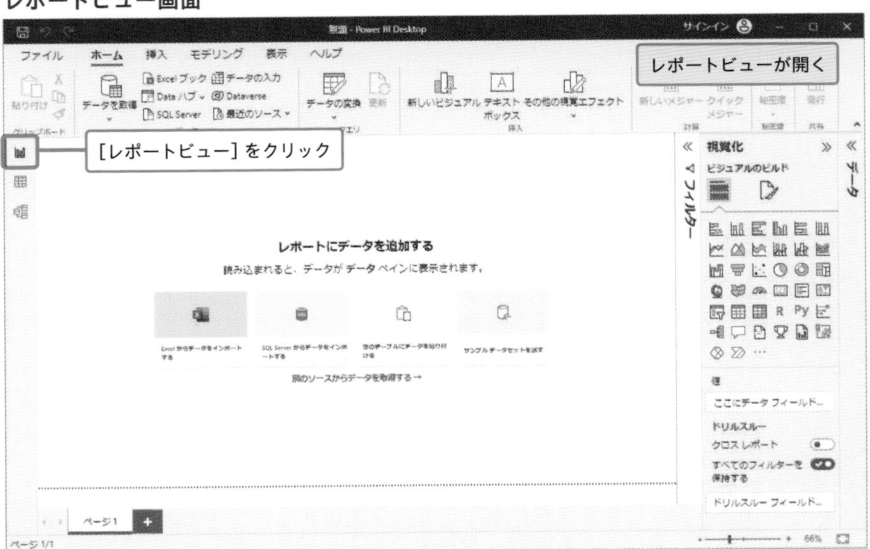

テーブルビュー

テーブルビュー（もしくはデータビュー）ではデータの確認やデータ型の変換などを行います。

テーブルビュー画面

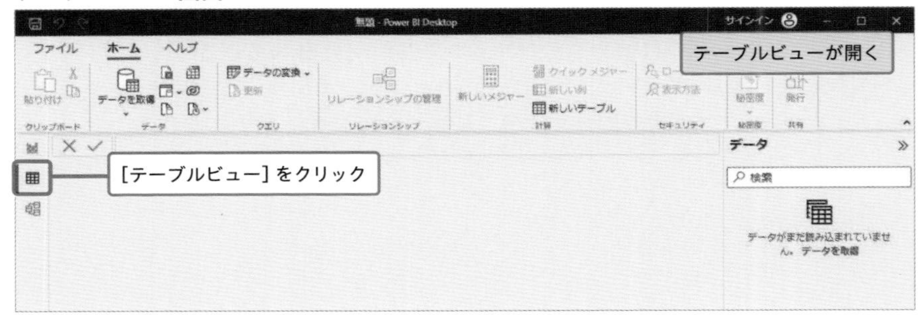

データを取り込む前は何も表示されていませんが、取り込むと以下のように取り込んだデータが表示されます。

データ取り込み後のテーブルビュー画面

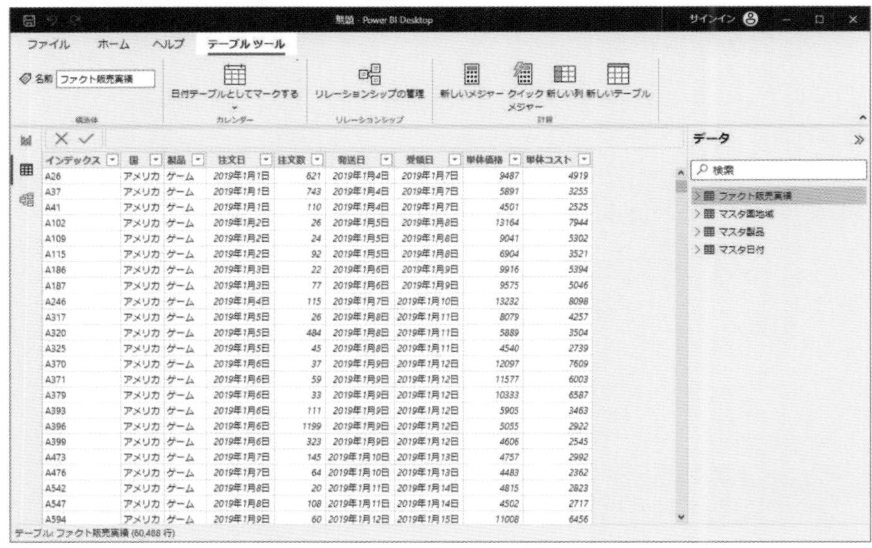

モデルビュー

　モデルビューではテーブル間のリレーションシップの作成や編集、データ型の変換を行えます。なお、モデルとは、どのようなテーブルがあり、またそれらがどのようなリレーションシップで紐づけられているのかを指します。

モデルビュー画面

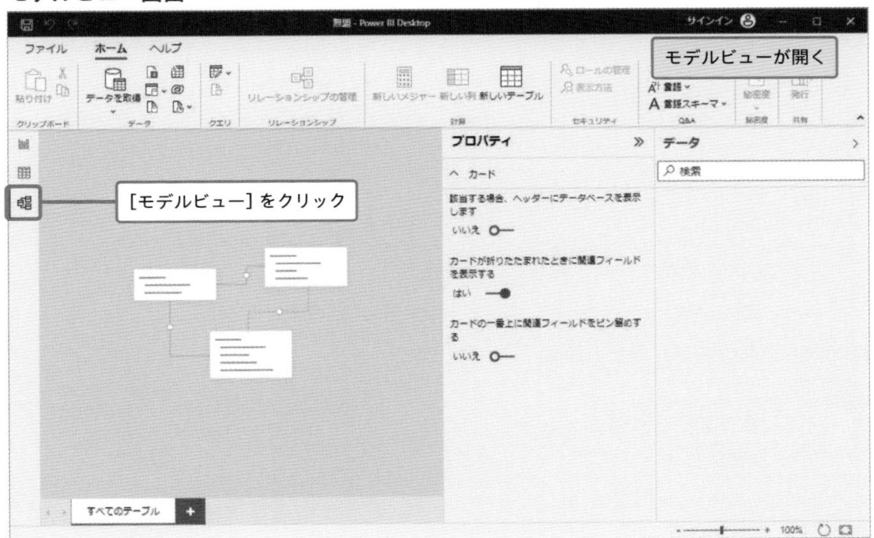

モデルビューでのリレーションシップの作成については、chapter 3で詳しく解説しているよ。

Power Query

Power Queryは、主にデータの加工を行い、レポート作成に適したデータの作成、編集、結合、削除などを行う機能です。画面上部の[データの変換]をクリックすると[Power Queryエディター]が起動します。

[データの変換] メニュー

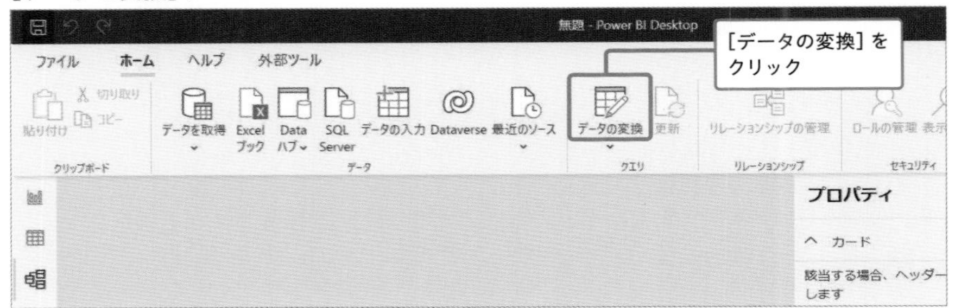

[Power Queryエディター] 画面

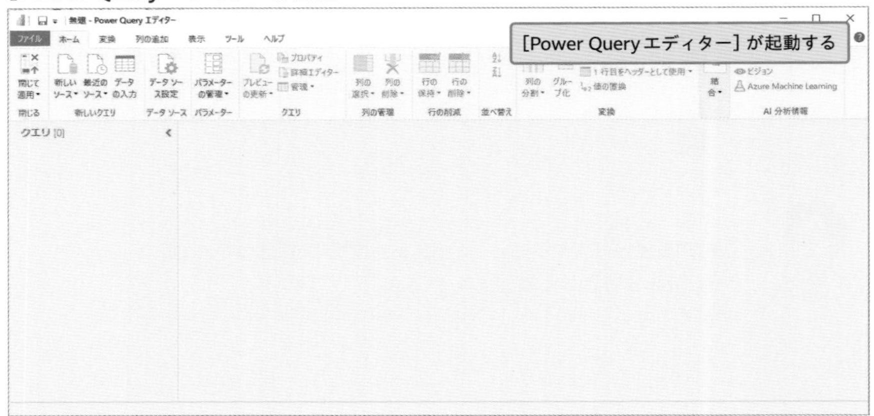

Power Queryについては、chapter 4で詳しく解説しているよ。

chapter 2

データを読み込もう

データソース　読み込み

Power BIでデータを読み込もう

Power BI Desktopをインストールして起動はしたんですが、ここから販売実績データを分析するには何をすればいいんですか？

どのようなレポートを作成するにしても、第一歩はデータへの接続だよ。Power BIでは、読み込むデータのことをデータソースというんだ。

なるほど。どんなデータソースに接続できるんですか？

Power BIはCSVファイルやSQL Serverなどさまざまなデータソースに接続することができるんだ。そして接続可能なデータソースの種類は毎月増えているよ。

じゃあ、販売実績データの入ったExcelファイルを読み込むこともできますか……？

もちろん！　Power BIでファイルを読み込む方法を説明していくね。

chapter 2で学ぶこと

- データへの接続方法
- 3つの異なる接続方法
- Excelからデータのインポートの仕方

Excel　SQL Server　Webページ

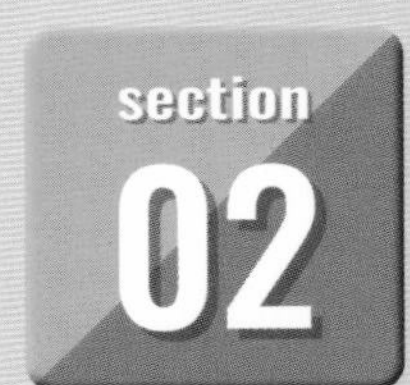

データソースとは

データソースって何ですか？

実際にデータの分析やグラフの作成を始める前に、このsectionではまずデータソースについて説明していくね。

データソースとその種類

Power BIでグラフを作成するには、元となる**データソース**が必要です。データソースとは、簡単にいえばデータが保存してあるデータベースやファイル、またはシステムを指します。数TBになるような大きなものもあれば、わずかな行と列を含むファイルなど小さなものもあります。データソースは、ユーザーが使っているPCや共有フォルダー、リモートサーバー上、Web上などで保存されているものを使用できます。

Power BIとデータソース

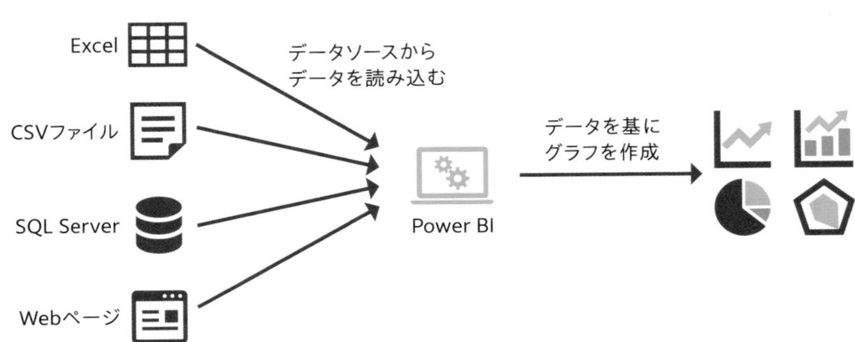

▲ Power BIではさまざまなデータソースを利用することができる

Power BIが接続できるデータソースは、具体的には**Excel**や**SQL Server**、**Webページ**などがあります。

Excelの例

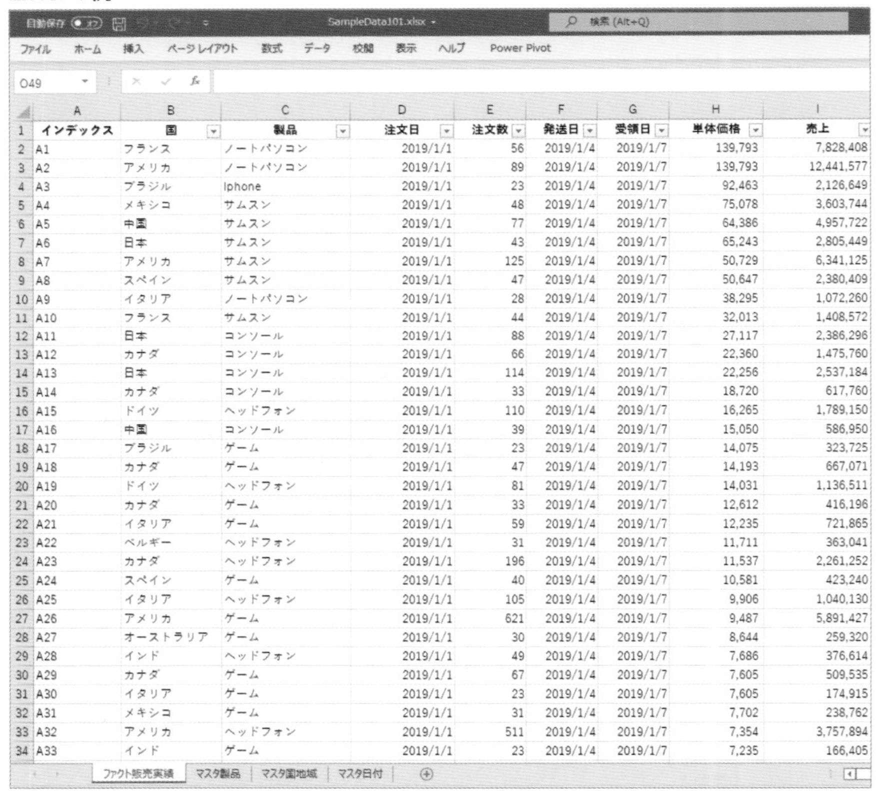

	A	B	C	D	E	F	G	H	I
1	インデックス	国	製品	注文日	注文数	発送日	受領日	単体価格	売上
2	A1	フランス	ノートパソコン	2019/1/1	56	2019/1/4	2019/1/7	139,793	7,828,408
3	A2	アメリカ	ノートパソコン	2019/1/1	89	2019/1/4	2019/1/7	139,793	12,441,577
4	A3	ブラジル	Iphone	2019/1/1	23	2019/1/4	2019/1/7	92,463	2,126,649
5	A4	メキシコ	サムスン	2019/1/1	48	2019/1/4	2019/1/7	75,078	3,603,744
6	A5	中国	サムスン	2019/1/1	77	2019/1/4	2019/1/7	64,386	4,957,722
7	A6	日本	サムスン	2019/1/1	43	2019/1/4	2019/1/7	65,243	2,805,449
8	A7	アメリカ	サムスン	2019/1/1	125	2019/1/4	2019/1/7	50,729	6,341,125
9	A8	スペイン	サムスン	2019/1/1	47	2019/1/4	2019/1/7	50,647	2,380,409
10	A9	イタリア	ノートパソコン	2019/1/1	28	2019/1/4	2019/1/7	38,295	1,072,260
11	A10	フランス	サムスン	2019/1/1	44	2019/1/4	2019/1/7	32,013	1,408,572
12	A11	日本	コンソール	2019/1/1	88	2019/1/4	2019/1/7	27,117	2,386,296
13	A12	カナダ	コンソール	2019/1/1	66	2019/1/4	2019/1/7	22,360	1,475,760
14	A13	日本	コンソール	2019/1/1	114	2019/1/4	2019/1/7	22,256	2,537,184
15	A14	カナダ	コンソール	2019/1/1	33	2019/1/4	2019/1/7	18,720	617,760
16	A15	ドイツ	ヘッドフォン	2019/1/1	110	2019/1/4	2019/1/7	16,265	1,789,150
17	A16	中国	コンソール	2019/1/1	39	2019/1/4	2019/1/7	15,050	586,950
18	A17	ブラジル	ゲーム	2019/1/1	23	2019/1/4	2019/1/7	14,075	323,725
19	A18	カナダ	ゲーム	2019/1/1	47	2019/1/4	2019/1/7	14,193	667,071
20	A19	ドイツ	ヘッドフォン	2019/1/1	81	2019/1/4	2019/1/7	14,031	1,136,511
21	A20	カナダ	ゲーム	2019/1/1	33	2019/1/4	2019/1/7	12,612	416,196
22	A21	イタリア	ゲーム	2019/1/1	59	2019/1/4	2019/1/7	12,235	721,865
23	A22	ベルギー	ヘッドフォン	2019/1/1	31	2019/1/4	2019/1/7	11,711	363,041
24	A23	カナダ	ヘッドフォン	2019/1/1	196	2019/1/4	2019/1/7	11,537	2,261,252
25	A24	スペイン	ゲーム	2019/1/1	40	2019/1/4	2019/1/7	10,581	423,240
26	A25	イタリア	ヘッドフォン	2019/1/1	105	2019/1/4	2019/1/7	9,906	1,040,130
27	A26	アメリカ	ゲーム	2019/1/1	621	2019/1/4	2019/1/7	9,487	5,891,427
28	A27	オーストラリア	ゲーム	2019/1/1	30	2019/1/4	2019/1/7	8,644	259,320
29	A28	インド	ヘッドフォン	2019/1/1	49	2019/1/4	2019/1/7	7,686	376,614
30	A29	カナダ	ゲーム	2019/1/1	67	2019/1/4	2019/1/7	7,605	509,535
31	A30	イタリア	ゲーム	2019/1/1	23	2019/1/4	2019/1/7	7,605	174,915
32	A31	メキシコ	ゲーム	2019/1/1	31	2019/1/4	2019/1/7	7,702	238,762
33	A32	アメリカ	ヘッドフォン	2019/1/1	511	2019/1/4	2019/1/7	7,354	3,757,894
34	A33	インド	ゲーム	2019/1/1	23	2019/1/4	2019/1/7	7,235	166,405

▲ビジネスでよく使われるExcelのデータをPower BIで読み込むことで、これまで蓄積された資料を分析することも容易になる

SQL Serverの例

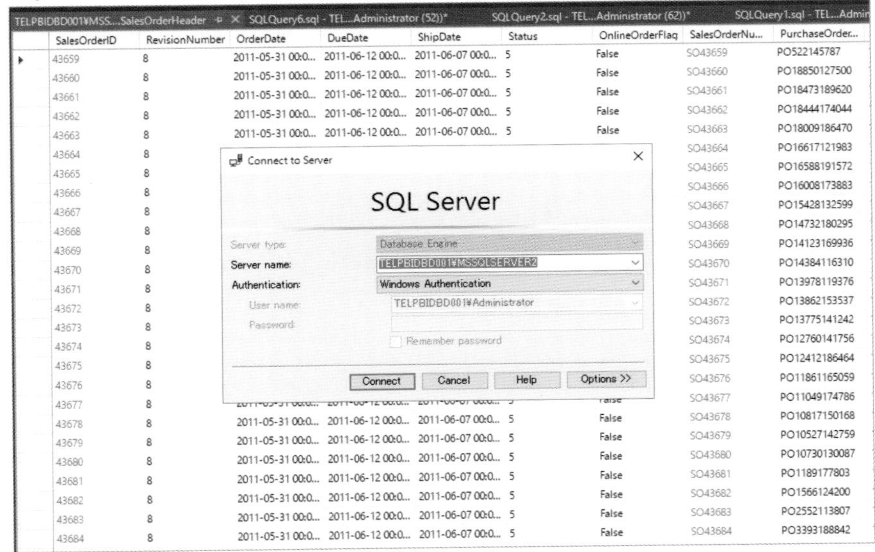

▲Microsoft社が提供するデータベースのSQL Serverも、Power BIではデータソースとして接続できる

Wikipediaのページの表

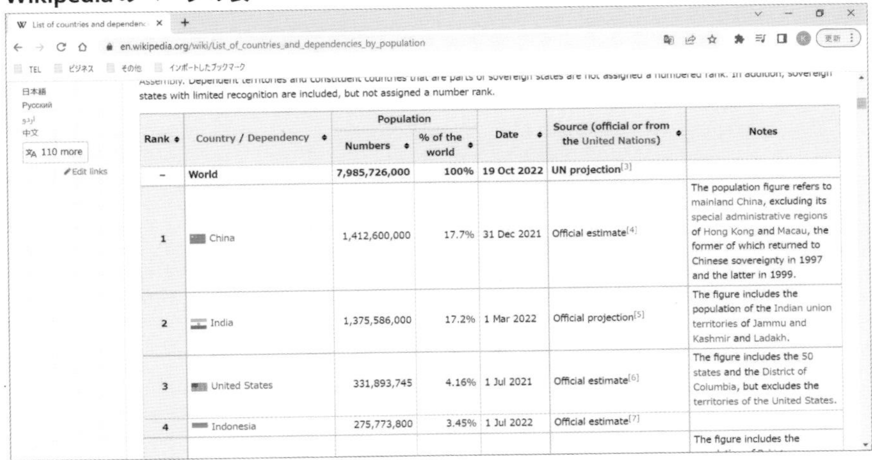

▲Webページ上の表などのデータもPower BIで扱うことができる

テーブル　インポート　DirectQuery

データソースへの接続

Power BIでデータを読み込む方法を説明するよ。実際にPower BIを通じてデータソースに接続してみましょう！

Excelからのデータの取得

Power BIを起動し、「SampleData101.xlsx」というExcelファイルを読み込みます。サンプルファイルのダウンロードについては、P.6を参照ください。このサンプルファイルには「ファクト販売実績」「マスタ製品」「マスタ国地域」「マスタ日付」の4つのシートが入っています。Power BIでは、読み込んだシートのデータを**テーブル**という名前で扱います。

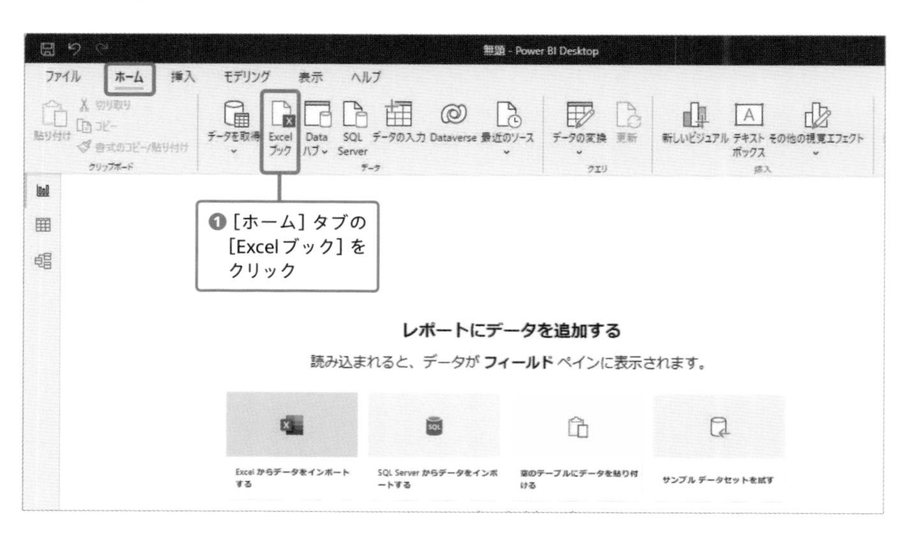

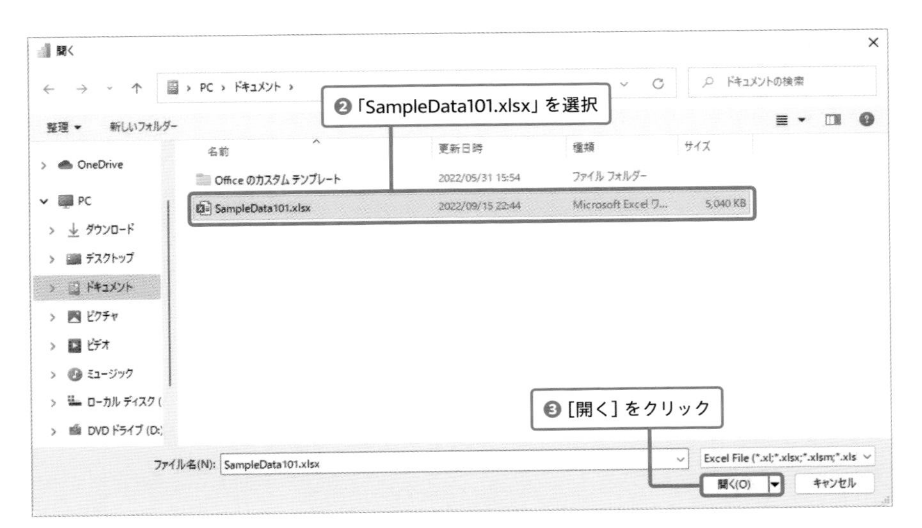
開く
PC › ドキュメント ›
ドキュメントの検索
❷「SampleData101.xlsx」を選択
整理
新しいフォルダー
名前
更新日時
種類
サイズ
OneDrive
PC
ダウンロード
デスクトップ
ドキュメント
ピクチャ
ビデオ
ミュージック
ローカル ディスク (
DVD ドライブ (D:)
Office のカスタム テンプレート
2022/05/31 15:54
ファイル フォルダー
SampleData101.xlsx
2022/09/15 22:44
Microsoft Excel ワ...
5,040 KB
❸［開く］をクリック
ファイル名(N):
SampleData101.xlsx
Excel File (*.xl;*.xlsx;*.xlsm;*.xls
開く(O)
キャンセル

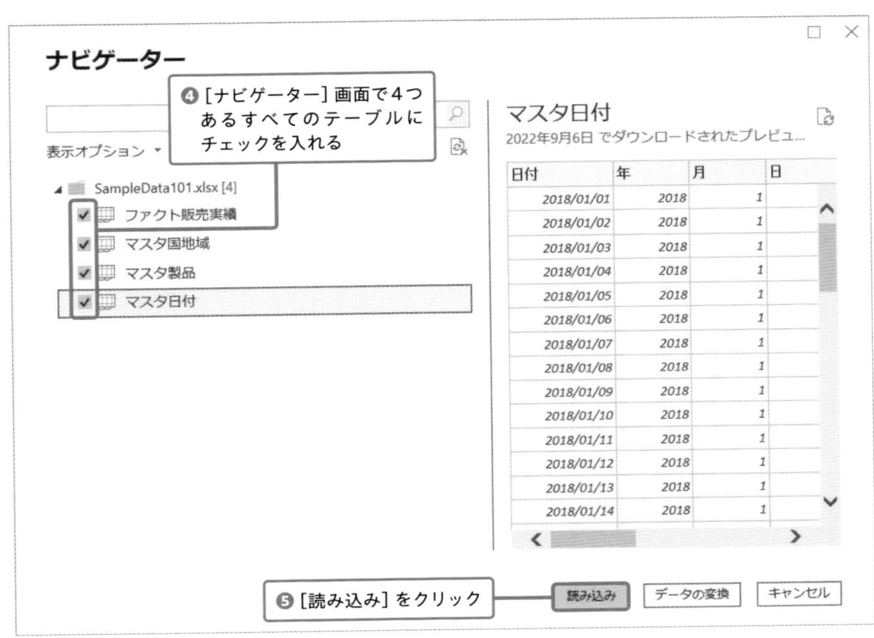
ナビゲーター
❹［ナビゲーター］画面で4つあるすべてのテーブルにチェックを入れる
表示オプション
SampleData101.xlsx [4]
ファクト販売実績
マスタ国地域
マスタ製品
マスタ日付
マスタ日付
2022年9月6日 でダウンロードされたプレビュ...
日付
年
月
日
❺［読み込み］をクリック
読み込み
データの変換
キャンセル

次のページに続く

※［データ］は、Power BIのバージョンによっては［フィールド］という名称になっている場合があります。

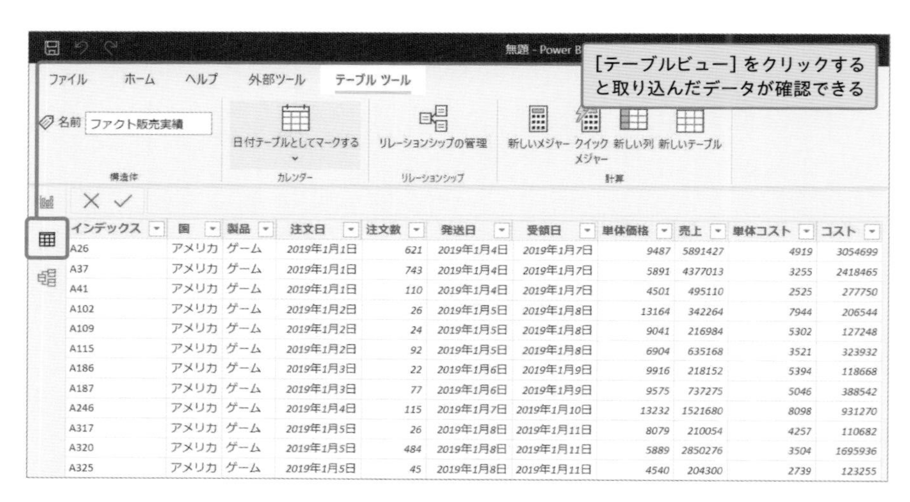

インデックス	国	製品	注文日	注文数	発送日	受領日	単体価格	売上	単体コスト	コスト
A26	アメリカ	ゲーム	2019年1月1日	621	2019年1月4日	2019年1月7日	9487	5891427	4919	3054699
A37	アメリカ	ゲーム	2019年1月1日	743	2019年1月4日	2019年1月7日	5891	4377013	3255	2418465
A41	アメリカ	ゲーム	2019年1月1日	110	2019年1月4日	2019年1月7日	4501	495110	2525	277750
A102	アメリカ	ゲーム	2019年1月2日	26	2019年1月5日	2019年1月8日	13164	342264	7944	206544
A109	アメリカ	ゲーム	2019年1月2日	24	2019年1月5日	2019年1月8日	9041	216984	5302	127248
A115	アメリカ	ゲーム	2019年1月2日	92	2019年1月5日	2019年1月8日	6904	635168	3521	323932
A186	アメリカ	ゲーム	2019年1月3日	22	2019年1月6日	2019年1月9日	9916	218152	5394	118668
A187	アメリカ	ゲーム	2019年1月3日	77	2019年1月6日	2019年1月9日	9575	737275	5046	388542
A246	アメリカ	ゲーム	2019年1月4日	115	2019年1月7日	2019年1月10日	13232	1521680	8098	931270
A317	アメリカ	ゲーム	2019年1月5日	26	2019年1月8日	2019年1月11日	8079	210054	4257	110682
A320	アメリカ	ゲーム	2019年1月5日	484	2019年1月8日	2019年1月11日	5889	2850276	3504	1695936
A325	アメリカ	ゲーム	2019年1月5日	45	2019年1月8日	2019年1月11日	4540	204300	2739	123255

わあ！　ExcelのデータがPower BIに表示されてますね！

Excelのファイルは、関数が使われていても問題なく読み込めるよ。ただ、マクロが使われているExcelファイルの場合は、問題なく読み込めることもあれば、エラーになることもあるので、注意しておこう。

Webページからのデータ取得

データソースの種類はExcel以外にも選べるんでしたよね。他のデータソースの場合はどうやるんでしょうか？

それでは、次にWebページからのデータを取得してみよう。

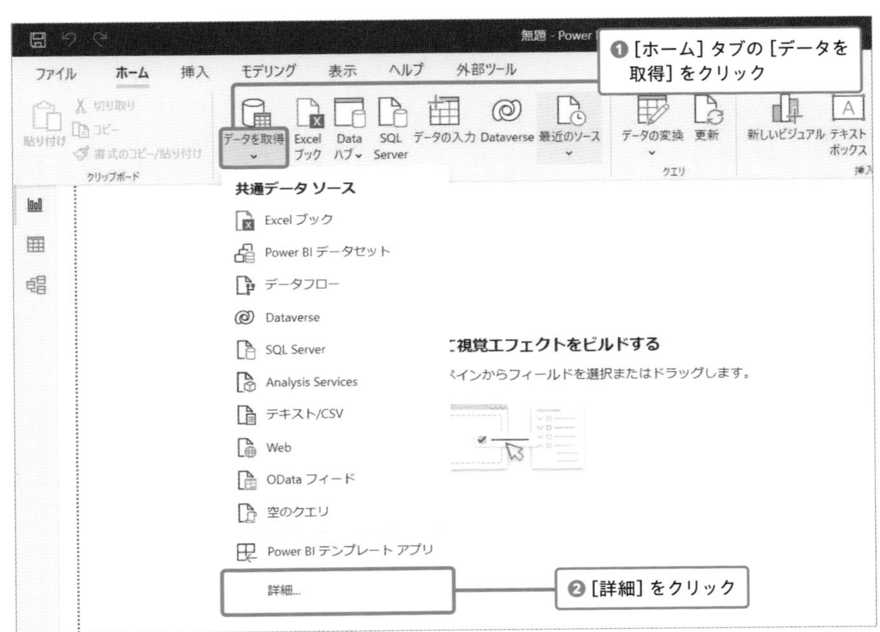

次のページに続く

今回はWikipediaの「List of countries and dependencies by population」という国と属領の人口をまとめたページ（https://en.wikipedia.org/wiki/List_of_countries_and_dependencies_by_population）にある表のデータを読み込むよ。

認証情報を入力する画面が表示されるけど、今回は特別なアクセス許可は必要ないから、そのまま次に進んで大丈夫。また、2回目以降はこの画面は現れないよ。

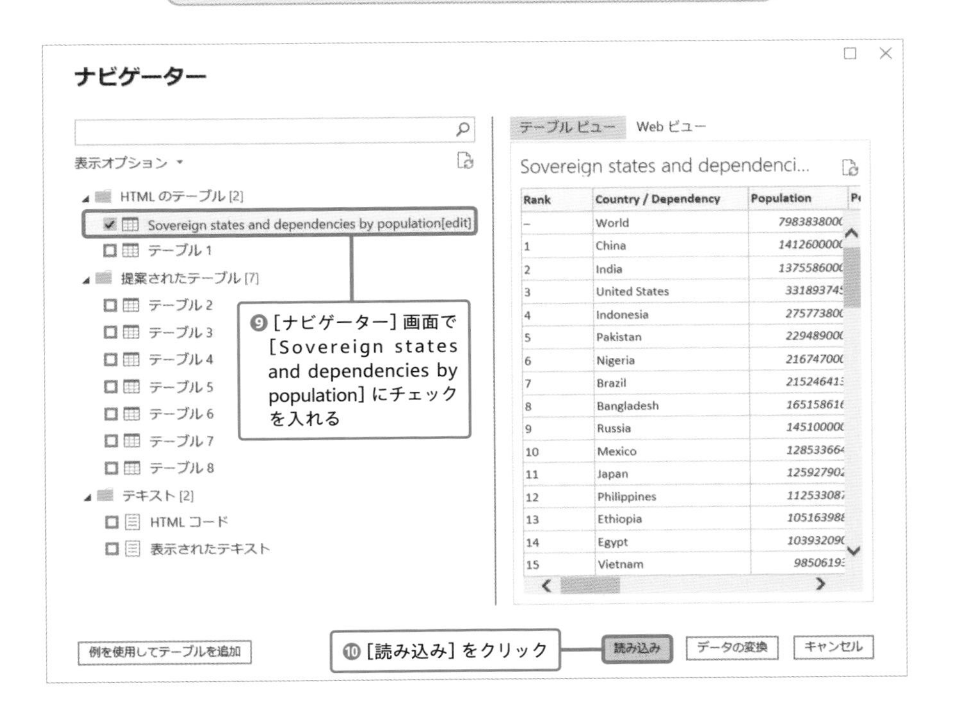

Rank	Country / Dependency	Population
–	World	7983838000
1	China	1412600000
2	India	1375586000
3	United States	33189374[illegible]
4	Indonesia	27577380[illegible]
5	Pakistan	22948900[illegible]
6	Nigeria	21674700[illegible]
7	Brazil	21524641[illegible]
8	Bangladesh	16515861[illegible]
9	Russia	14510000[illegible]
10	Mexico	12853366[illegible]
11	Japan	12592790[illegible]
12	Philippines	11253308[illegible]
13	Ethiopia	10516398[illegible]
14	Egypt	10393209[illegible]
15	Vietnam	9850619[illegible]

次のページに続く

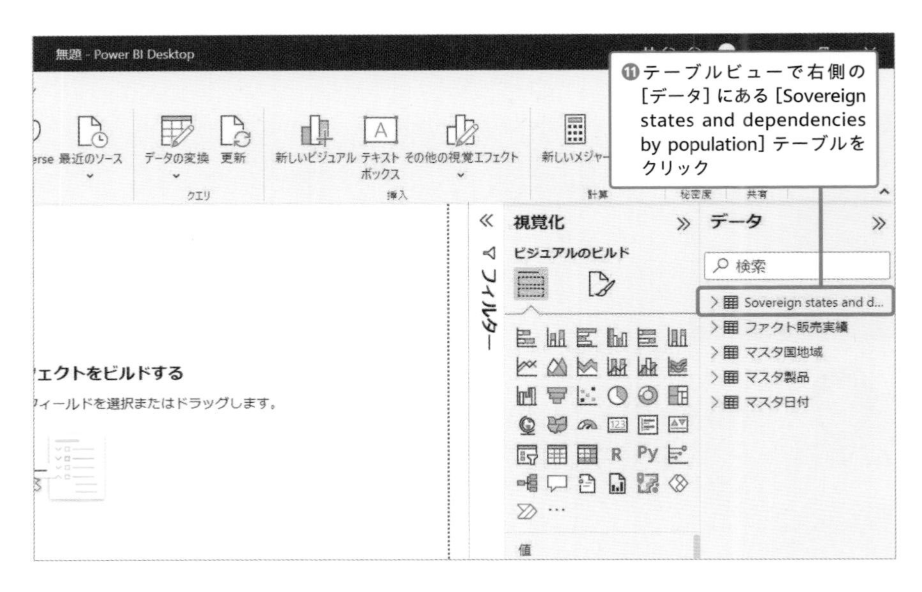

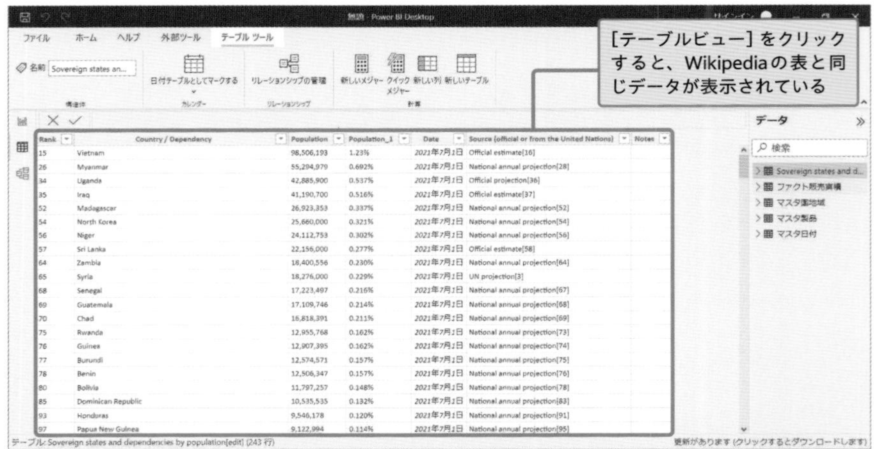

おお！　Wikipediaのデータも読み込めましたね！

他にも、円とドルの交換比率や株価など、Webページからデータを取得したいケースで使ってみよう。

SQL Serverからのデータ取得

それでは次に、SQL Serverへの接続方法も試してみよう。

SQL ServerとはMicrosoft社が開発したリレーショナルデータベースの管理システムです。ここではSQL Serverに接続してデータを取得していますが、そのためには**SQL Serverを用意する必要があります**。ただ、もしテスト用にアクセスできるSQL Serverがない場合も、説明だけでも読んでください。大規模なデータを扱う場合には、何らかのデータベースと連携することになるので、インポートとDirectQueryの違いなどを知っておくと、将来役に立つはずです。

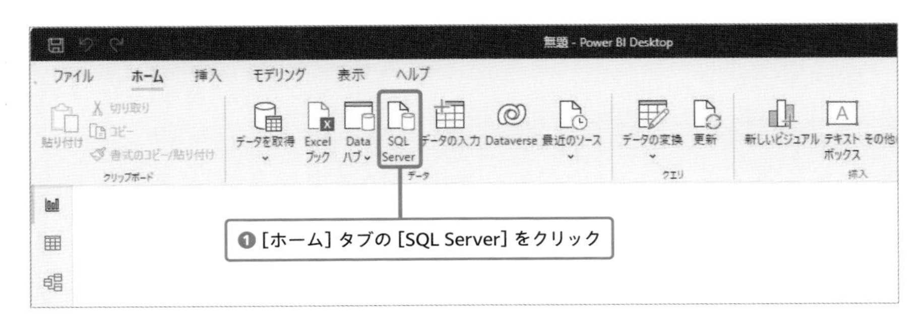

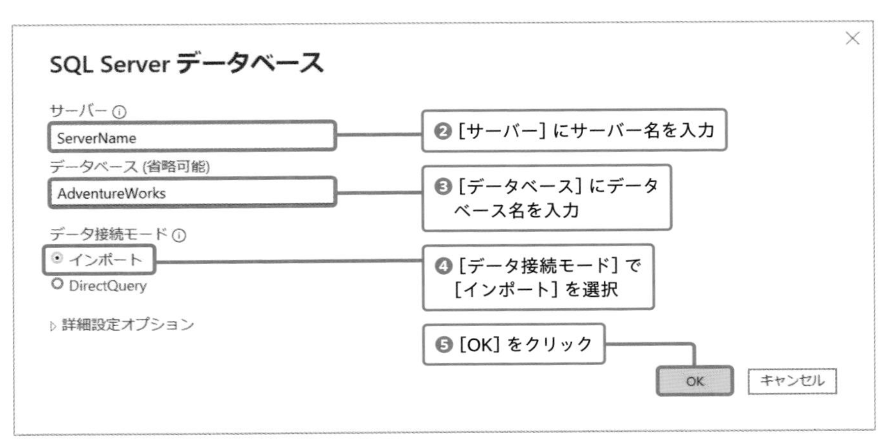

次のページに続く

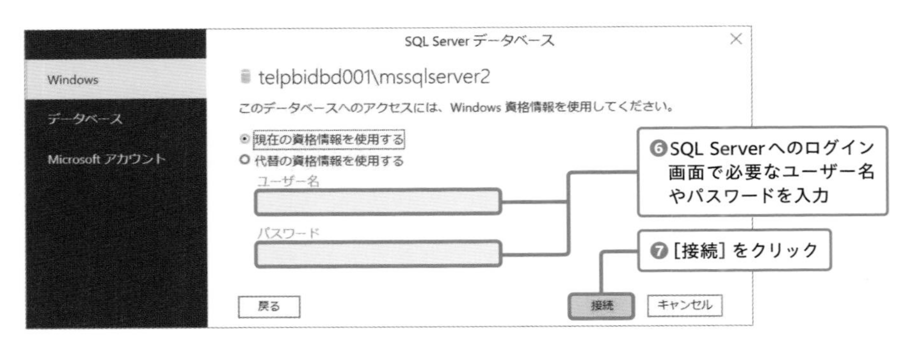

どのようなログイン情報を使うかは各組織によって異なるのでSQL Serverの管理者に聞いてみよう。

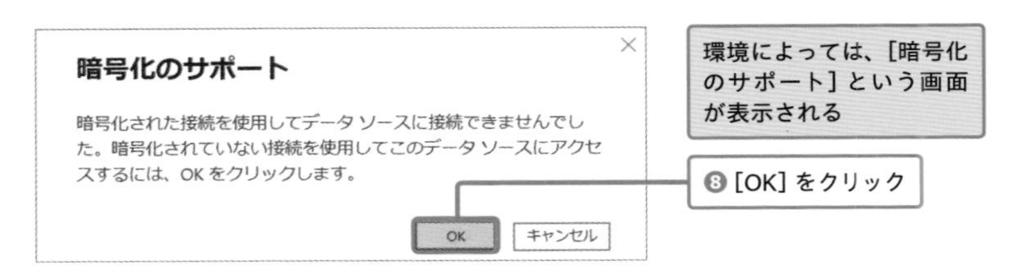

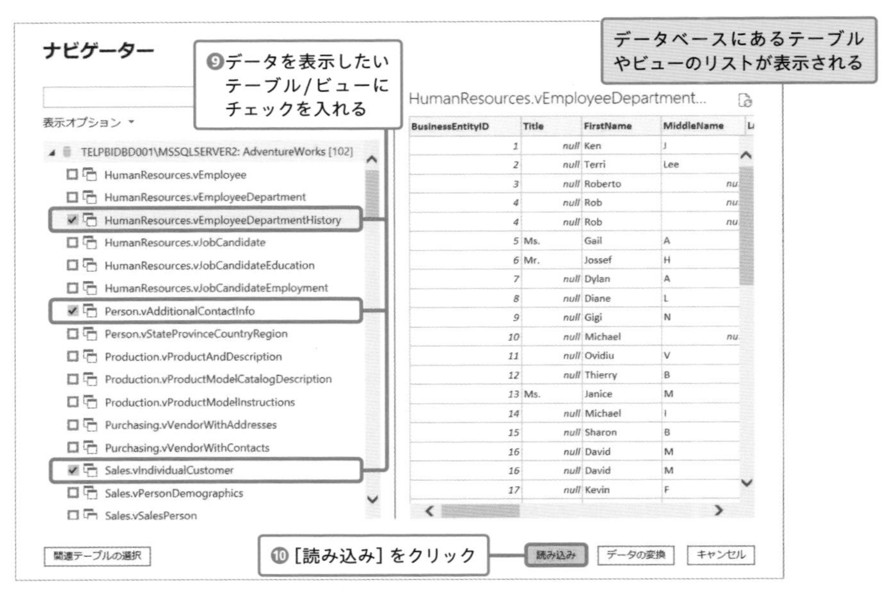

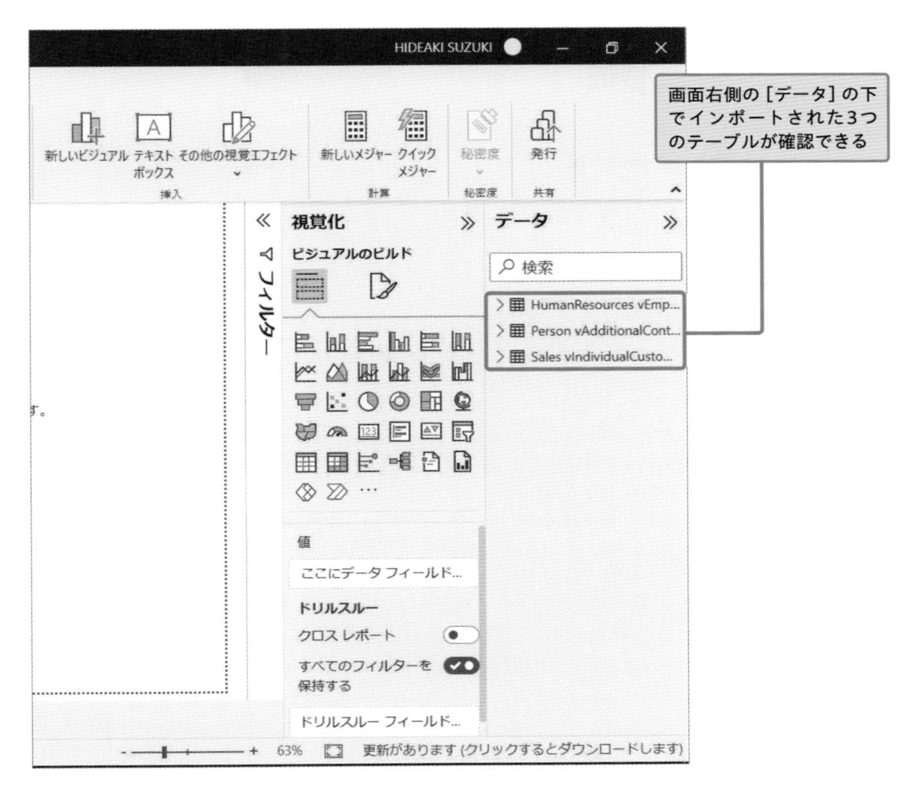

SQL Serverと同じ名前のテーブルが読み込めました！

■ 2つのデータ接続モード

ところで、P.33の［SQL Server データベース］画面の［データ接続モード］に［インポート］と［DirectQuery］の2つがありますが、これは何の違いがあるんですか？

[SQL Server データベース] 画面の [データ接続モード]

SQL Server データベース

サーバー ⓘ

ServerName

データベース (省略可能)

AdventureWorks

データ接続モード ⓘ

◉ インポート

○ DirectQuery

▷ 詳細設定オプション

OK　キャンセル

▲SQL Serverに接続する際、[データ接続モード] として2つのモードが選択できる

いい質問だね。まず [インポート] モードでは、データがPower BI側で保存される。Power BIのすべての機能が使えるという利点がある反面、ファイルサイズも大きくなり、データの更新に時間がかかる可能性もあるんだ。

なるほど。では、[DirectQuery] は？

[DirectQuery] モードを選択すると、データはSQL Server側に残されたままで、グラフの表示などに必要なデータだけPower BIに持ってくるんだ。そのため、Power BIのファイルである「.pbixファイル」のサイズはそれほど大きくならず、データ更新の必要もない。

2つのデータ接続モード

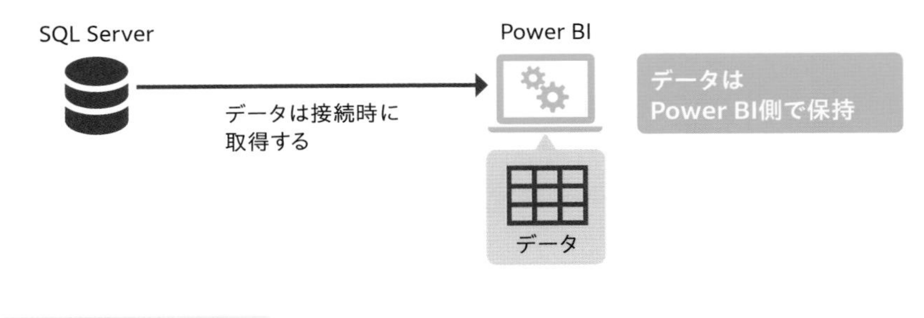

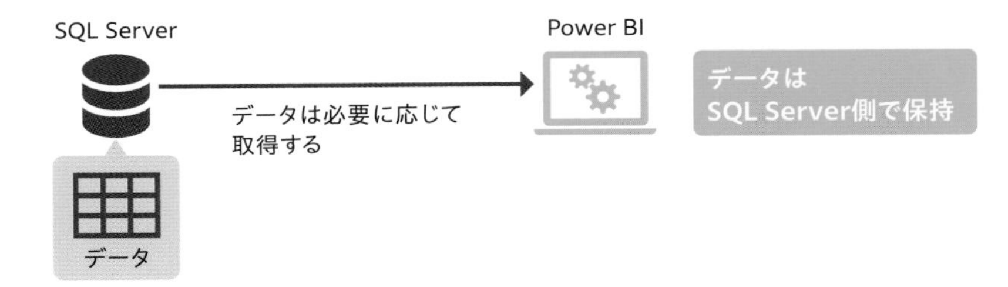

▲ SQL Serverなど一部のデータソースでは、データ接続モードを選ぶことができる

ただ、欠点として、Power BIの機能には［DirectQuery］モードでは使用できないものもあるんだ。

使用できない機能？

例えば、P.18で紹介した［テーブルビュー］は、実は［DirectQuery］モードでは使えないんだ。

それは……Power BI上でデータが確認できなくて不便ですね。

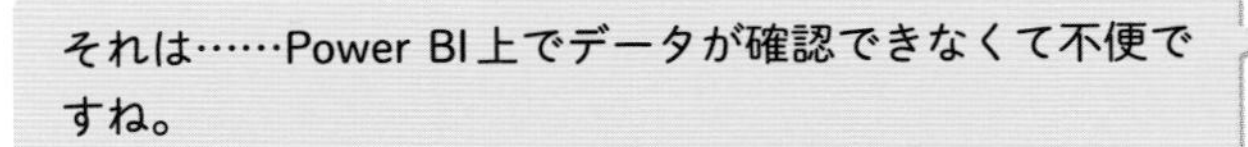

ただ、［DirectQuery］モードだと、Power BIで行うようなデータを加工する作業の一部または大部分を、Power BIではなくSQL Server側で行えるという利点もあるんだ。それぞれの特徴を理解した上で、どちらの接続モードを使うか決める必要があるよ。［DirectQuery］モードについて詳しくは以下のURLを参照してみよう。
https://learn.microsoft.com/ja-jp/power-bi/connect-data/desktop-directquery-about

［ライブ接続］モード

データ接続モードにはもう1つ、［ライブ接続］というモードもあります。これは、［DirectQuery］モードと同じように、データはデータソース先に保存されたままで、データ加工などもすべてデータソース側で行われます。ただし、対象とするデータソース先が限られているという特徴があります。詳しくは以下のURLを参照してください。
https://learn.microsoft.com/ja-jp/power-bi/connect-data/service-live-connect-dq-datasets

また、接続して読み込んだデータは、必要に応じて更新することもできるんだ。データの更新方法については、P.200を参照してね。

chapter 3

リレーションシップを理解しよう

複数のテーブル　グラフの作成

データを表示するには?

うーん、なぜだろう？　データは正しいはずなんだけど、グラフを作るとすべて同じ数値が表示されちゃうんですよ。本当は地域ごとの売上を出したいんですけど……。

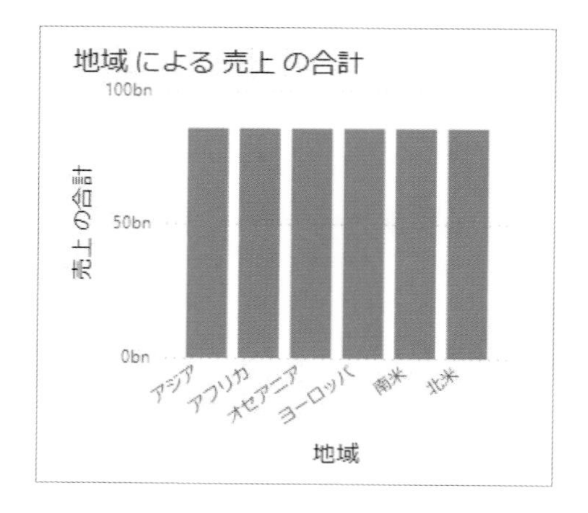

あれ、本当だ。ひょっとして、グラフを作るのに複数のテーブルのデータを使ってるのかな？

はい、販売データを格納した「ファクト販売実績」テーブルと、国や地域などの情報が入っている「マスタ国地域」テーブルを使っています。でも、両方のテーブルからデータを持ってくるとグラフがおかしくなっちゃうんですよね……。

そうしたら、年ごとのデータを表示するスライサーも正しく機能していないんじゃない？

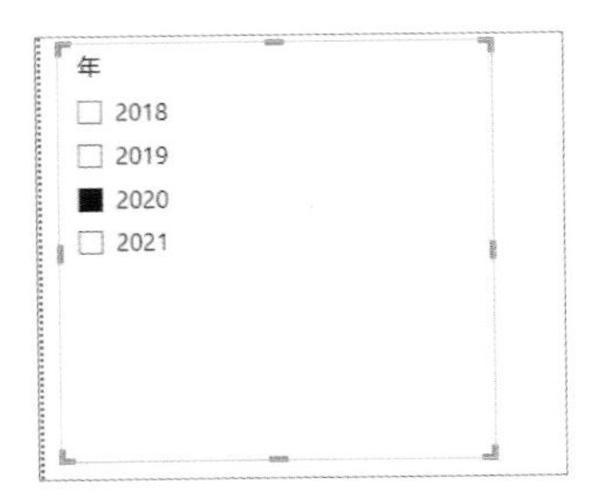

あ、そうですね。年を選択しても、何も起こりません。

なるほど。テーブルとテーブルの間にリレーションシップは作成したかな？

リレーションシップ？

複数のテーブルを扱うときは、リレーションシップを作成する必要があるんだ。Power BIが自動的に作成してくれる場合もあるけど、ユーザーが手動で作成する必要がある場合もある。よし、リレーションシップについて解説しましょう！

chapter 3で学ぶこと

- リレーションシップとは何か
- リレーションシップがないとどうなるか
- リレーションシップの作成方法
- リレーションシップの詳細設定

リレーションシップ　データの紐づけ

section 02 リレーションシップとは

複数のテーブルを扱うときに必要なリレーションシップについて学んでいこう。

リレーションシップとは何か

リレーションシップとは、複数のテーブルを扱うときに、それらのテーブルがどのように紐づけられているか、ということを指します。例えば、売上などのデータを格納した「ファクト販売実績」テーブルに「製品」というデータがあったとします。この「製品」について、カテゴリなどの詳細なデータは、「マスタ製品」テーブルに格納されています。この2つのテーブルが「製品」のデータで紐づけられていると、「製品カテゴリ」ごとに「売上」を合計して表示するなど、複数のテーブルのデータを集計に利用することが可能になります。

リレーションシップの例

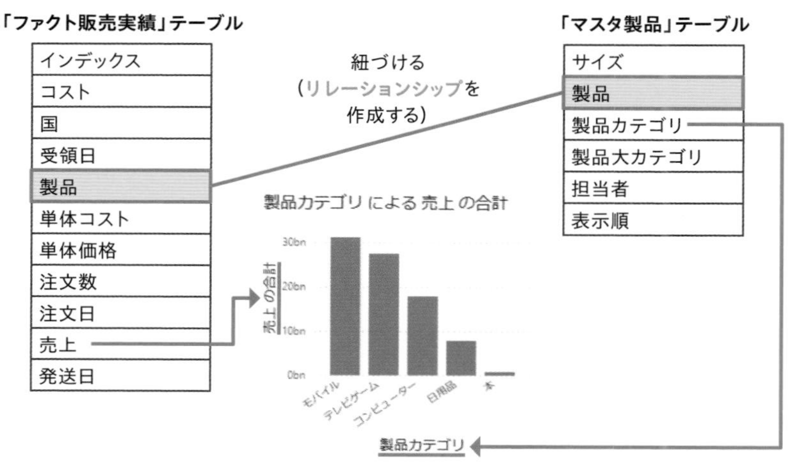

▲リレーションシップを作成して複数のテーブルを紐づけることで、複数のテーブルのデータを利用したグラフなどを作成できる

リレーションシップがないとどうなるか

テーブル間にリレーションシップがないと、Power BIはそれらのテーブルをどのようにつなげるかがわからなくなってしまいます。そのため、例えば国や地域のデータを格納した「マスタ国地域」テーブルのデータと「製品」を紐づけられず、地域ごとの売上を表示できないというようなトラブルが起こりうるのです。

リレーションシップがない場合

「ファクト販売実績」テーブル

インデックス
コスト
国
受領日
製品
単体コスト
単体価格
注文数
注文日
売上
発送日

テーブル間に
リレーションシップがない

「マスタ国地域」テーブル

シェア
国名
税率
地域

地域 による 売上 の合計

100bn
50bn
0bn
売上 の合計
アジア
アフリカ
オセアニア
ヨーロッパ
南米
北米
地域

2つのテーブルの
データを正しく
紐づけられない

▲「ファクト販売実績」テーブルと「マスタ国地域」テーブルの間にリレーションシップがない場合、Power BIが「製品」と「地域」のデータを紐づけられないため、地域ごとの売上を表示することができず、同じデータが表示されてしまっている

地域別の売上を表示したいんだけど、同じデータが表示されてしまうんですよね……。

リレーションシップがないと、2つのテーブルのデータを使ってグラフを作ろうとしてもうまくいかないんだ。複数のテーブルを使うときは、リレーションシップを意識することが重要なので、このchapterでしっかり押さえておこう！

視覚化　積み上げ縦棒グラフ

グラフを作成する

読み込んだ複数のテーブルのデータを使って、グラフを作成してみよう！

データを読み込む

Power BIを起動し、「SampleData101.xlsx」を読み込みます。このサンプルファイルには「ファクト販売実績」「マスタ製品」「マスタ国地域」「マスタ日付」の4つのシートが入っています。

Excelからデータを読み込む手順はchapter 2と同じだね。

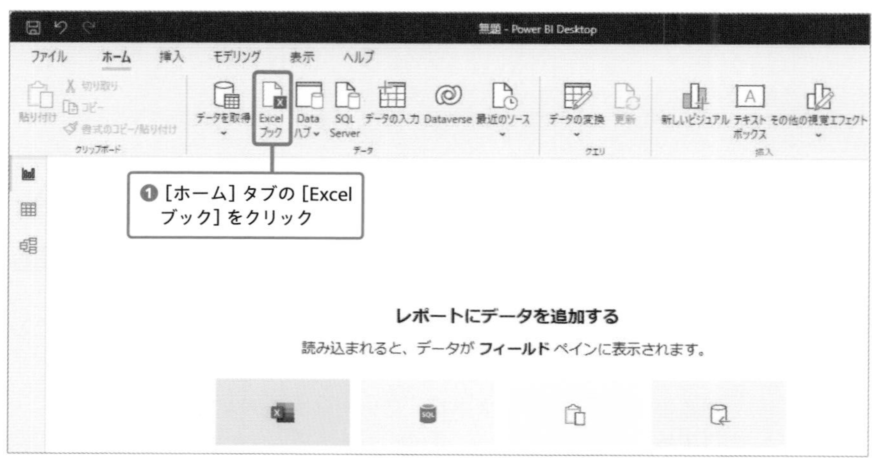

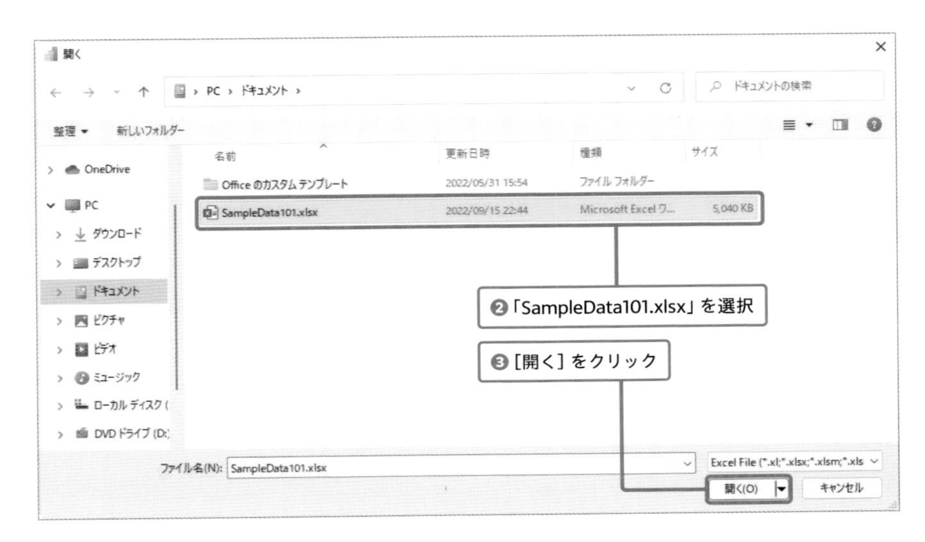
開く
PC › ドキュメント ›
ドキュメントの検索
整理
新しいフォルダー
名前
更新日時
種類
サイズ
OneDrive
PC
ダウンロード
デスクトップ
ドキュメント
ピクチャ
ビデオ
ミュージック
ローカル ディスク (
DVD ドライブ (D:
Office のカスタム テンプレート
2022/05/31 15:54
ファイル フォルダー
SampleData101.xlsx
2022/09/15 22:44
Microsoft Excel ワ...
5,040 KB
❷「SampleData101.xlsx」を選択
❸［開く］をクリック
ファイル名(N):
SampleData101.xlsx
Excel File (*.xl;*.xlsx;*.xlsm;*.xls
開く(O)
キャンセル

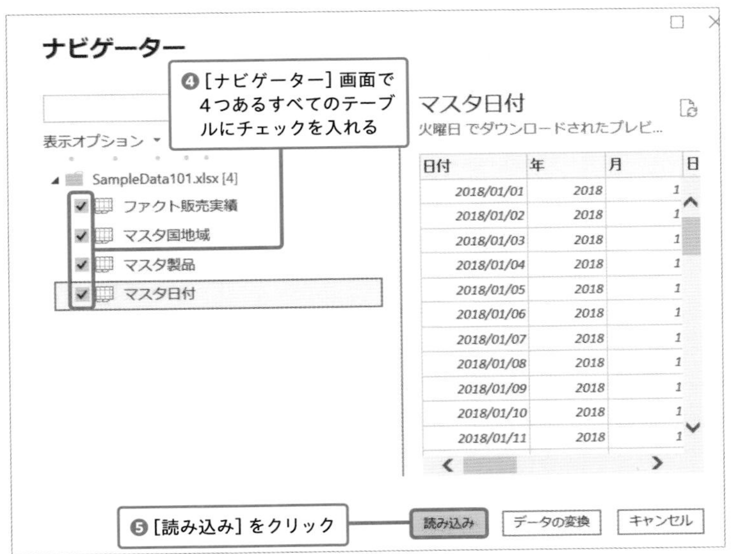
ナビゲーター
❹［ナビゲーター］画面で4つあるすべてのテーブルにチェックを入れる
表示オプション
SampleData101.xlsx [4]
ファクト販売実績
マスタ国地域
マスタ製品
マスタ日付
マスタ日付
火曜日 でダウンロードされたプレビ...
日付
年
月
日
2018/01/01
2018/01/02
2018/01/03
2018/01/04
2018/01/05
2018/01/06
2018/01/07
2018/01/08
2018/01/09
2018/01/10
2018/01/11
❺［読み込み］をクリック
読み込み
データの変換
キャンセル

次のページに続く

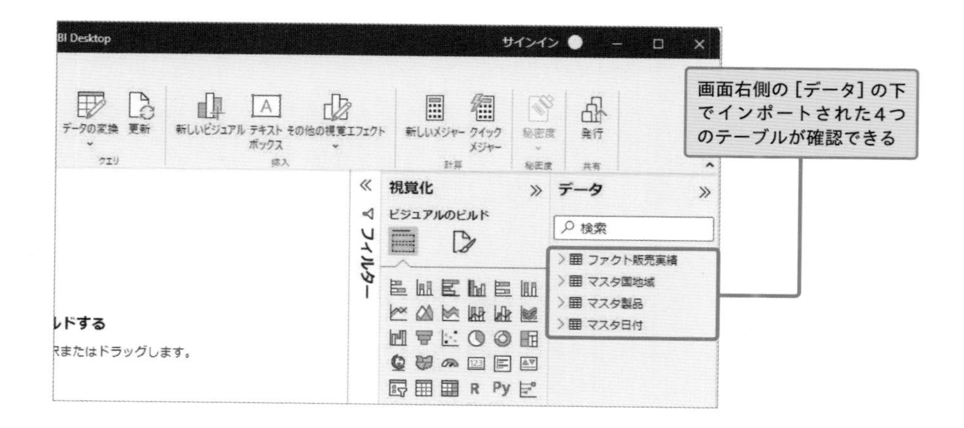

複数のテーブルのデータからグラフを作成する

読み込んだデータからグラフを作成してみましょう。ここでは、「ファクト販売実績」テーブルの「売上」と、「マスタ製品」テーブルの「製品カテゴリ」のデータを使って、製品カテゴリ別の売上を示すグラフを作成しています。

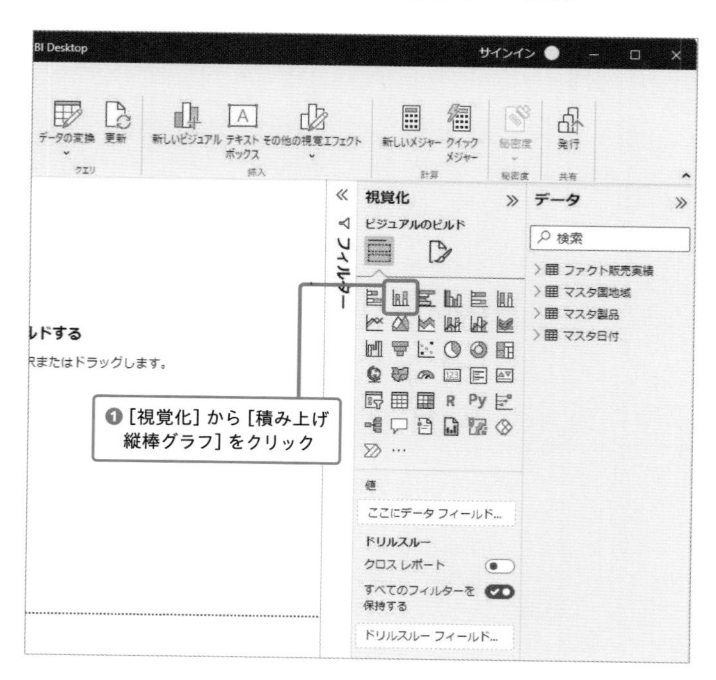

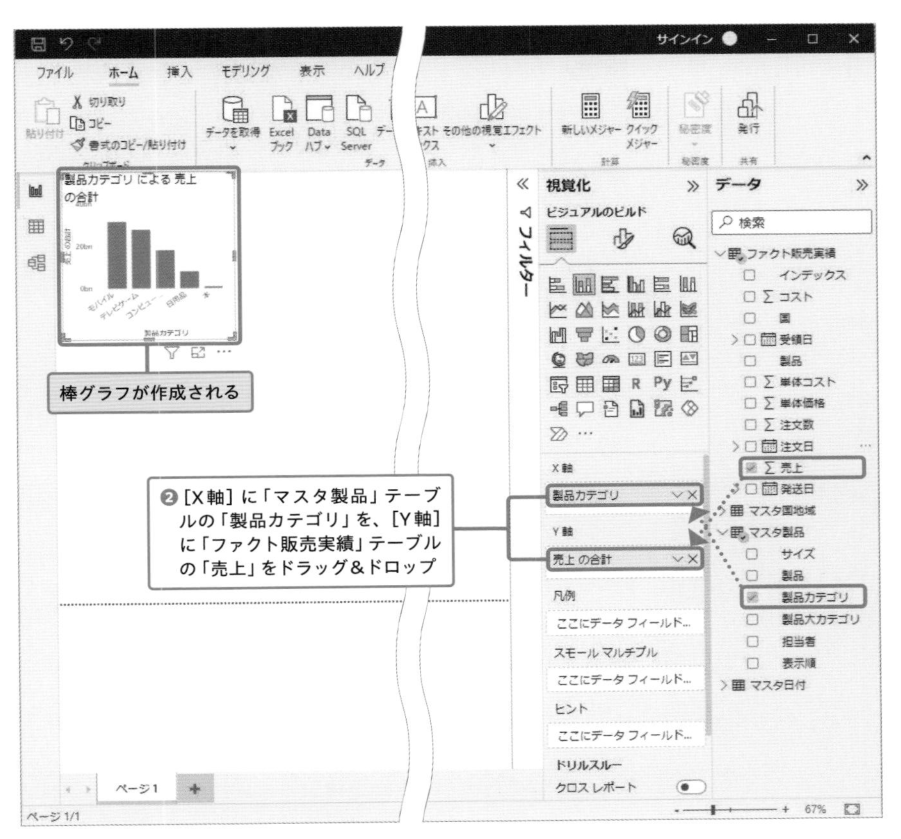

おおっ！　製品カテゴリ別の売上の合計が表示されている！

複数テーブルのデータを使って、うまくグラフが作成できたね。それでは、別のテーブルのデータを使うとどうだろう？

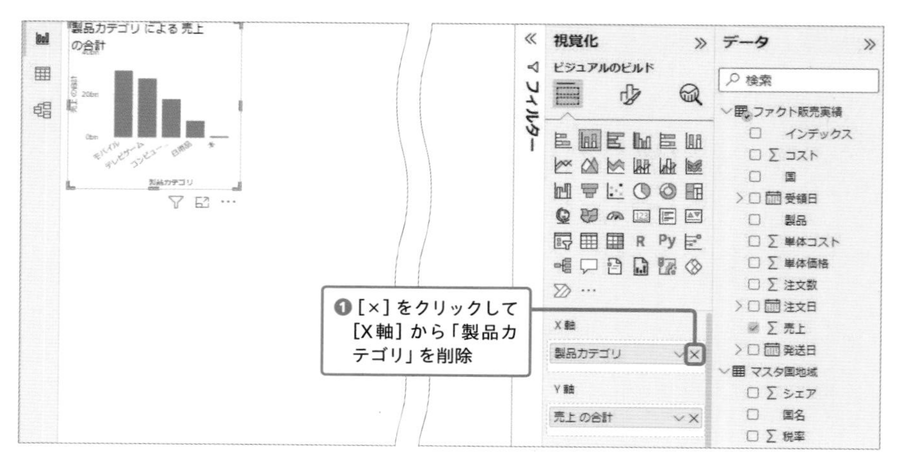

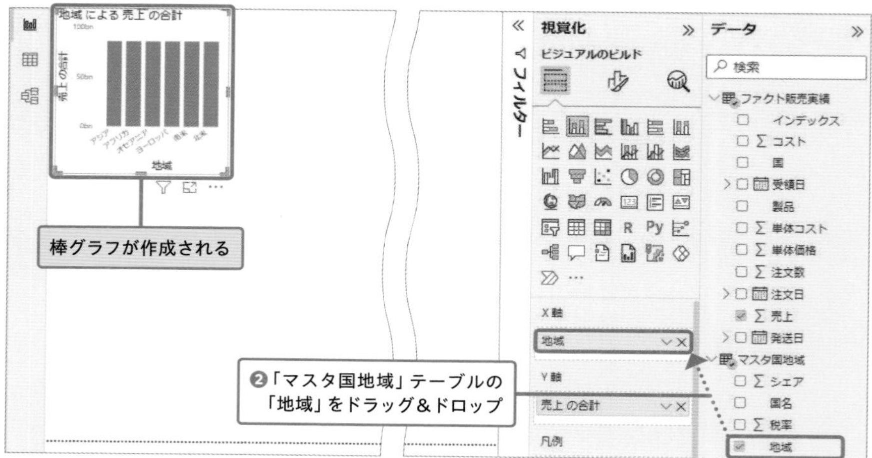

すべての地域で同じ数値が表示されているのは、明らかにおかしいですね。全地域で売上が全く同じというのは考えにくいですし。

［X軸］が「製品カテゴリ」の場合は正しくデータが表示されたのに、「地域」だと正しく表示されない理由が、このchapterのトピックであるリレーションシップなんだ。

モデルビュー　リレーションシップの作成

リレーションシップを作成しよう

地域ごとの売上を表示したいのですが……。

複数のテーブルのデータを使ってグラフを作成する場合、リレーションシップの作成が必要なんだ。確認と作成の方法を見てみよう！

リレーションシップの確認方法

リレーションシップの作成や編集は**モデルビュー**で行います。それでは実際に試してみましょう。

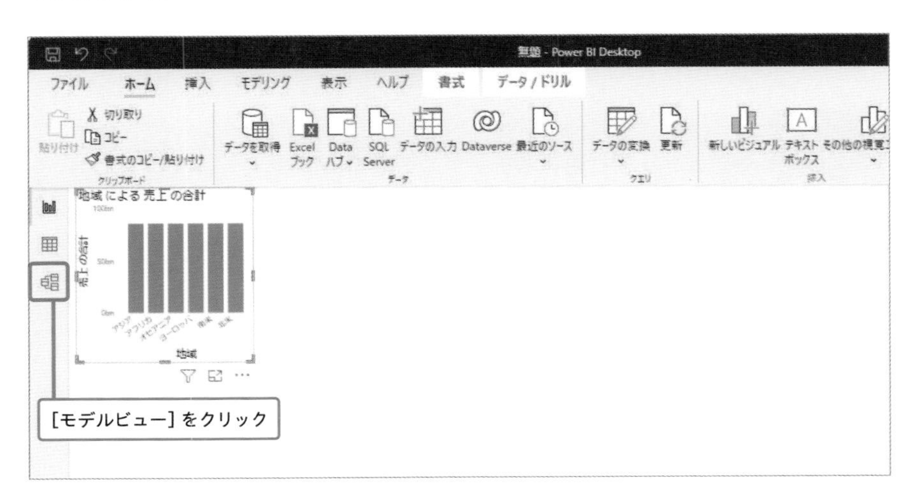

次のページに続く

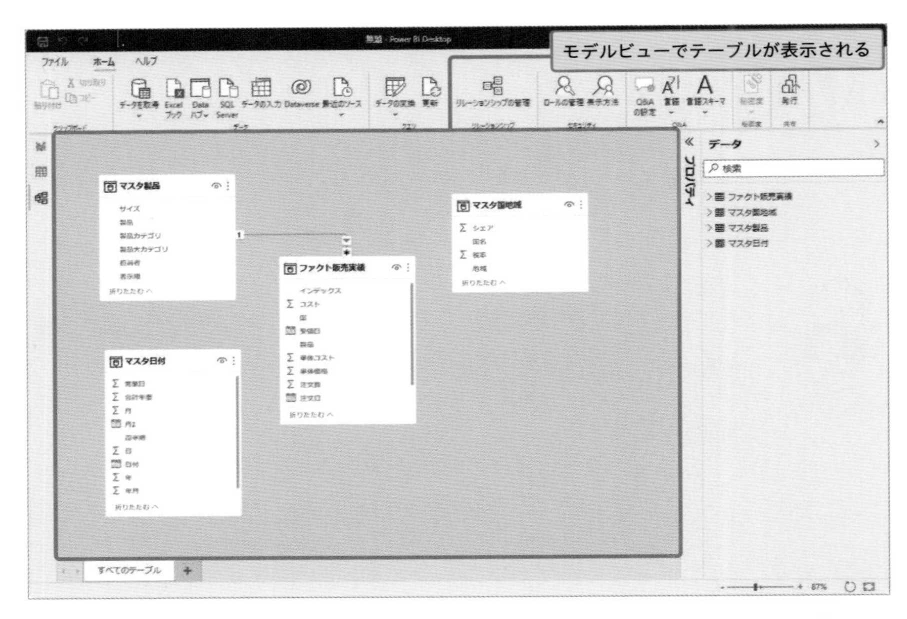

おお！　読み込んだテーブルがモデルビューで表示されていますね！

COLUMN　モデルビューにおけるテーブルの表示の調整

テーブルが大きすぎて画面にすべて表示されていない場合、画面下にある［ページに合わせる］をクリックします。その後、各テーブルをドラッグして、見やすい位置や大きさになるよう調節しましょう。

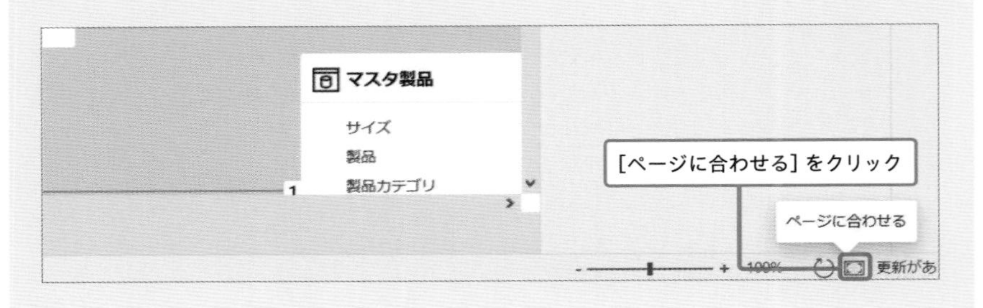

モデルビューでは、リレーションシップがあるテーブルの間には線が表示されているよ。

この画面だと、「マスタ製品」テーブルと「ファクト販売実績」テーブルの間にはリレーションシップがあって、それ以外にはリレーションシップがないってことですね。

そしてこの違いが、先ほど「製品カテゴリ」をX軸に使った場合には正しいデータが表示されたのに、「地域」をX軸に使った場合にはすべての地域で同じ売上額が表示された理由なんだ。

複数のテーブルを読み込んだとき、**テーブルのカラム（項目）名が同じだと、自動でリレーションシップが作成されます**。「マスタ製品」テーブルの場合には、「ファクト販売実績」テーブルと同じ、「製品」という名前もデータ型も同じカラムがあったため、自動的にリレーションシップが作成されています。

「マスタ国地域」テーブルと「ファクト販売実績」テーブルのデータを見てみると、「国」と「国名」には同じデータがあることが確認できます。ただし、両者では「国」と「国名」というように、わずかに**カラム名が異なる**ため、Power BIが同じデータであると認識できず、リレーションシップが自動では作成されていません。

リレーションシップが自動で作成されるかどうかの例

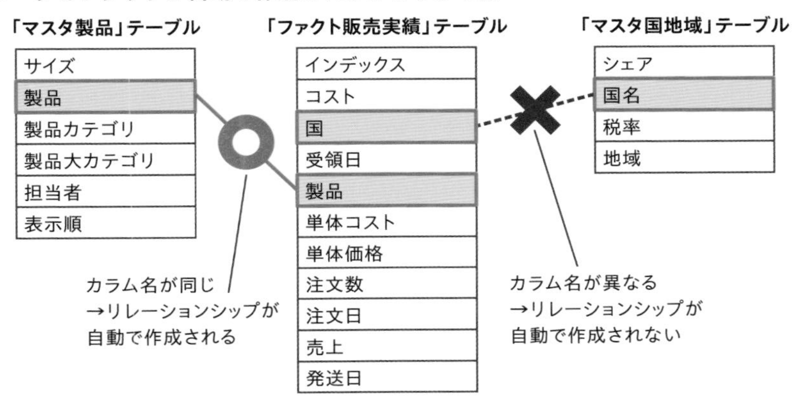

▲データソースに接続した際、同じカラム名がある場合は自動でリレーションシップが作成されるが、カラム名が異なると自動では作成されない

リレーションシップの作成方法

それじゃあリレーションシップを作成してみよう！

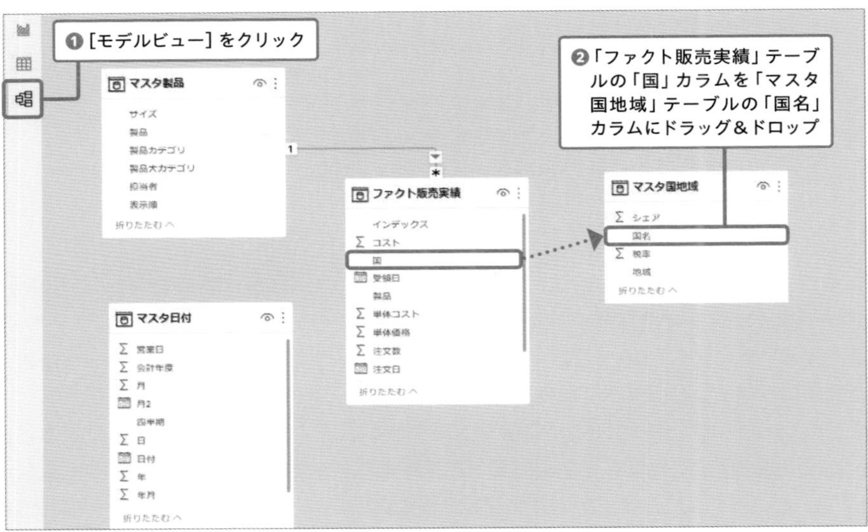

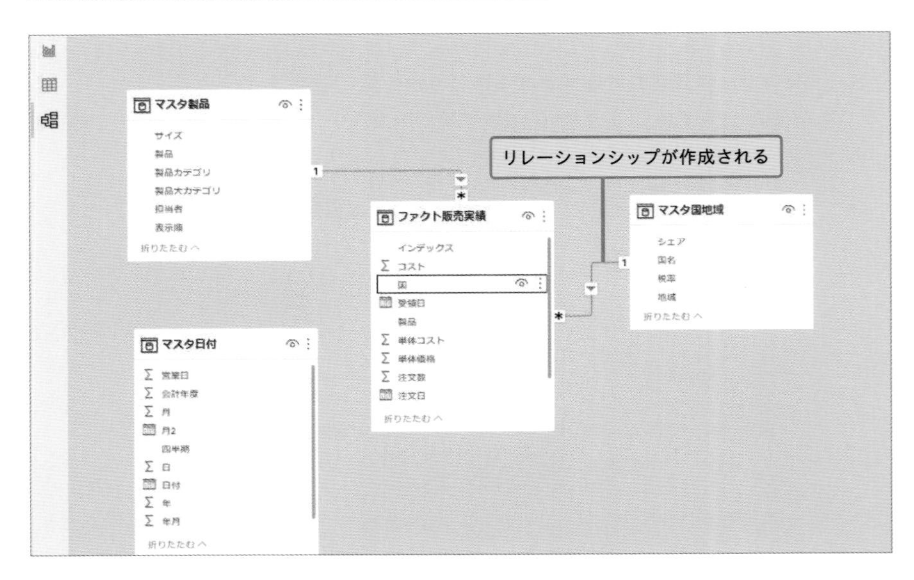

「マスタ国地域」と「ファクト販売実績」テーブルの間にリレーションシップを作成したら、もう一度レポートビューに戻ってみよう。

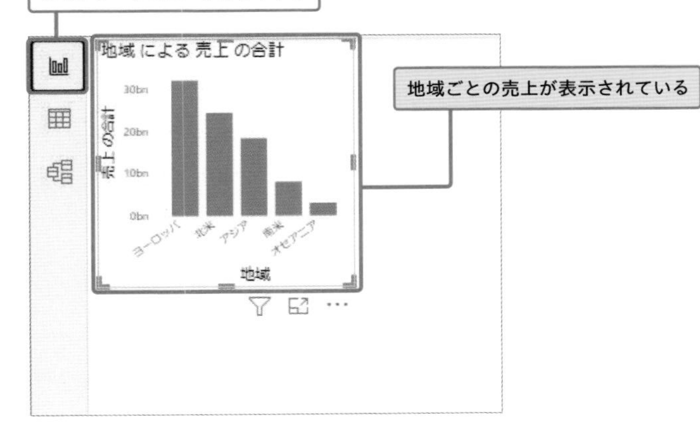

おお！　グラフの形が変わって、地域ごとの正しい売上の数値が表示されるようになりましたね！

テーブル間のリレーションシップがないと、Power BIがどのようにデータを紐づければいいのかわからないため、複数のテーブルのデータを使ったグラフが作成できなかったんだね。このように、自動でリレーションシップが作成されない場合でも、手動で作成することが可能だよ。

スライサーを使ってデータを絞り込む

スライサーを使うと、グラフのデータを特定の条件で絞り込む（フィルターする）ことができます。ここではスライサーを使って、販売実績を年別に絞り込み表示できるようにしてみましょう。

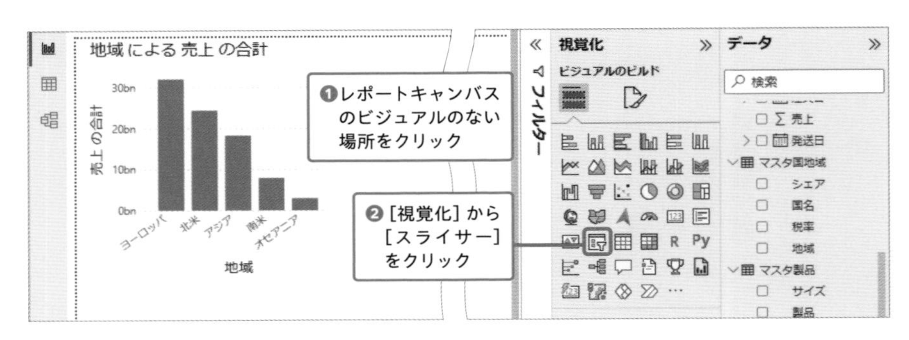

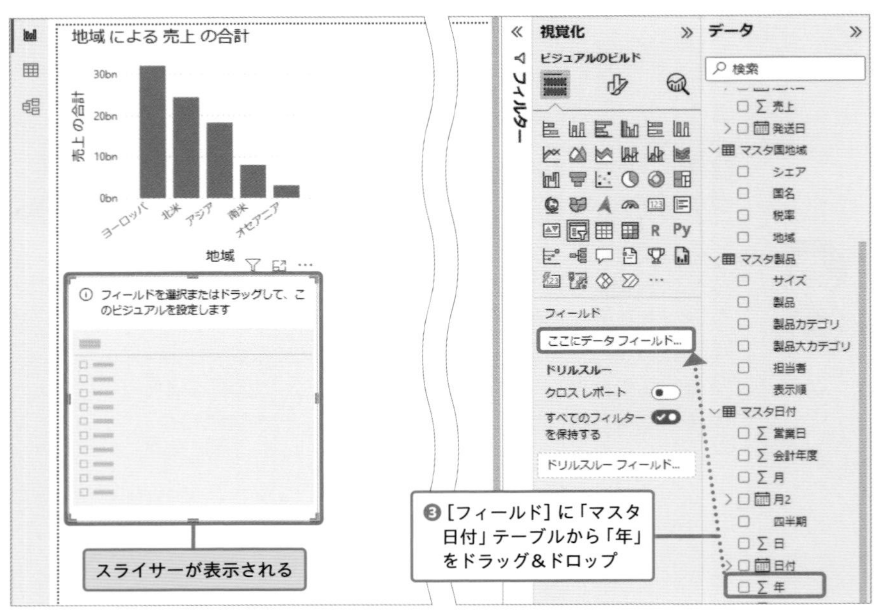

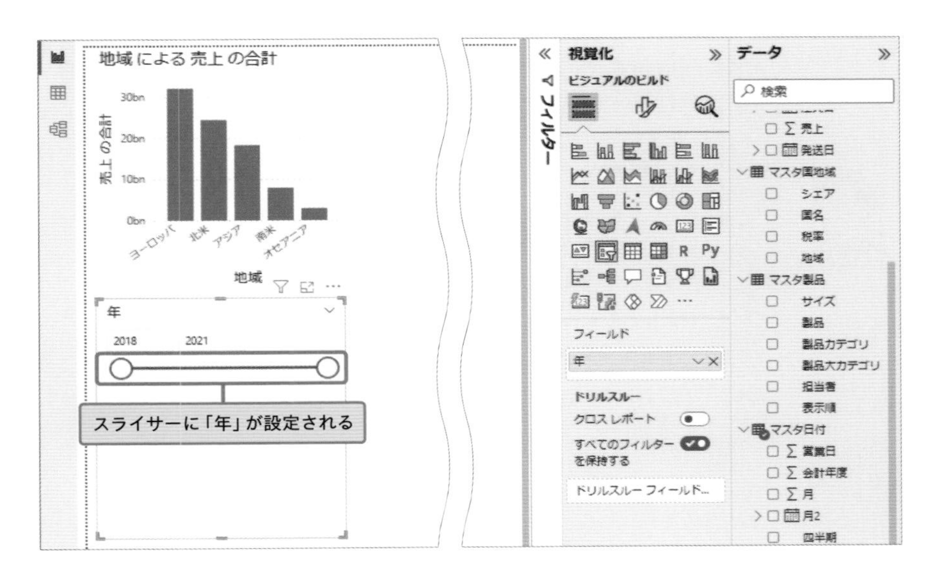

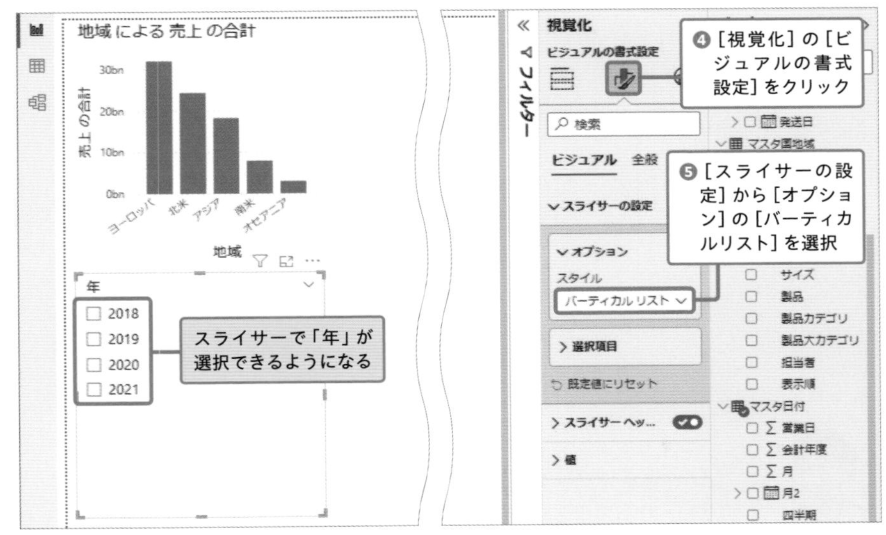

これでスライサーが作成できたよ。

でも、2018年から2021年までのどの年を選んでも、棒グラフのデータが変わらないみたいです……。なぜでしょうか？

これも、「マスタ日付」テーブルと「ファクト販売実績」テーブルの間にリレーションシップがないことが原因だよ。そのため、もう一度モデルビューでリレーションシップを作成しよう。

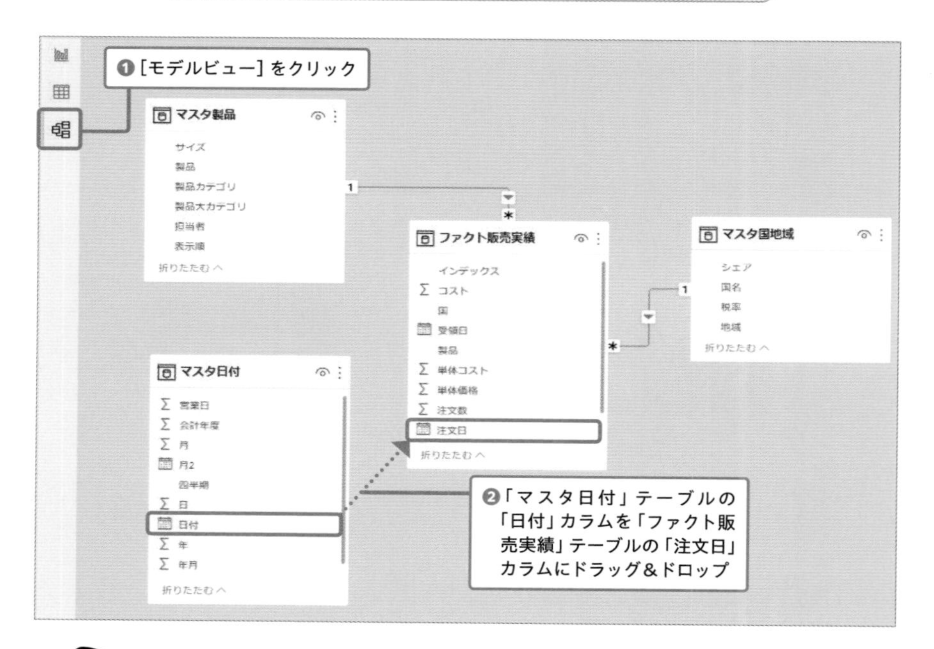

リレーションシップを作成したら、再びレポートビューに戻って、スライサーで異なる年を選んで棒グラフのデータが変わるか見てみよう。

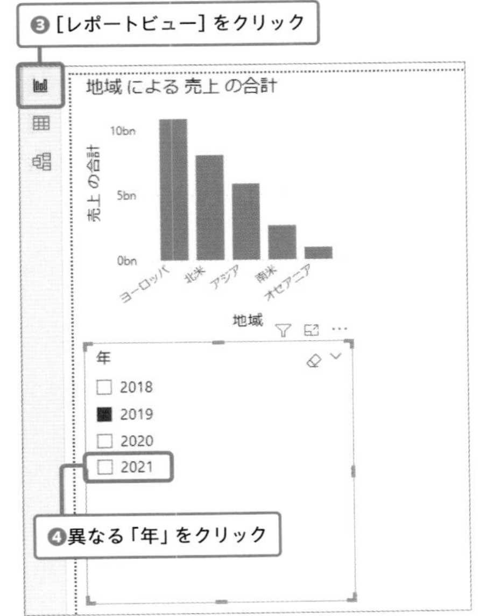

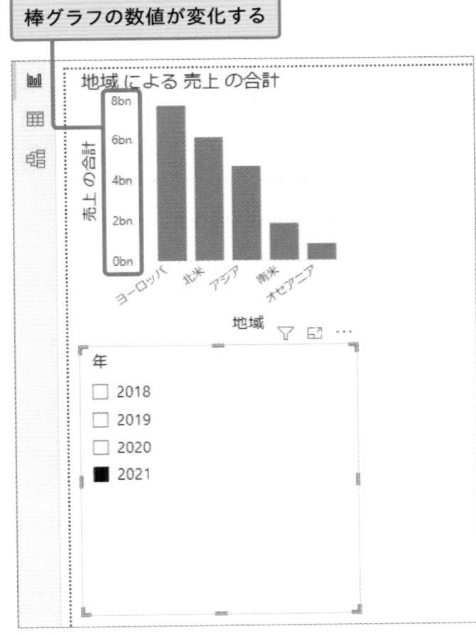

おお！　年を変更すると、棒グラフの数値も変わるようになりましたね！

リレーションシップがないときは、「ファクト販売実績」テーブルの売上データと「マスタ日付」テーブルの年を結びつけることができなかったため、どの年を選んでも数値が変わらなかったんだ。
リレーションシップを作成したため、正しい数値がフィルターされるようになったんだね。

リレーションシップの削除方法

リレーションシップを削除したい場合は、モデルビューから削除できるよ。

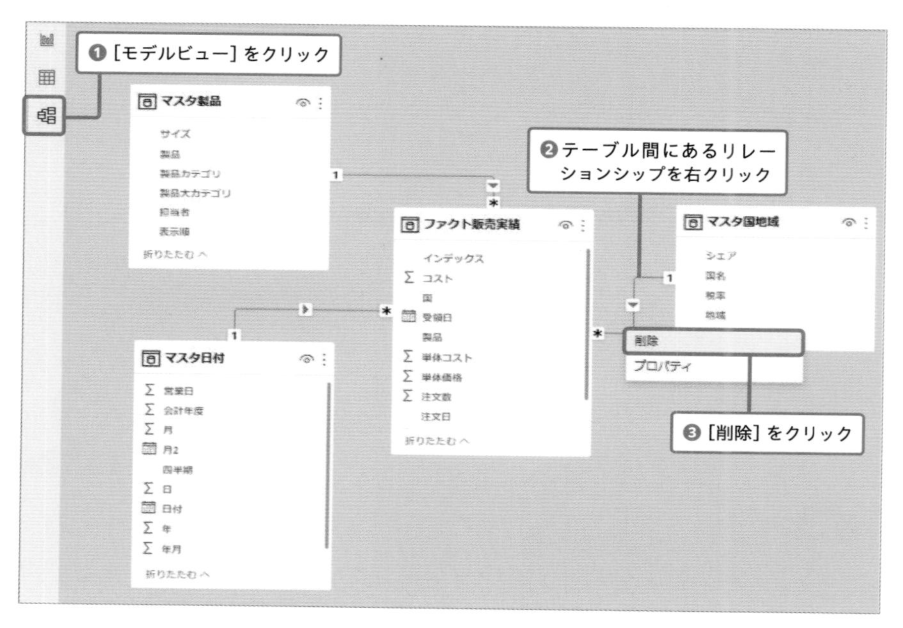

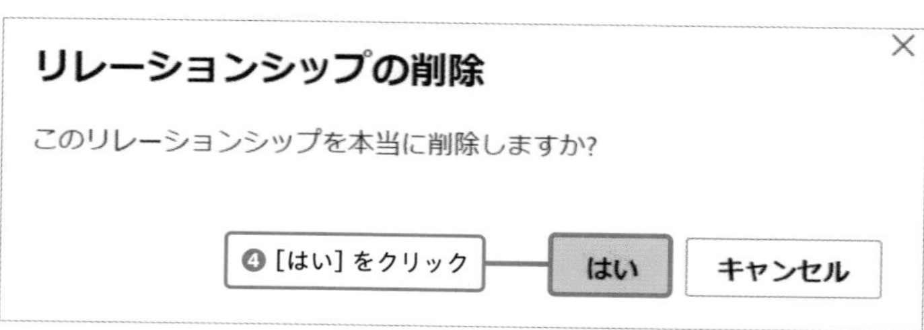

リレーションシップの管理　データモデリング

リレーションシップを細かく設定する

リレーションシップをさらに細かく設定する方法もあるんだ。知っておくといつか役立つかもしれないよ。

リレーションシップのもう1つの作成方法

P.52では、カラムを別のテーブルのカラムにドラッグ&ドロップしてリレーションシップを作成しましたが、別の方法もあります。すでに説明したドラッグ&ドロップする方法のほうが簡単で短時間でできるのですが、2つ目の方法ではより細かく設定できるため、説明していきます。

ここでは、P.58で削除した「マスタ国地域」テーブルと「ファクト販売実績」テーブルの間のリレーションシップを、もう1つの方法で作成してみましょう。

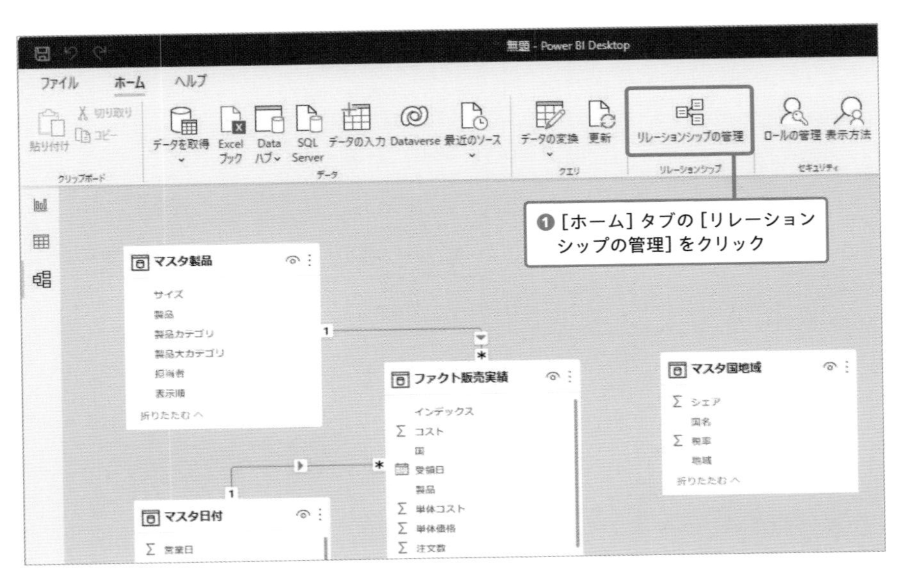

次のページに続く

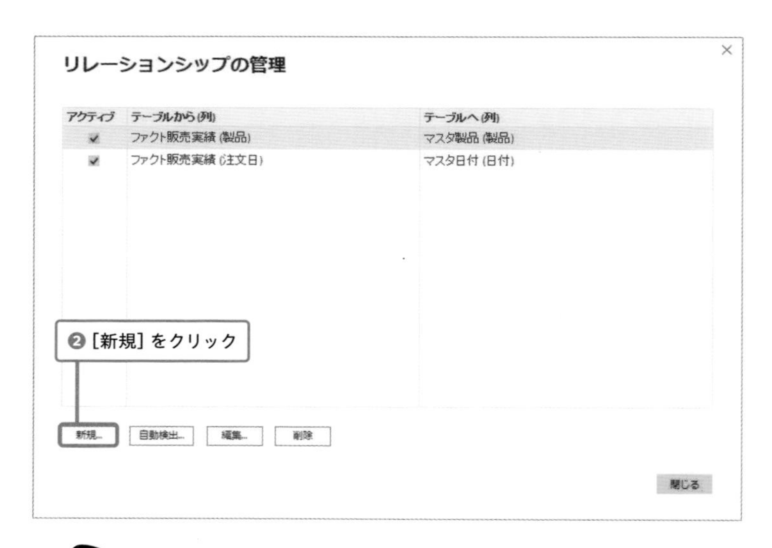

［リレーションシップの管理］画面には、すでに作成されている2つのリレーションシップがあるね。

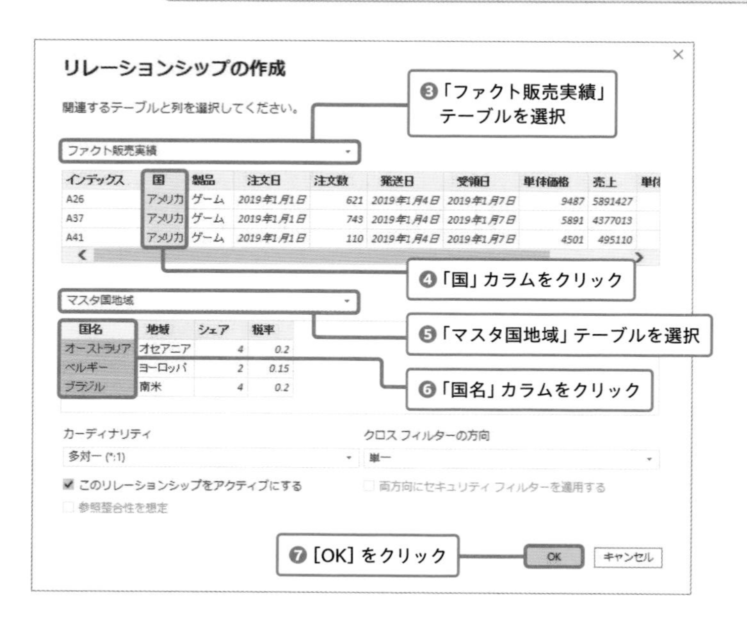

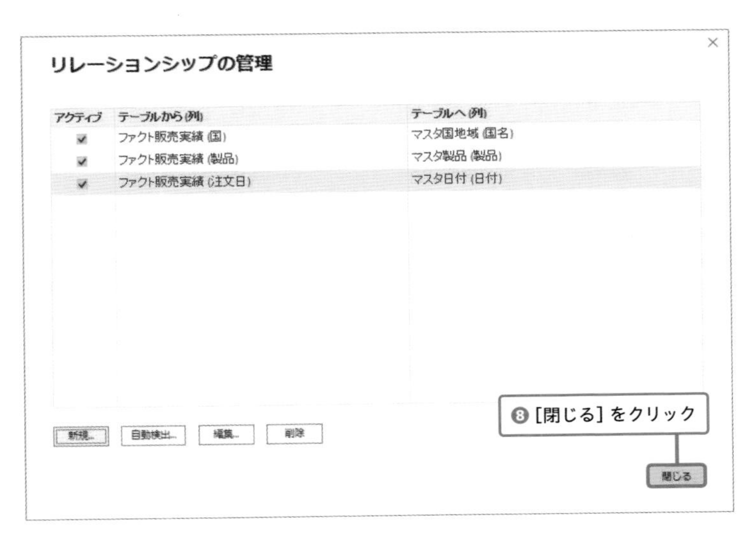

リレーションシップの管理
アクティブ
テーブルから(列)
テーブルへ(列)
ファクト販売実績 (国)
マスタ国地域 (国名)
ファクト販売実績 (製品)
マスタ製品 (製品)
ファクト販売実績 (注文日)
マスタ日付 (日付)
新規...
自動検出...
編集...
削除
❽ [閉じる] をクリック
閉じる

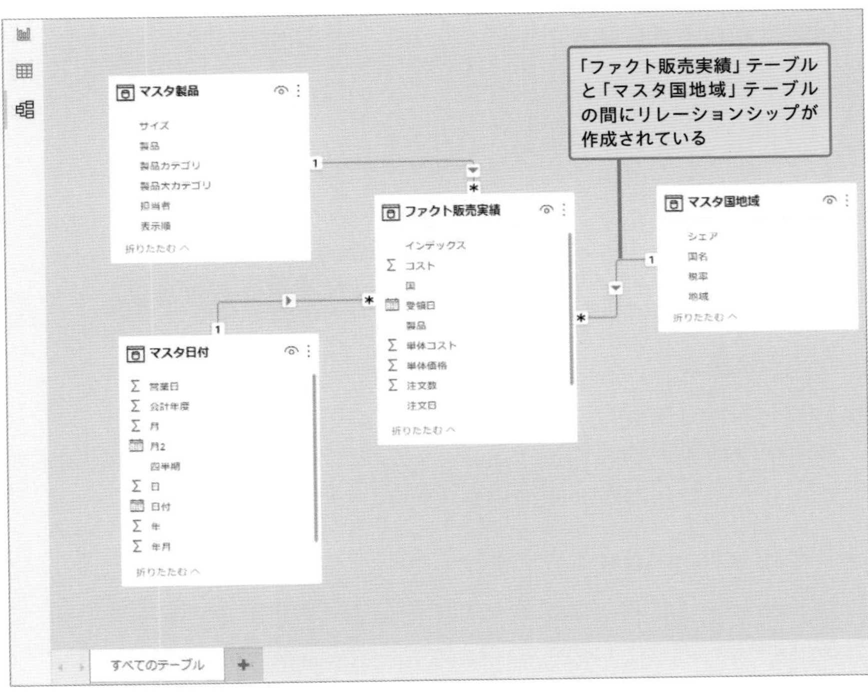

マスタ製品
サイズ
製品
製品カテゴリ
製品大カテゴリ
担当者
表示順
折りたたむ
ファクト販売実績
インデックス
コスト
国
登録日
製品
単体コスト
単体価格
注文数
注文日
折りたたむ
「ファクト販売実績」テーブルと「マスタ国地域」テーブルの間にリレーションシップが作成されている
マスタ国地域
シェア
国名
税率
地域
折りたたむ
マスタ日付
営業日
会計年度
月
月2
四半期
日
日付
年
年月
折りたたむ
すべてのテーブル

リレーションシップの設定のオプション

P.60の［リレーションシップの作成］画面の下に、［カーディナリティ］、［このリレーションシップをアクティブにする］、そして［クロスフィルターの方向］という3つのオプションがあります。

［リレーションシップの作成］画面

▲［リレーションシップの作成］画面からリレーションシップを作成する場合、いくつかオプションを設定できる

■［カーディナリティ］

［カーディナリティ］は、リレーションシップで紐づけられたテーブルの関係性を表すもので、［多対一］［一対一］［一対多］［多対多］の4種類があります。

［カーディナリティ］の種類

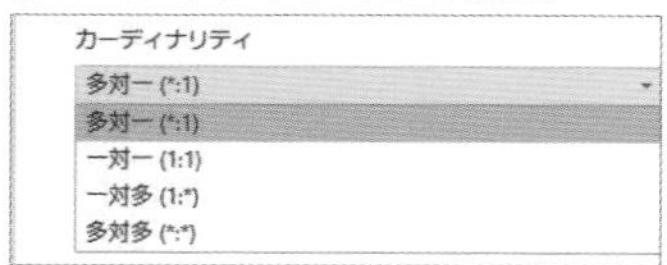

▲［カーディナリティ］には［多対一］［一対一］［一対多］［多対多］の4種類がある

例えば、「マスタ国地域」テーブルの「国名」カラムの場合、それぞれの国のデータは1つずつしか存在しませんが、「ファクト販売実績」テーブルの「国」カラムには同じ国が何度も現れます。そのため「マスタ国地域」テーブルが「一」で、「ファクト販売実績」テーブルが「多」の、[一対多]の[カーディナリティ]になります。

[カーディナリティ]に関しては、Power BIが自動的に検知してくれるので、ユーザーがそれを上書き変更する必要はほとんどありません。4種類の中では**[多対一]もしくは[一対多]が最も よく使われる[カーディナリティ]**です。[多対多]を使うことはほとんどありません。

[カーディナリティ]が[一対多]の例

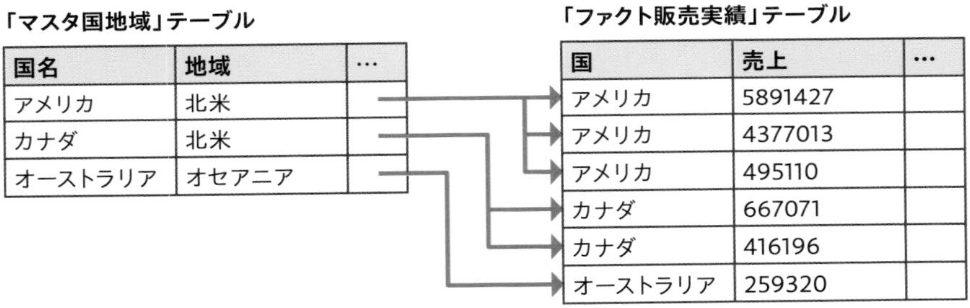

「マスタ国地域」テーブル

国名	地域	…
アメリカ	北米	
カナダ	北米	
オーストラリア	オセアニア	

「ファクト販売実績」テーブル

国	売上	…
アメリカ	5891427	
アメリカ	4377013	
アメリカ	495110	
カナダ	667071	
カナダ	416196	
オーストラリア	259320	

▲「マスタ国地域」テーブルには、「国名」は1つずつのみ入っているが、「ファクト販売実績」テーブルには「国」が同じデータは複数存在する。そのため、このリレーションシップの[カーディナリティ]は[一対多]になる

■ [このリレーションシップをアクティブにする]

2つ目のオプションが**[このリレーションシップをアクティブにする]**です。

テーブル間で有効(アクティブ)にできるリレーションシップは1つだけです。そのため、テーブル間に複数のリレーションシップが存在する場合は、このオプションを使ってアクティブなリレーションシップに切り替えましょう。

モデルビューで、すでにリレーションシップがあるテーブル間にリレーションシップを作成すると、[非アクティブ]なリレーションシップを意味する**点線のリレーションシップ**が作成されます。

このとき、アクティブなリレーションシップと非アクティブなリレーションシップを入れ替えたい場合は、[リレーションシップの作成]画面からアクティブなリレーションシップの[このリレーションシップをアクティブにする]のチェックを外し、もう1つのリレーションシップにチェックを入れてアクティブにしましょう。

テーブル間に複数のリレーションシップが存在する場合

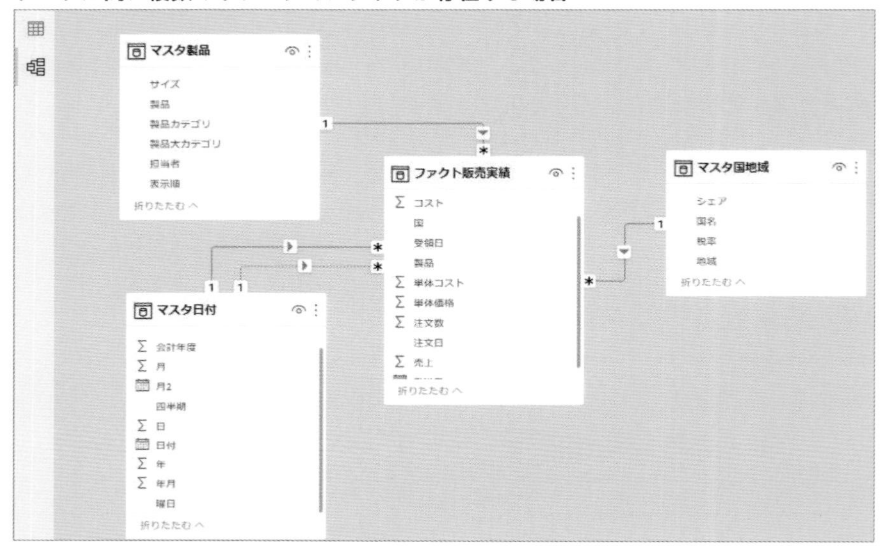

▲「マスタ日付」テーブルと「ファクト販売実績」テーブルの間に複数のリレーションシップが存在する状態。アクティブなリレーションシップが実線、非アクティブなリレーションシップが点線で表されている

■ [クロスフィルターの方向]

3つ目のオプションが **[クロスフィルターの方向]** です。これはPower BI独自の概念で、AccessやSQL Serverなど他のデータベースシステムにはない考え方です。

[クロスフィルターの方向] には、**[単一] と [双方向] の2種類**があります。初期設定は [カーディナリティ] によって異なり、[多対一] と [一対多] の場合は [単一] で、[一対一] の場合は [双方向] になります。特別な理由がない限りはそのまま使用することをお勧めします。[クロスフィルターの方向] とは、「フィルターがどの方向にかかるか」を意味しており、初期設定では [多対一] の場合、フィルターは一側から多側にしかかかりません。[一対一] の場合には [クロスフィルターの方向] が双方向になるため、フィルターは両方向にかかります。

[クロスフィルターの方向] の種類

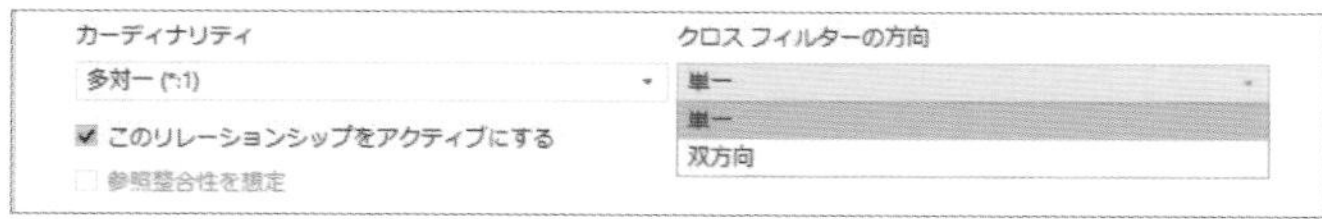

▲ [クロスフィルターの方向] には [単一] と [双方向] の2種類がある

データモデリングの基本

このchapterで使用したサンプルデータは、「ファクト販売実績」「マスタ国地域」「マスタ製品」「マスタ日付」の4つのテーブルで構成されています。このテーブル間の関係性をP.62で説明した［カーディナリティ］で表すと、「ファクト販売実績」テーブルが［多対一］の「多」にあたり、その他のマスタテーブルが「一」にあたります。

このように、テーブル構成を設計することを**データモデリング**といいます。データモデリングとは、ビジネスに必要なデータを分析し、最適なテーブル構成を考えるプロセス、そしてそれを基にしてテーブル間のリレーションシップを作成する作業のことです。

少し疑問に思ったんですけど、必要なデータを全部1つのテーブルにまとめてはダメなんですか？
わざわざ複数のテーブルにデータを分けなくても、「ファクト販売実績」テーブルに全部のデータを入れてもいいんじゃないかな、と。

そうすると、確かにテーブル間のリレーションシップを作成する必要がないなどの利点もある。
でも、重複するデータの量が多いことや、データに変更を加えるときに負担が多いなどの問題点もあるんだ。

そうなんですね……。確かに、製品カテゴリの名前を変更したいだけなのに、該当する販売実績データをすべて変更するのは大変ですね。

一般的に、多くのユーザーが長期的に使用する場合、スタースキーマと呼ばれるデータモデルが理想といわれてるんだよ。

スタースキーマ？

今回使用しているサンプルデータには「ファクト販売実績」「マスタ国地域」「マスタ製品」「マスタ日付」の4つのテーブルがあるでしょ？ 「ファクト販売実績」テーブルには実際の取引の詳細データが、その他のマスタテーブルには国や製品、日付の詳細データが保存されている。

「ファクト販売実績」テーブルと、その他のマスタテーブルの間にリレーションシップを設定したんでしたね。

そうそう。このような場合、「ファクト販売実績」を中心に、その他のマスタテーブルがその周りにある、星のような形状に似ているため、スタースキーマと呼ばれるんだ。スタースキーマはテーブル構成が単純で理解しやすく、パフォーマンス的にも優れているため、Power BIに限らずBIプロジェクトでは頻繁に使われるデータモデルなんだ。

スタースキーマの例

マスタ製品
製品に関する
カテゴリや担当者などの情報

マスタ国地域
国に関する
地域や税率などの情報

マスタ日付
日付に関する
曜日や休日などの情報

ファクト販売実績
実際の
販売実績データ

マスタ○○○
マスタ○○○
必要に応じて
その他のテーブルを追加する

▲「ファクト販売実績」テーブルを中心に、複数のマスタテーブルとの間にリレーションシップが作成されている。このようなデータモデリングのことをスタースキーマと呼ぶ

chapter 4

Power Queryで
データを加工しよう

section 01

データの加工　Power Query

読み込んだデータを加工するPower Query

chapter 3までの段階でレポートを作り始めることも可能だよ。ただ、読み込んだデータがそのまま使えないこともあるんだ。

そんなことがあるんですか？

例えば、Excelのデータは入力の担当者によっては形式が統一されていないことがある。シートによってカラム名の位置が異なっていることもよくあるケースだね。

	A	B	C	D
1	マスタ国地域			
2	国名	地域	シェア	税率
3	オーストラリア	オセアニア	4	0.2
4	ベルギー	ヨーロッパ	2	0.15
5	ブラジル	南米	4	0.2
6	カナダ	北米	5	0.15
7	中国	アジア	18	0.1
8	フランス	ヨーロッパ	6	0.2
9	ドイツ	ヨーロッパ	6	0.12

	A	B	C
1	インデックス	国	製品
2	A1	フランス	ノートパソコン
3	A2	アメリカ	ノートパソコン
4	A3	ブラジル	Iphone
5	A4	メキシコ	サムスン
6	A5	中国	サムスン
7	A6	日本	サムスン
8	A7	アメリカ	サムスン
9	A8	スペイン	サムスン

あっ本当だ……1行目にデータの名前が入っているシートと、1行目からカラム名が入っているシートとで、それぞれ形式が異なっていますね。

このような場合に、既存のデータをそのまま使うのではなく、レポート作成に適した形式に加工することがよくあるんだよ。

データを加工……例えばどんな加工があるのでしょうか？

例えば、不必要なデータを削除したり、既存のデータを使って新しいデータを作成したり、複数のテーブルのデータを結合したり、データを置換したりだね。

既存の列を計算して新たな列を作成する

注文数	単体価格	売上	…
56	139793	7828408	
89	139793	12441577	
23	92463	2126649	
48	74078	3603744	
77	64386	4957722	
43	65243	2805449	

複数のデータを結合する

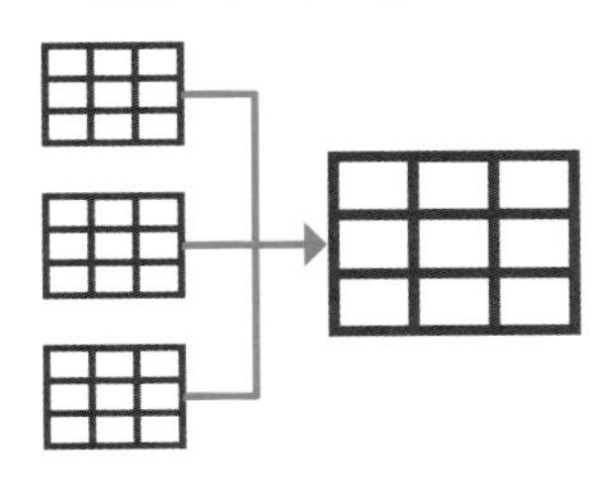

値を置換する

製品	…
ノートパソコン	
ノートパソコン	
ゲーム	
ヘッドフォン	
ノートパソコン	
ゲーム	

製品	…
ノートPC	
ノートPC	
ゲーム	
ヘッドフォン	
ノートPC	
ゲーム	

確かに、こういう加工ができると便利そうですね。でも、どうやってやればいいんですか？

こうした加工は、Power BIのPower Queryという機能で実現可能だよ。

Power Query ？

Power Queryを使うと、データを読み込む際の操作（ステップ）を設定できるんだ。例えば、Excelのシートを読み込む際に、複数のシートを合わせて読み込んだり、新しい列を追加したりできる。

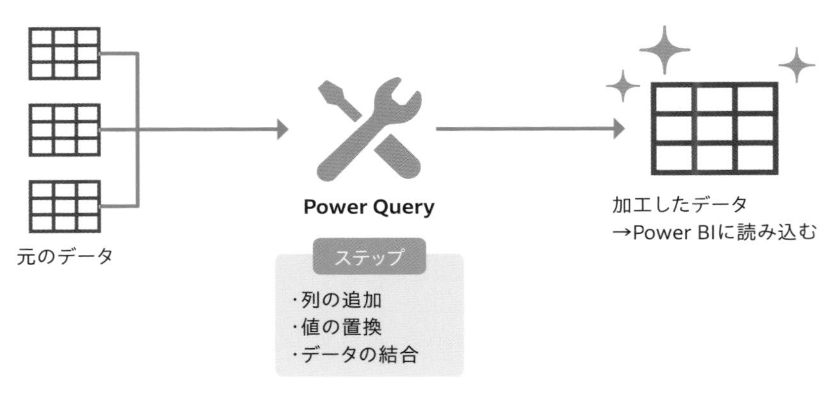

Power Queryを使いこなせるようになると、さまざまなデータをレポート作成に適したフォーマットに加工できる。10年ほど前まではBI専門のエンジニアが何日もかけていたような加工が、Power Queryを使うと圧倒的に簡単で素早く行えるんだ。

便利そうですね！　ぜひ使い方を教えてください！

じゃあこのchapterでは、実際によく行うデータ加工の操作をPower Queryを使って試してみよう。

chapter 4で学ぶこと

- Power Queryの起動方法
- Power Queryで何ができるか
- Power Queryを使ったデータの加工方法

ヘッダーの修正　クエリの統合　クエリの非表示

Power Queryの基本的な使用方法

Power Queryの起動から簡単な使用方法まで説明しよう！

Power Queryエディターの起動方法

まずはPower BIを起動し、Power Queryで使用する「SampleData102.xlsx」を読み込みます。このサンプルファイルには「ファクト販売実績2019」「ファクト販売実績2020」「ファクト販売実績2021」「マスタ製品」「マスタ国地域」「マスタ日付」の6つのシートが入っています。

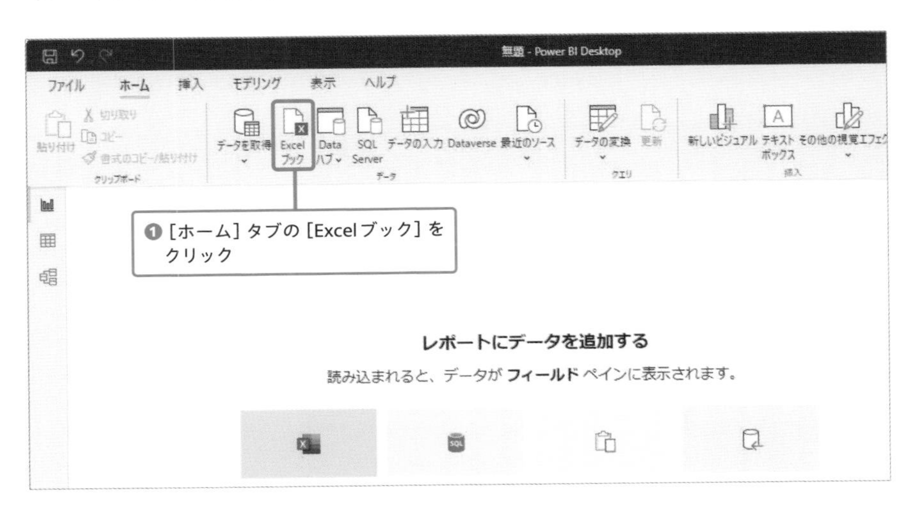

次のページに続く

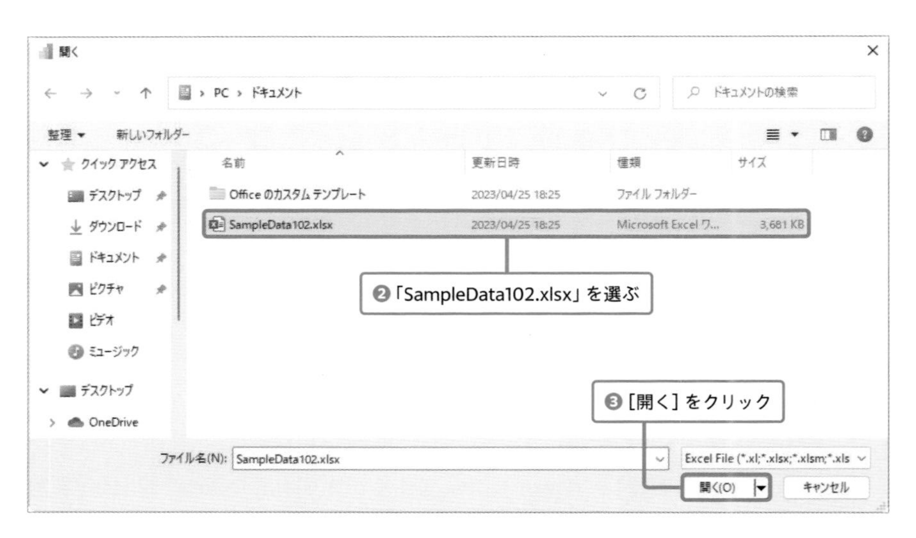
開く
PC > ドキュメント
ドキュメントの検索
整理
新しいフォルダー
クイック アクセス
デスクトップ
ダウンロード
ドキュメント
ピクチャ
ビデオ
ミュージック
デスクトップ
OneDrive
名前
更新日時
種類
サイズ
Office のカスタム テンプレート
2023/04/25 18:25
ファイル フォルダー
SampleData102.xlsx
2023/04/25 18:25
Microsoft Excel ワ...
3,681 KB
❷「SampleData102.xlsx」を選ぶ
❸[開く]をクリック
ファイル名(N):
SampleData102.xlsx
Excel File (*.xl;*.xlsx;*.xlsm;*.xls
開く(O)
キャンセル

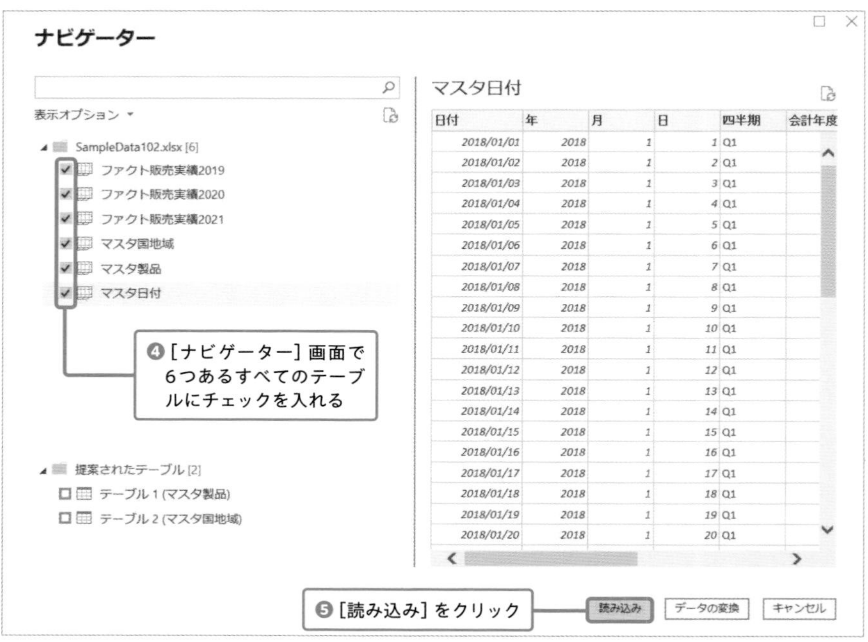
ナビゲーター
表示オプション
SampleData102.xlsx [6]
ファクト販売実績2019
ファクト販売実績2020
ファクト販売実績2021
マスタ国地域
マスタ製品
マスタ日付
❹[ナビゲーター]画面で6つあるすべてのテーブルにチェックを入れる
提案されたテーブル [2]
テーブル 1 (マスタ製品)
テーブル 2 (マスタ国地域)
マスタ日付
日付
年
月
日
四半期
会計年度
❺[読み込み]をクリック
読み込み
データの変換
キャンセル

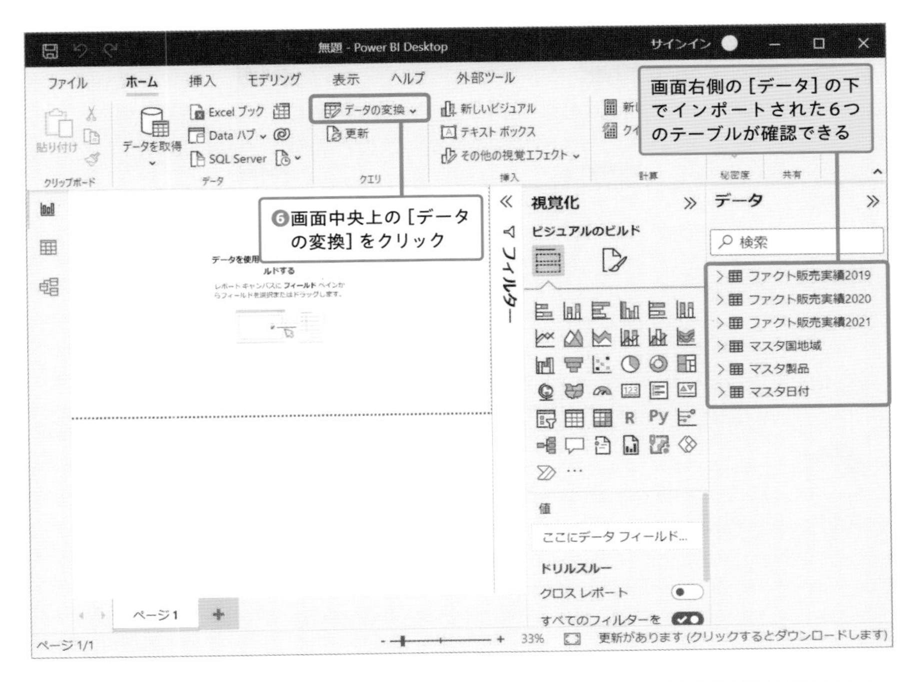

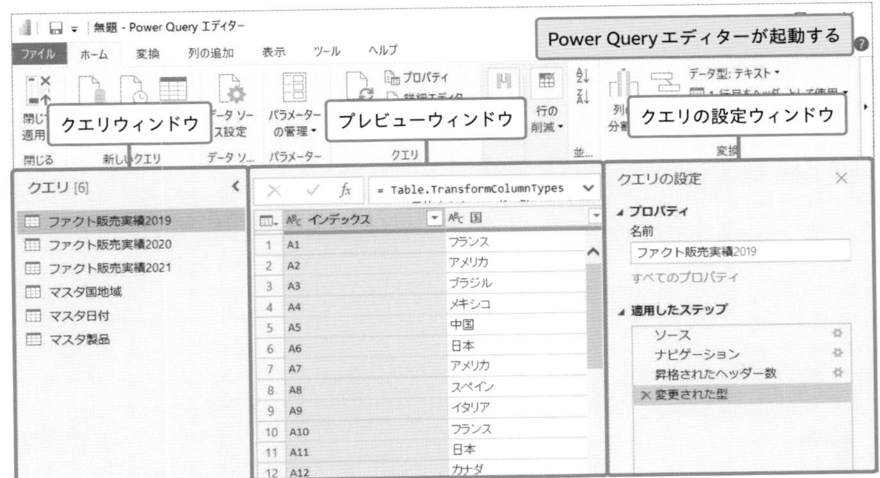

画面左のクエリウィンドウでは、読み込んだテーブルがクエリとして表示されています。クエリウィンドウで選択したクエリのデータが画面中央のプレビューウィンドウで、クエリの設定が画面右のクエリの設定ウィンドウでそれぞれ表示されています。

なお、P.72の［ナビゲーター］画面で、［データの変換］をクリックしてもPower Queryエディターを起動できます。ただし、レポート作成用にデータを準備している段階では、Power BI Desktopの元の画面とPower Queryエディター画面を何度も行ったり来たりすることが多くなります。そのため、このchapterではPower BI Desktopを起動した後の画面からPower Queryエディターを起動する方法を説明しています。

カラムのヘッダーを修正する

これでPower Queryエディターを起動できましたが、これから何をするんですか？

では実際にデータをよく見てみよう。例えば「マスタ国地域」クエリをクリックして、画面中央のプレビューウィンドウを見てみよう。何かおかしいことに気づくかな？

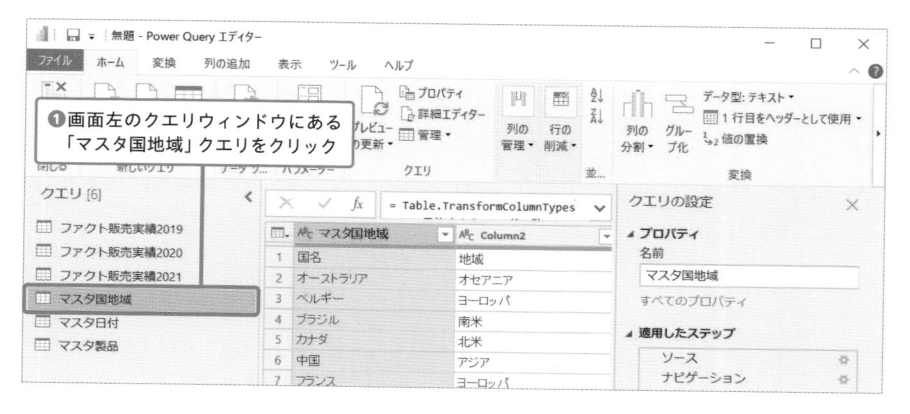

あっ、カラム名が1行目のデータとして扱われていますね。

そうなんだ。Excelのデータは形式が統一されていないことがある。実際に確認してみると、カラム名の位置が異なっているね。

Excelでカラム名の位置が異なる

	A	B	C	D
1	マスタ国地域			
2	国名	地域	シェア	税率
3	オーストラリア	オセアニア	4	0.2
4	ベルギー	ヨーロッパ	2	0.15
5	ブラジル	南米	4	0.2
6	カナダ	北米	5	0.15
7	中国	アジア	18	0.1
8	フランス	ヨーロッパ	6	0.2

	A	B	C
1	インデックス	国	製品
2	A1	フランス	ノートパソコン
3	A2	アメリカ	ノートパソコン
4	A3	ブラジル	Iphone
5	A4	メキシコ	サムスン
6	A5	中国	サムスン
7	A6	日本	サムスン
8	A7	アメリカ	サムスン

▲「SampleData102.xlsx」の「マスタ国地域」シート（左）と「ファクト販売実績2019」シート（右）のデータ。「マスタ国地域」シートではカラム名の上の1行目にデータが入っている

上の画像における「マスタ国地域」シートの1行目のように、カラム名の上にデータが入っていると、Power Queryはどこがカラム名で、どこからデータが始まっているかがわからないことがあるんだ。これを修正してみよう。

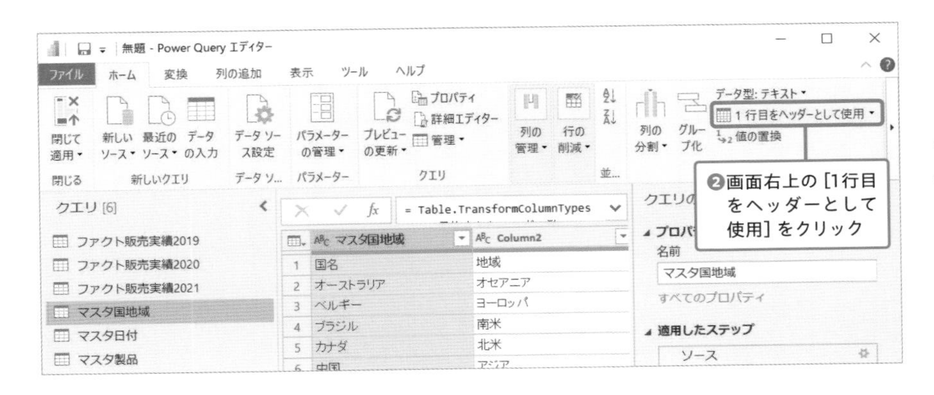

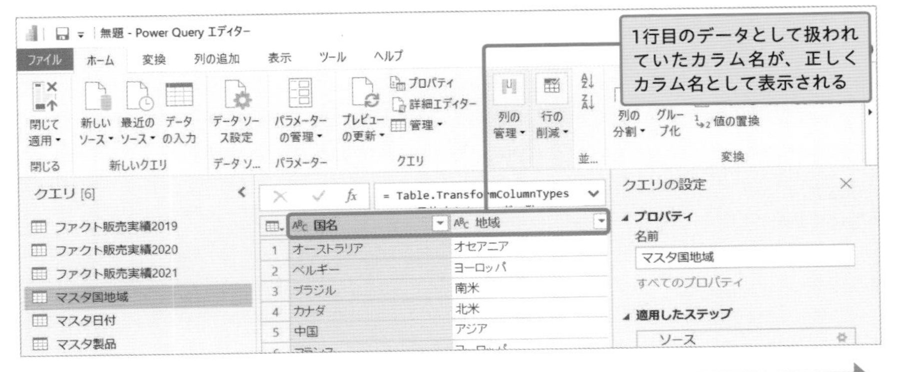

次のページに続く

Power Queryにおけるクエリ

クエリとは「問い合わせ」という意味を持ち、Power BIで使われる場合には主にデータソースからデータを抽出するときに使われる用語です。Power Queryでは、データソースを読み込む一連の流れのことを指します。Power Queryを通してクエリに「カラム名の編集」などの操作を加えることで、データソースを加工してPower BIに読み込むことができます。

同様に、他のクエリのヘッダーも修正しよう。

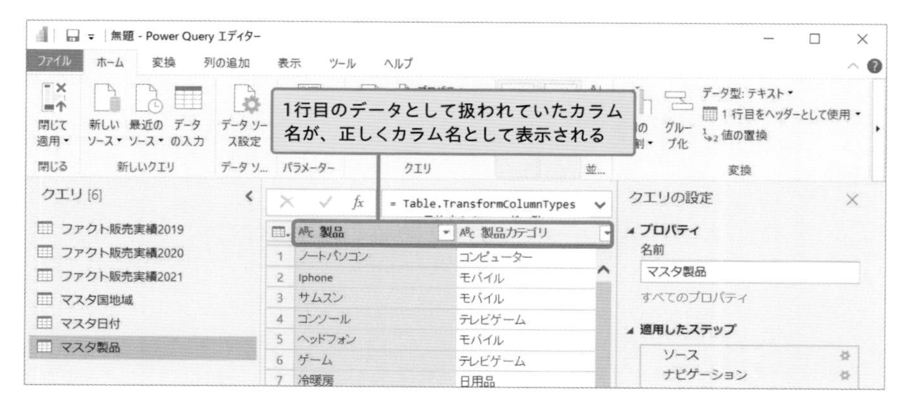

複数のクエリを1つに統合する

カラム名の問題は解決しましたが、「ファクト販売実績2019」「ファクト販売実績2020」「ファクト販売実績2021」のように販売データが3つのクエリに分かれていますね。販売実績はひとまとめにして扱いたいのですが……。

データが複数のファイルやシートに分かれているのも、読み込むExcelによっては時々あるケースだね。同じデータが月別や年別に分かれているときは、これらを統合する必要があるんだ。さっそく、3つの販売実績のクエリの統合を試してみよう。

❶画面左のクエリウィンドウにある「ファクト販売実績2019」を選択

❷[ホーム]タブの右側にある[結合]→[クエリの追加]→[クエリを新規クエリとして追加]をクリック

[追加]画面が表示される

❸今回は3つのクエリを統合するので、[3つ以上のテーブル]を選択

次のページに続く

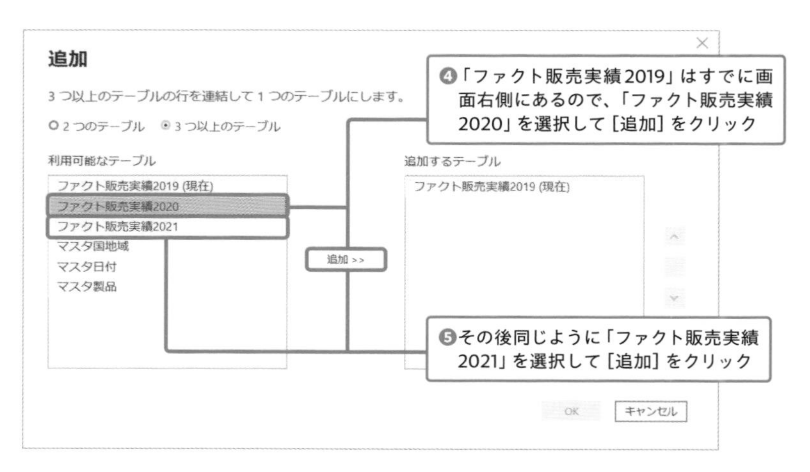
追加
3 つ以上のテーブルの行を連結して 1 つのテーブルにします。
2 つのテーブル
3 つ以上のテーブル
利用可能なテーブル
ファクト販売実績2019 (現在)
ファクト販売実績2020
ファクト販売実績2021
マスタ国地域
マスタ日付
マスタ製品
追加 >>
追加するテーブル
ファクト販売実績2019 (現在)
OK
キャンセル
❹「ファクト販売実績2019」はすでに画面右側にあるので、「ファクト販売実績2020」を選択して［追加］をクリック
❺その後同じように「ファクト販売実績2021」を選択して［追加］をクリック

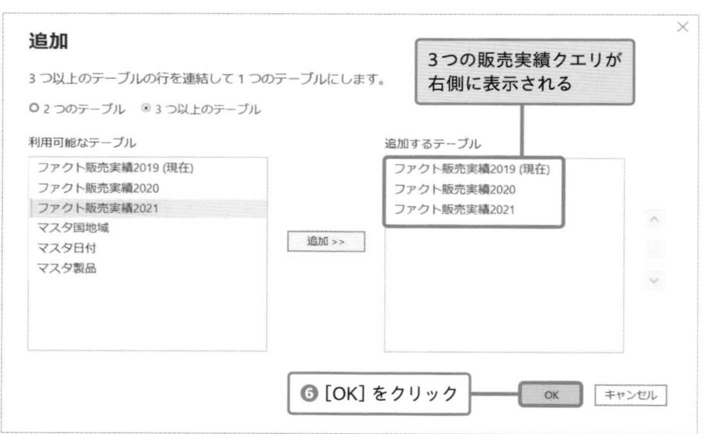
追加
3 つ以上のテーブルの行を連結して 1 つのテーブルにします。
2 つのテーブル
3 つ以上のテーブル
利用可能なテーブル
ファクト販売実績2019 (現在)
ファクト販売実績2020
ファクト販売実績2021
マスタ国地域
マスタ日付
マスタ製品
追加 >>
追加するテーブル
ファクト販売実績2019 (現在)
ファクト販売実績2020
ファクト販売実績2021
OK
キャンセル
3つの販売実績クエリが右側に表示される
❻［OK］をクリック

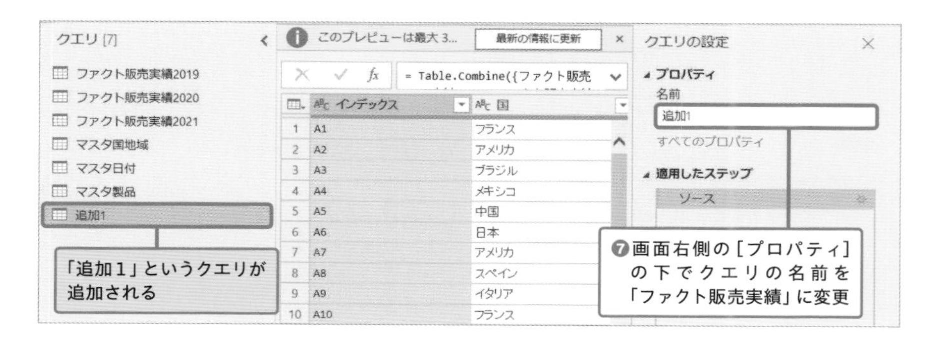
クエリ [7]
ファクト販売実績2019
ファクト販売実績2020
ファクト販売実績2021
マスタ国地域
マスタ日付
マスタ製品
追加1
このプレビューは最大 3...
最新の情報に更新
= Table.Combine({ファクト販売
インデックス
国
A1 フランス
A2 アメリカ
A3 ブラジル
A4 メキシコ
A5 中国
A6 日本
A7 アメリカ
A8 スペイン
A9 イタリア
A10 フランス
クエリの設定
プロパティ
名前
追加1
すべてのプロパティ
適用したステップ
ソース
「追加1」というクエリが追加される
❼画面右側の［プロパティ］の下でクエリの名前を「ファクト販売実績」に変更

これで、3つのクエリを統合した「ファクト販売実績」クエリが作成できたね。実際にデータを確認してみよう。

クエリのデータを確認する

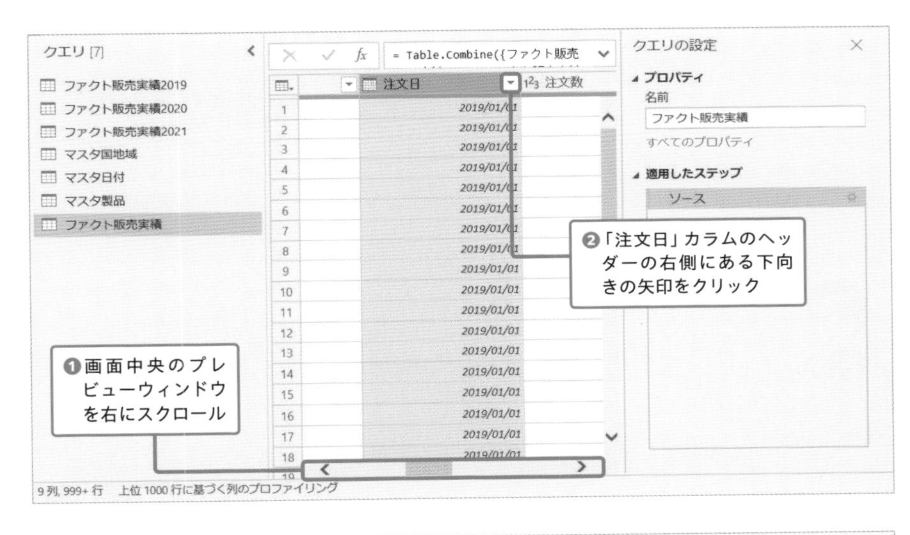

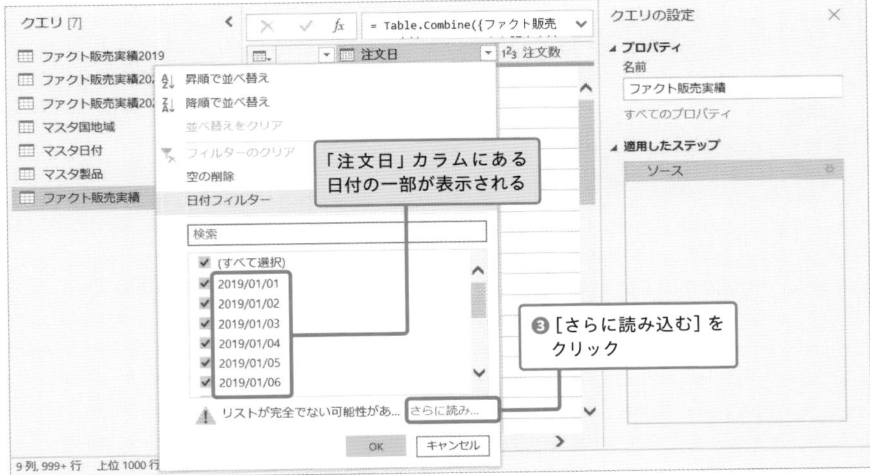

次のページに続く

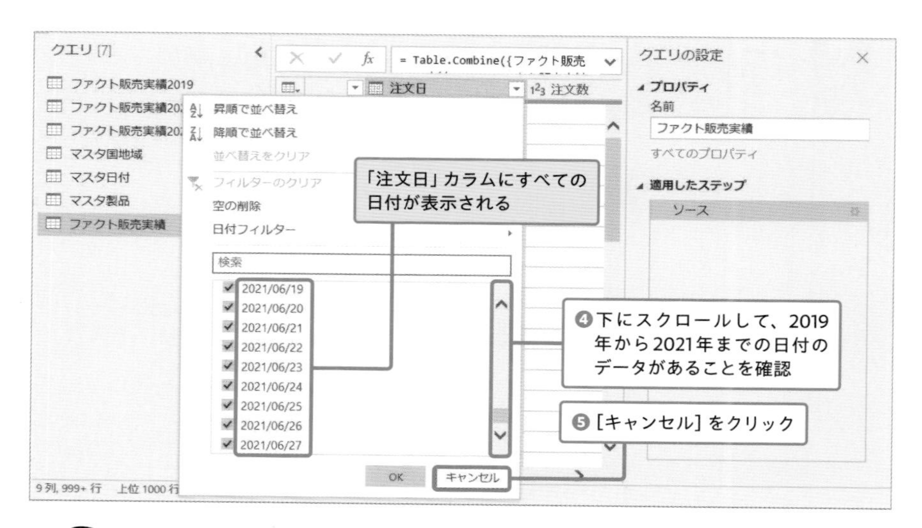

このように、フィルターの下向きの矢印はデータをフィルターするだけでなく、データの確認にも使えるんだ。

なるほど、それは便利ですね！

クエリを非表示にする

それと、この段階で「ファクト販売実績2019」「ファクト販売実績2020」「ファクト販売実績2021」は「ファクト販売実績」に統合されているので、この3つのクエリはレポート作成には必要ないよね？　そのため、この3つのクエリは非表示にしよう。

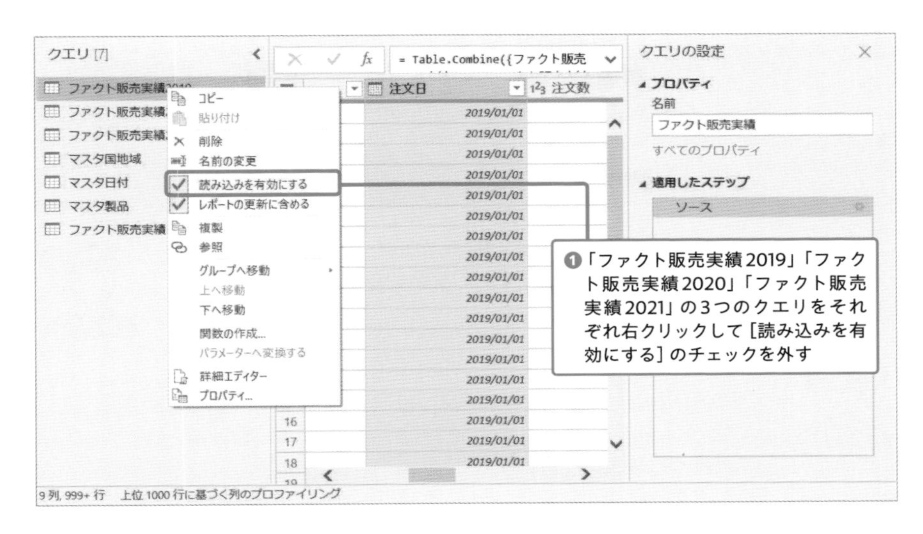

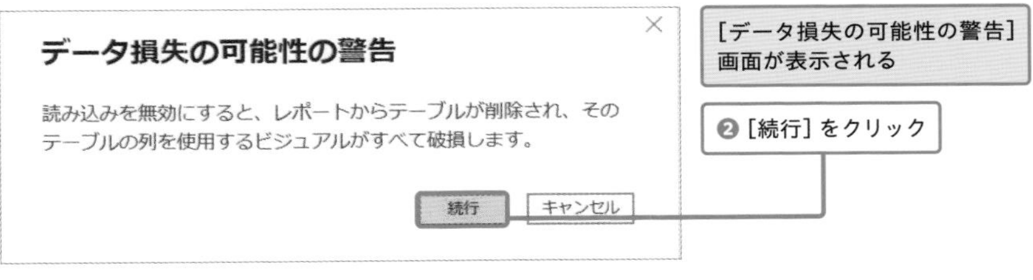

［データ損失の可能性の警告］画面が表示されるけれど、これら3つのクエリは使用しないので問題ない。これで、3つのクエリ／テーブルのデータは読み込まれるけれど、レポート作成時にはこれらのクエリ／テーブルは非表示になるんだ。

乗算のカラムの作成　カスタム列

Power Queryで新しいカラムを作成する

ところで、売上や原価のデータも入れたいのですが、どうすればいいでしょうか？

それもPower Queryで可能だよ。データを計算して新しいカラムを作成することも、Power Queryでよく使う操作の1つなんだ。

なるほど。そうしたら、例えば「ファクト販売実績」クエリには、「注文数」と「単体価格」はあるけど、それらを掛けた注文の合計金額もレポート作成には必要な気がします。これを追加することもできますか？

もちろん！　いくつかの方法があるから、そのうちの2つを試してみよう。

四則演算を行うカラムを追加する

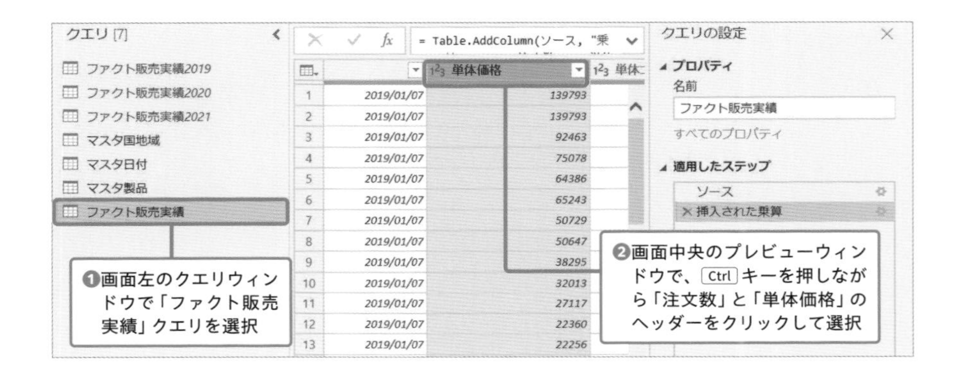

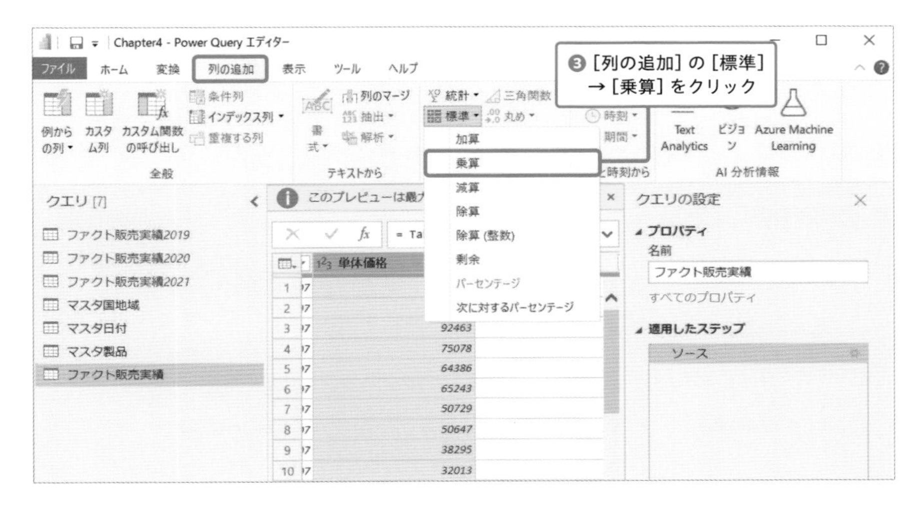

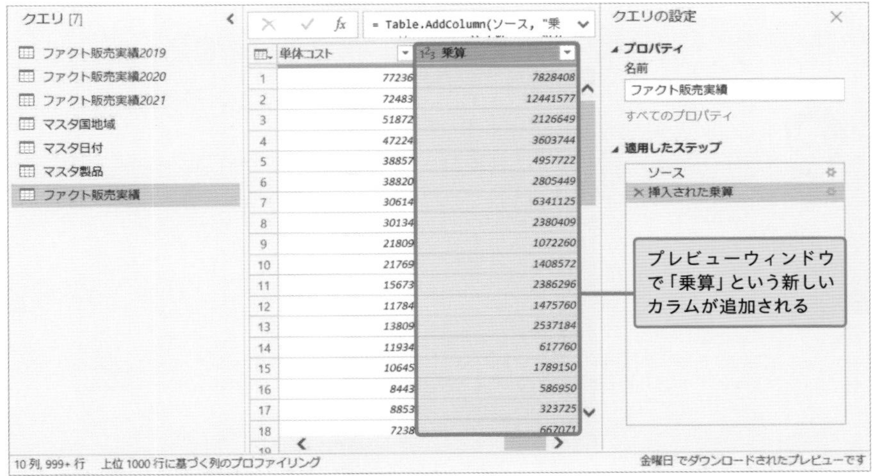

これで、「注文数」と「単体価格」を掛け算したカラムが作成できたね。このままだとカラムの名前がわかりづらいので、変更しておこう。

次のページに続く

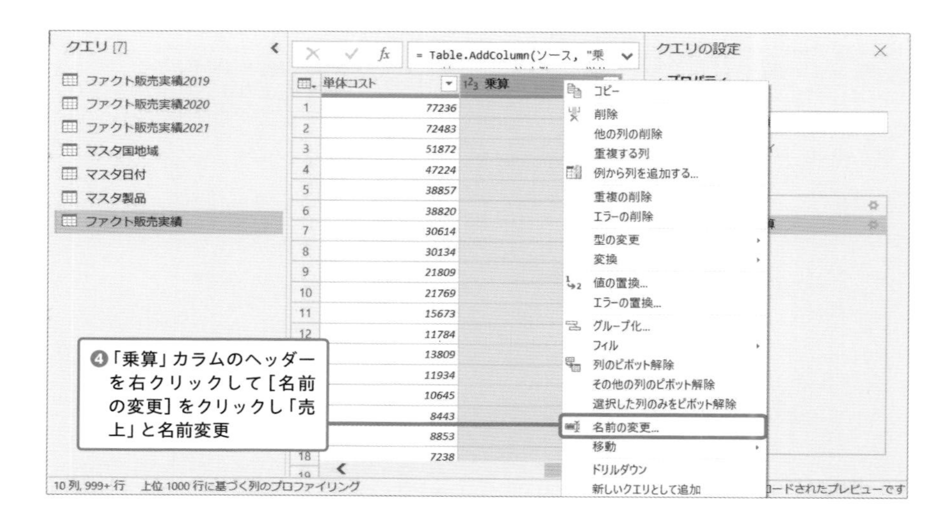

複雑な計算ができるカスタム列を追加する

今度は［カスタム列］を使ってみよう。［カスタム列］は、if文なども使えてさまざまな計算ができるんだよ。

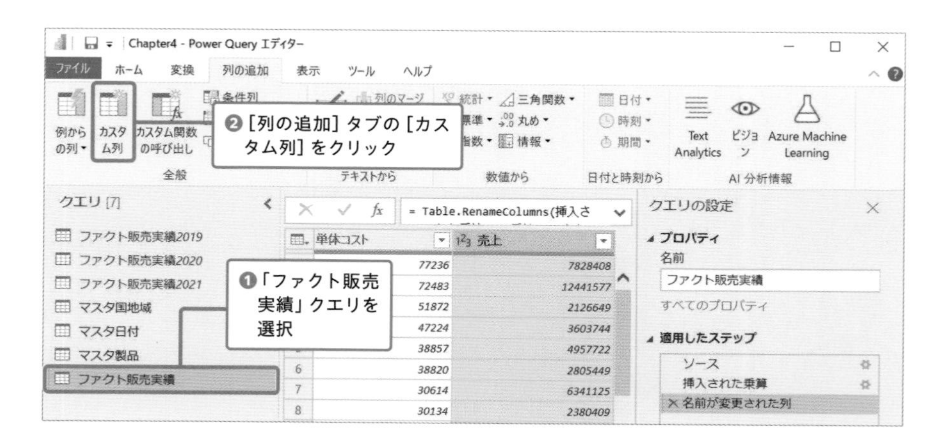

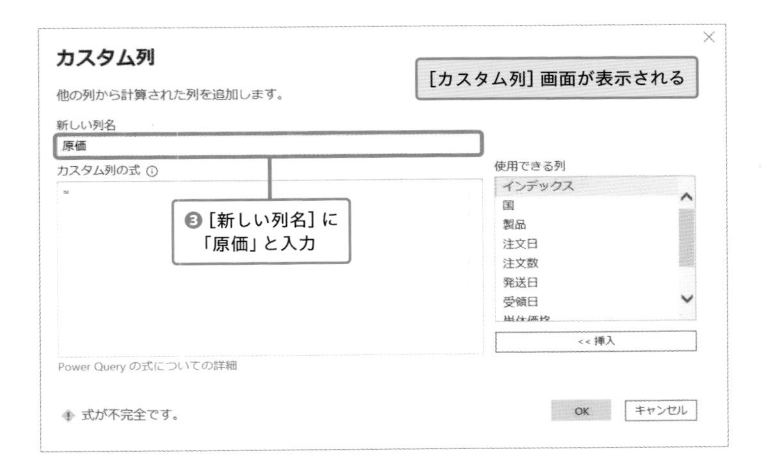

「原価」を計算する場合、ここでは「注文数」と「単体コスト」の掛け算の計算が必要だね。

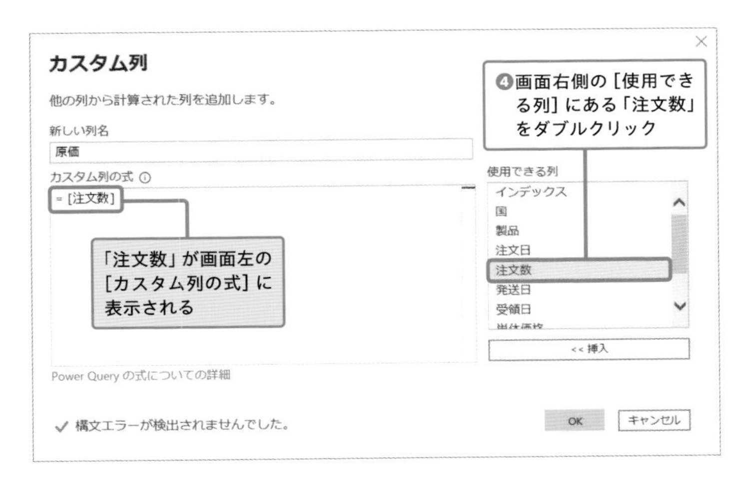

次のページに続く

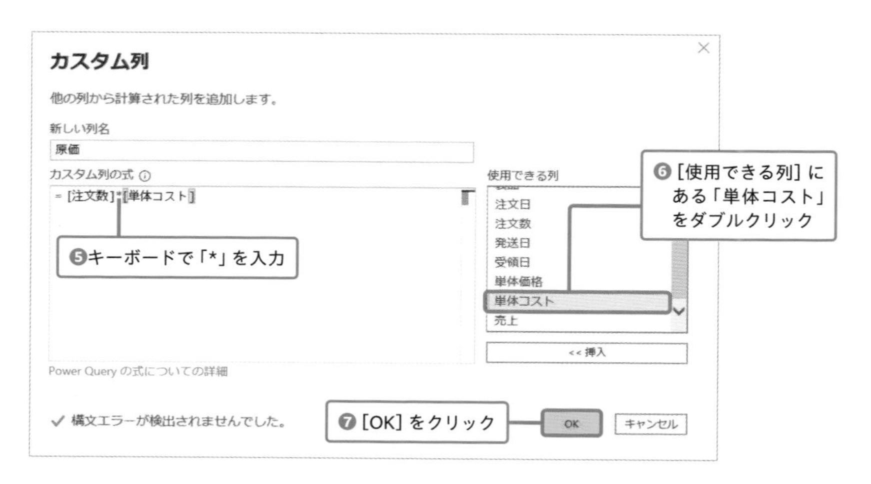

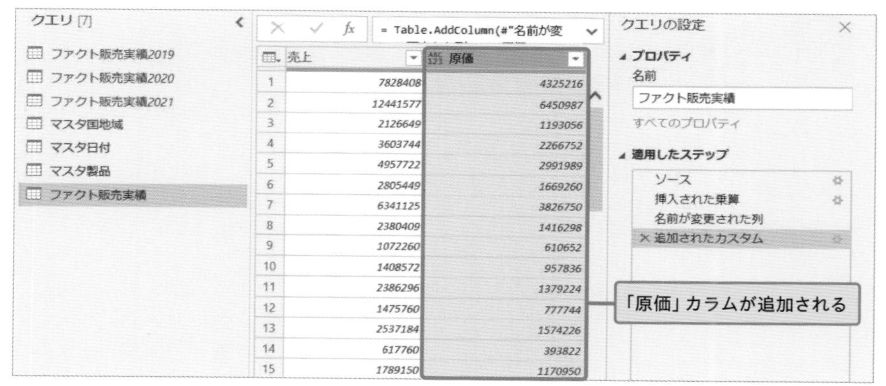

	売上	原価
1	7828408	4325216
2	12441577	6450987
3	2126649	1193056
4	3603744	2266752
5	4957722	2991989
6	2805449	1669260
7	6341125	3826750
8	2380409	1416298
9	1072260	610652
10	1408572	957836
11	2386296	1379224
12	1475760	777744
13	2537184	1574226
14	617760	393822
15	1789150	1170950

「*」は掛け算を行うときに使用する記号なんだ。これで、「注文数」と「単体コスト」を掛けた「原価」のカラムが追加できたね。

不要なデータの削除　操作の取り消し　値の置換

section 04

Power Queryでデータを加工する

不要なデータを削除したり、操作を取り消したりといった、応用的なPower Queryの使い方について説明していこう！

不要なカラムを消す

元データに余計なデータが多くて減らしたい場合などに、不要なカラムを削除する方法を説明するね。ここでは例としてファクト販売実績クエリの「受領日」カラムを削除してみよう。

❶「ファクト販売実績」クエリを選択

❷プレビューウィンドウにある「受領日」のヘッダーを右クリックして［削除］をクリック

次のページに続く

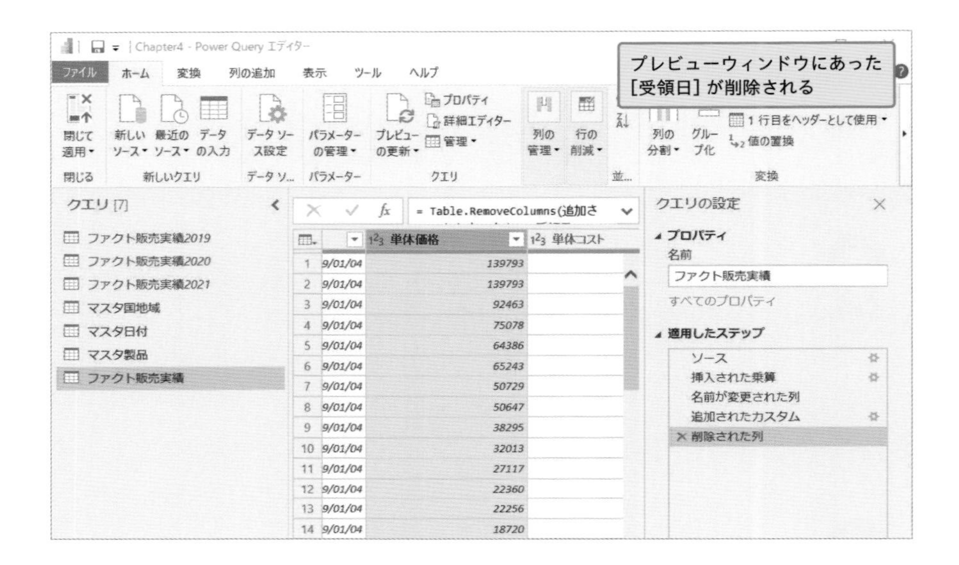

Power Queryの操作を取り消す

ところで、Power Query上で一度行った操作を取り消すことはできるんでしょうか？

いい質問だね、確かにその方法も説明しないとね。Power Query上の操作をステップと呼ぶのだけれど、試しに行ったばかりの「受領日」の削除のステップを取り消してみよう。Power Queryで行う操作はすべて、画面右側の［適用したステップ］で記録される。「受領日」を削除した操作は、「削除された列」というステップで記録されているよ。

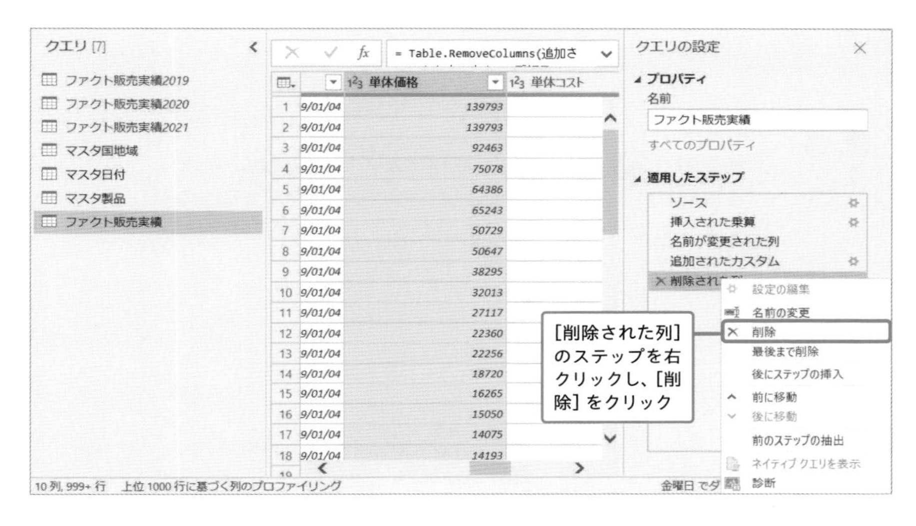

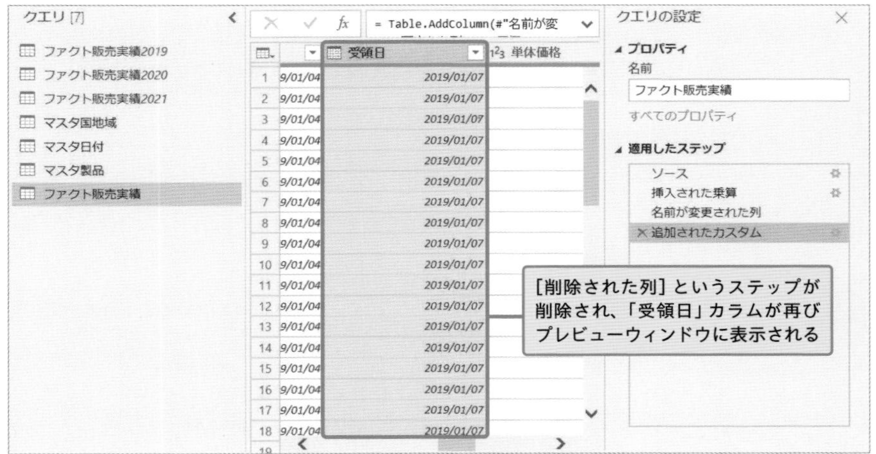

COLUMN [適用したステップ]

[適用したステップ]では、各ステップでどのような操作が行われたかが記録され、かつその状態も確認できます。例えば上の画像の状態で、[名前が変更された列]というステップをクリックすると[追加されたカスタム]での操作が反映される前の状態の、「原価」カラムが作成される前のデータが確認できます。ただし、データを最新の状態に合わせるため、他の操作を始める前に最後のステップをクリックすることを忘れないようにしましょう。

不要なデータの行を削除する

特定のカラムの削除方法は説明したので、次は行の削除を説明しよう。ここでは例として、「ファクト販売実績」のアメリカのデータが必要ないと仮定し、削除してみるよ。

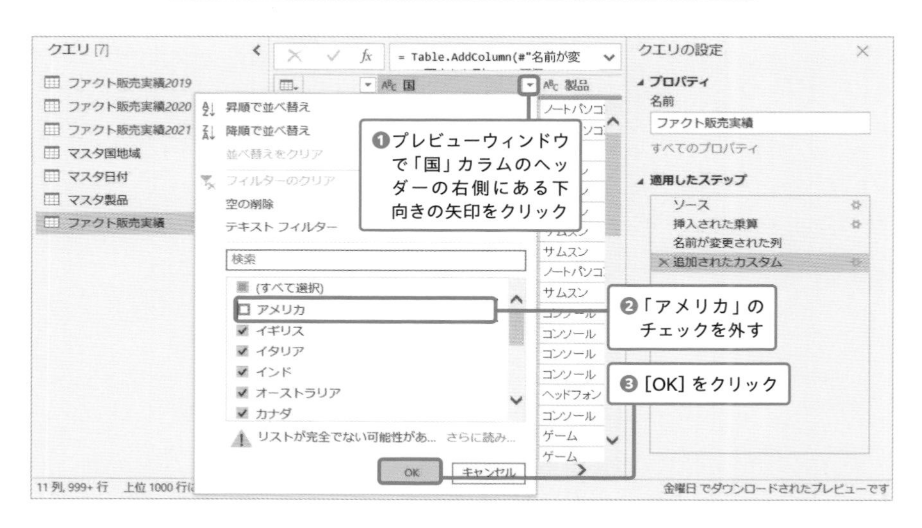

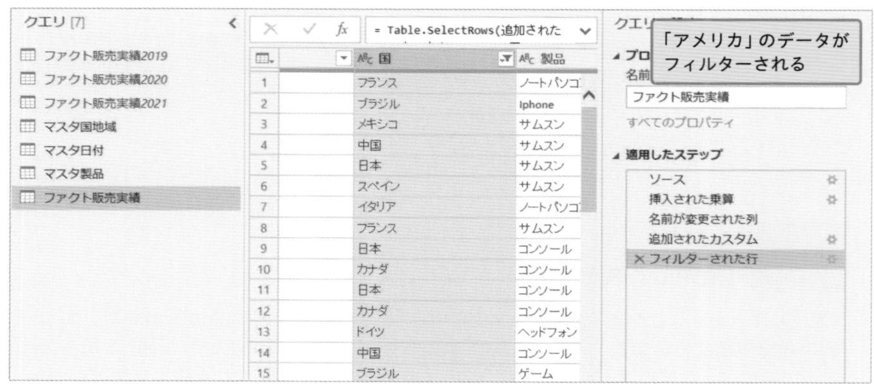

手順❶でクリックした下向きの矢印のことをフィルターコントロールと呼ぶんだ。

値の置換

あとPower Queryでよく使う機能に［値の置換］がある。これはデータを置き換えるときには非常に便利な機能なんだ。

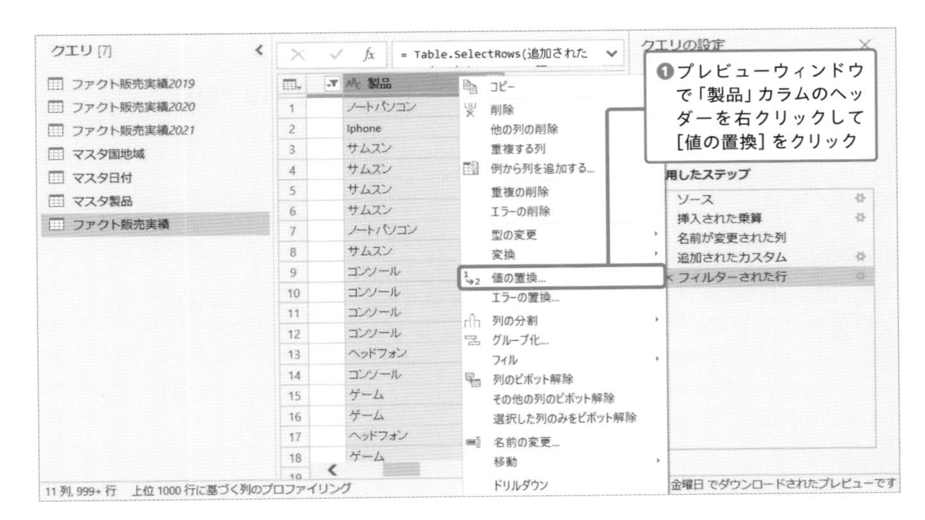

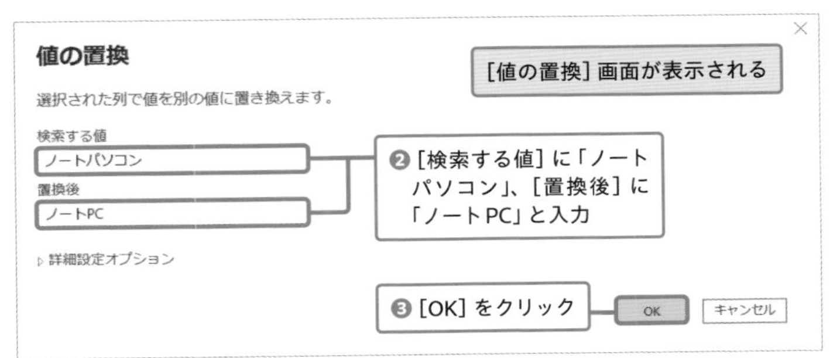

次のページに続く

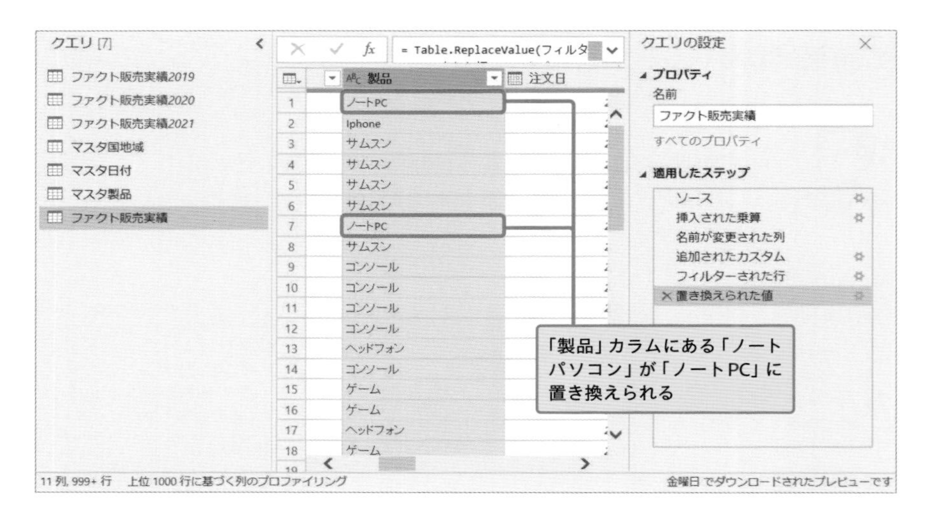

あと、Power Queryでの操作が終わったら、Power Queryを閉じて今行った操作をPower BI Desktopにも適用する必要があるんだ。

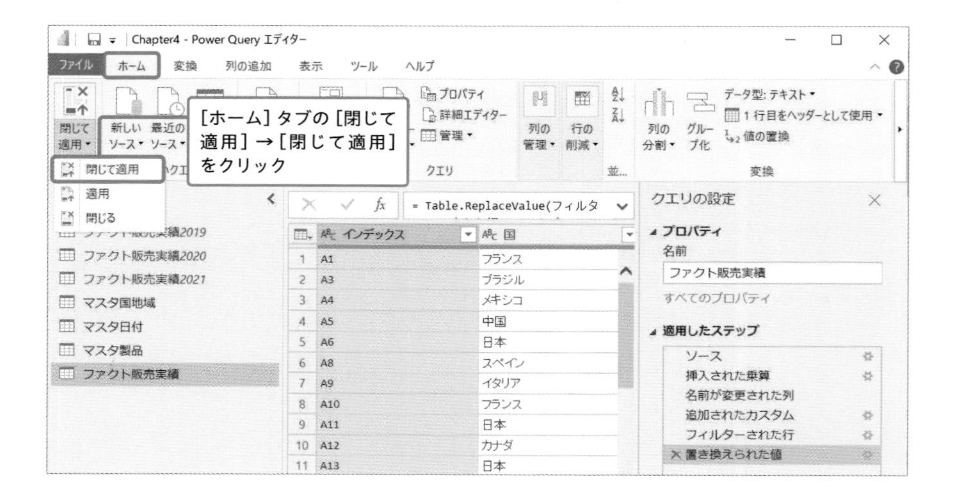

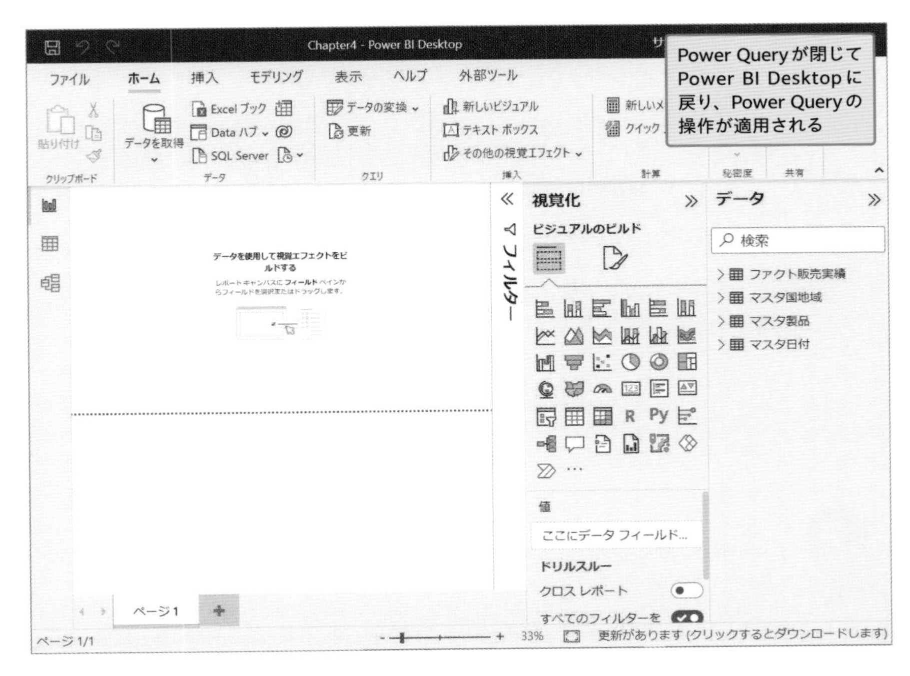

P.81で行った操作により、「ファクト販売実績2019」「ファクト販売実績2020」「ファクト販売実績2021」の3つのクエリはPower BI Desktopでは表示されていないよね。

本当ですね！ ところで、この後でもう一度Power Queryを使いたいときにはどうすればいいんですか？

それは簡単さ。［ホーム］タブの［データの変換］をクリックするだけでPower Queryを再起動させることができるよ。

データ加工をPower Queryで行うメリット

データの加工をExcelではなく、Power Queryで行うメリットは、データが更新された際に、Power Queryであれば自動でデータの加工が行われるため、ユーザーは何もする必要がないことです。
Power Queryであれば、読み込んだデータが更新された場合、P.200の手順でデータの更新を行うと、設定したステップが自動で適用され、データが加工された状態で読み込まれます。
一方で、Excel上でデータの加工を行う場合、同じ操作を関数やマクロなどで毎回適用する必要があります。マクロを使えばある程度は自動化が可能かもしれませんが、あらゆる操作がステップとして記録されるPower Queryは、使用する難易度やエラーが出たときの修正、他のユーザーが作ったものを扱うときの容易性など、あらゆる面で優れています。そのため、データの加工は可能な限りExcelでなくPower Queryで行うのがベストです。

ファイルを保存したい場合は、画面の左上から可能だよ。

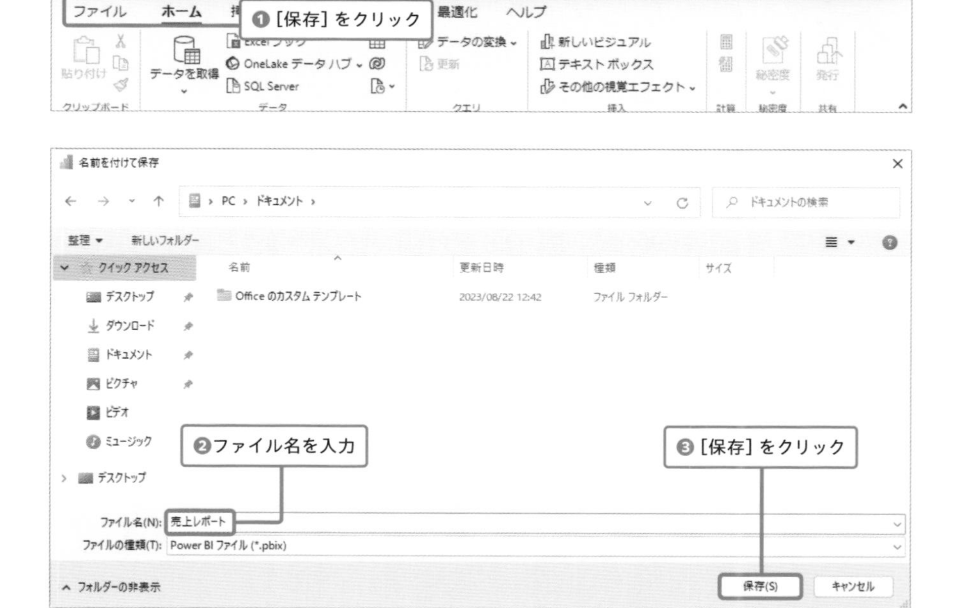

chapter 5

DAXで分析に必要なデータを用意しよう

DAX　データの分析

DAXとは

chapter 4では、Power Queryを使ってデータの加工方法を学びましたが、分析レポートを作成するには他に何を学べばよいでしょうか？

この段階でもレポートの作成を始めることはできるけど、DAX（ダックス）の使い方も勉強したほうがいいね。

DAX……？　なんだか難しそうですね……。

そんなことはないよ。DAXはData Analysis Expressionsの略で、既存のデータを使って新しいデータを作成できる。Power BIを使いこなす上でとても重要な存在なんだ。Excelの関数やVBAに似ているといえばわかりやすいかな。具体例としては、以下のような計算が可能だよ。

- 売上額に10%を掛けて消費税額を計算する
- 売上額からコストを引いて粗利を計算する
- 注文日から発送日を引いて発送日数を計算する

Power Queryでも、カラムを掛け算して計算するといったことができましたよね。どのように違うんですか？

いい質問だね。Power Queryのようなツールは、ETLツールと呼ばれているんだ。ETLとはExtract（展開）、Transform（変形）、Load（読み込み）の略で、データをソースから抽出し、必要な形に変換してPower BIに格納するのが主な目的なんだ。それに対してDAXは主にデータの分析に使われる。Power BIに格納した後、分析に必要なデータを用意するのがDAXの役目だね。

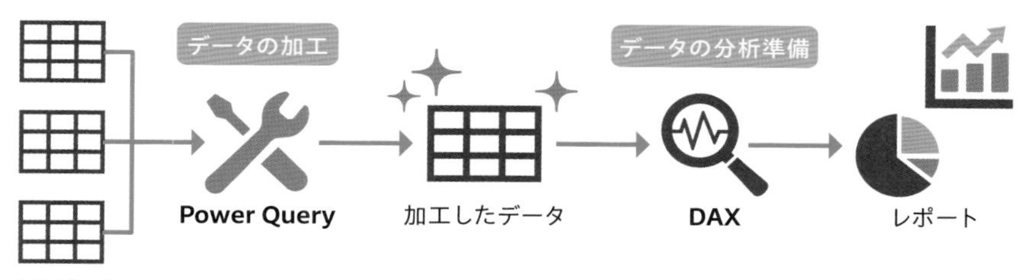

なるほど、Power BIにデータを読み込む際に加工するのがPower Query、読み込んだ後で分析用のデータを計算するのがDAXなんですね。

ただしDAXとPower Queryでは機能的にかぶる部分も数多くある。両方の使い方を勉強して、状況に応じて使い分けるのが理想だね。

chapter 5で学ぶこと

- DAXで何ができるか
- DAXを使った新しいデータの作成方法

計算列　インテリセンス

section 02

DAXの使用方法

使用するデータの準備

Power BI Desktopを起動し、「SampleData103.xlsx」を読み込みます。このサンプルファイルには「ファクト販売実績」「マスタ製品」「マスタ国地域」「マスタ日付」の4つのテーブルが入っています。

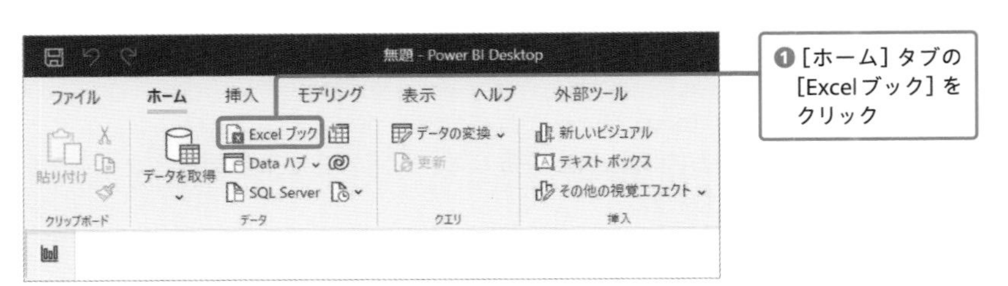

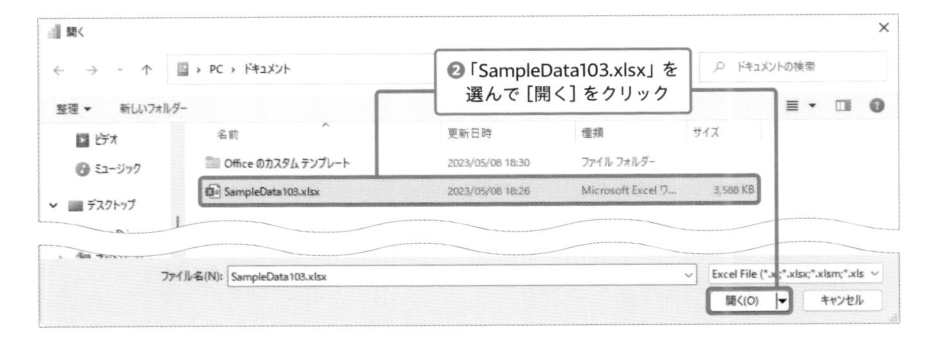

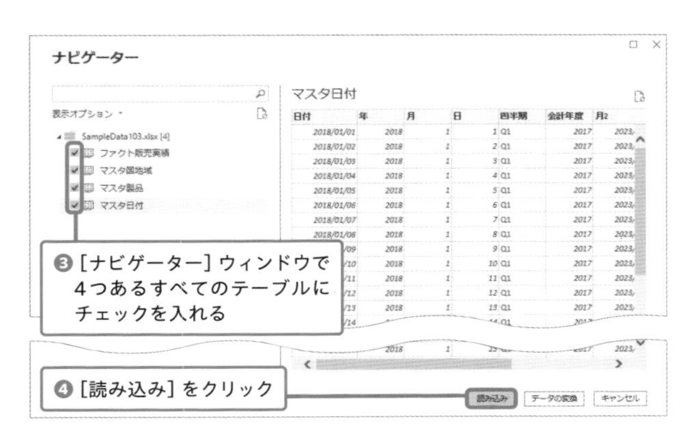

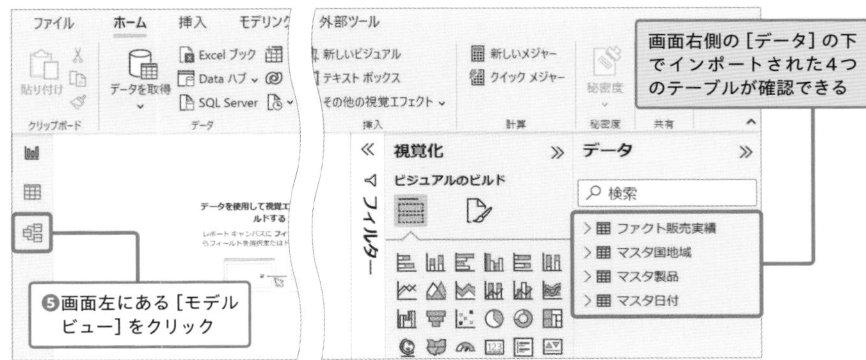

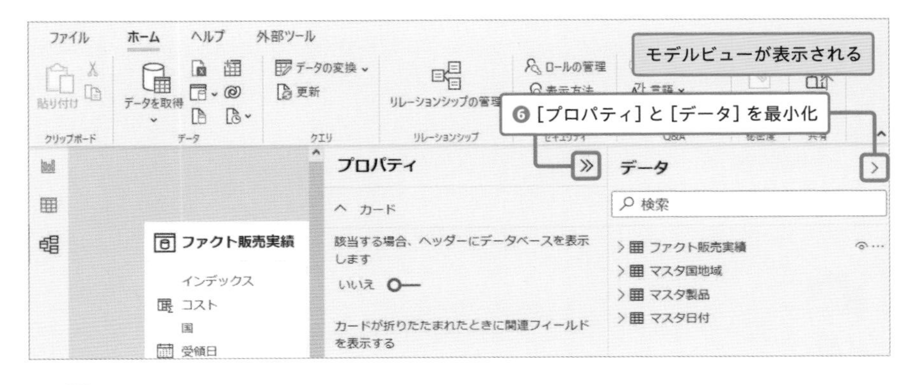

［プロパティ］と［データ］はすぐには使わないので、画面を広く使うために最小化しているよ。

次のページに続く

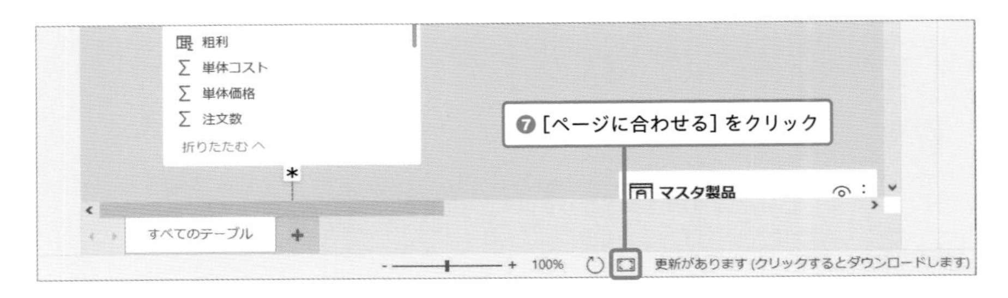

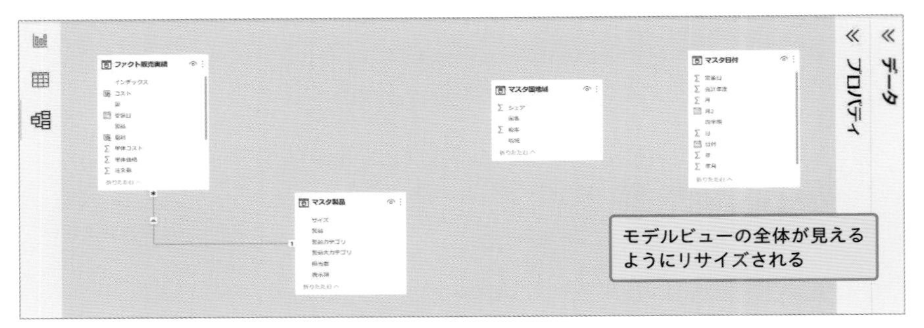

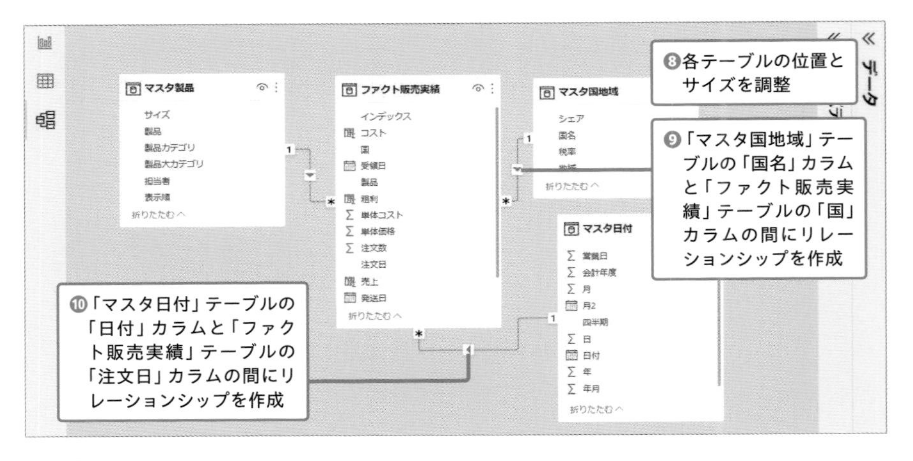

これで、各テーブルが見やすく調整され、リレーションシップも作成できたね。

計算列を使って売上の列を作成する

まずは、DAXで作成できる計算列から試してみよう。計算列とは、既存の列を使って作成される新しい列のことだよ。まずは「注文数」と「単体価格」を掛けて売上額を計算する計算列を作成してみよう。

でも、売上の列はPower Queryでも作りましたよね？

そうなんだ。すでに説明した通り、Power QueryとDAXは機能がかぶっている部分もあって、どちらを使っても問題ない場合も多いんだ。できればどちらの方法も知っておいて、状況に応じて使いやすいほうを使うようにしよう。

❶[テーブルビュー]をクリック

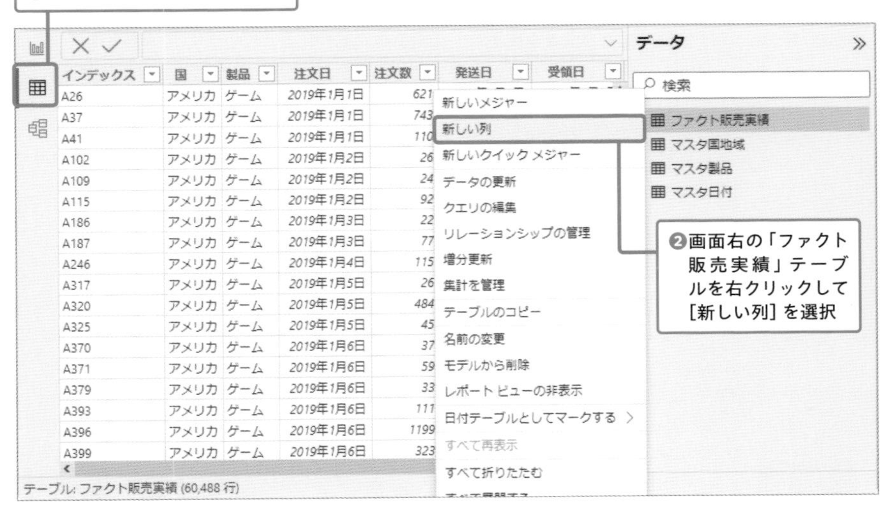

次のページに続く

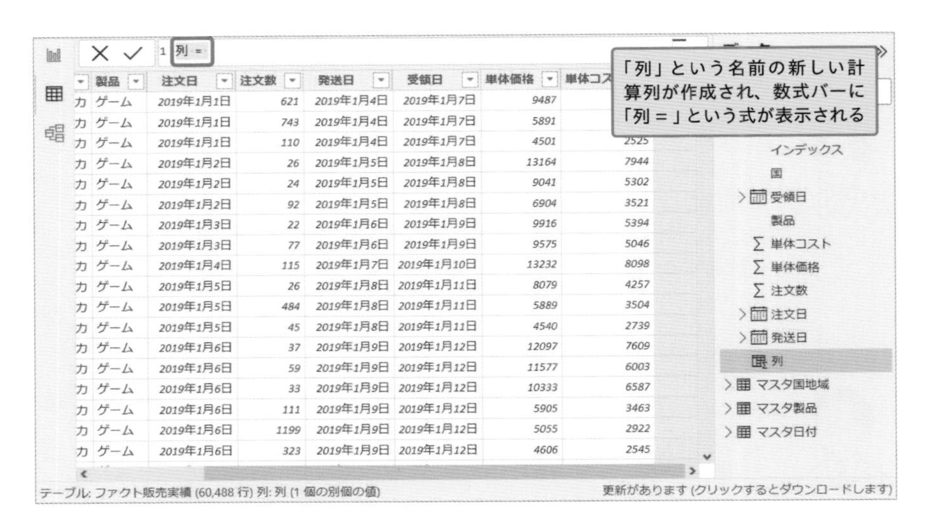

DAXでは、この数式バーに式を入力していくことで、既存の列を使った新しい列の計算を行っていくよ。

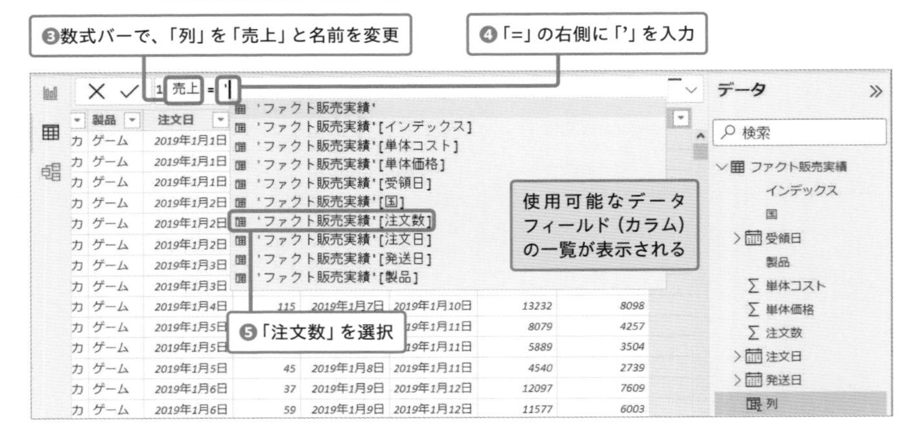

COLUMN

インテリセンス

Power BIではこのように「'」(アポストロフィ)を使うとそこで入力可能なデータフィールドのリストが現れます。これは**インテリセンス**と呼ばれ、キーボードでのデータ入力を楽にしてミスを少なくするのに役立つため、ぜひ使いこなしましょう。

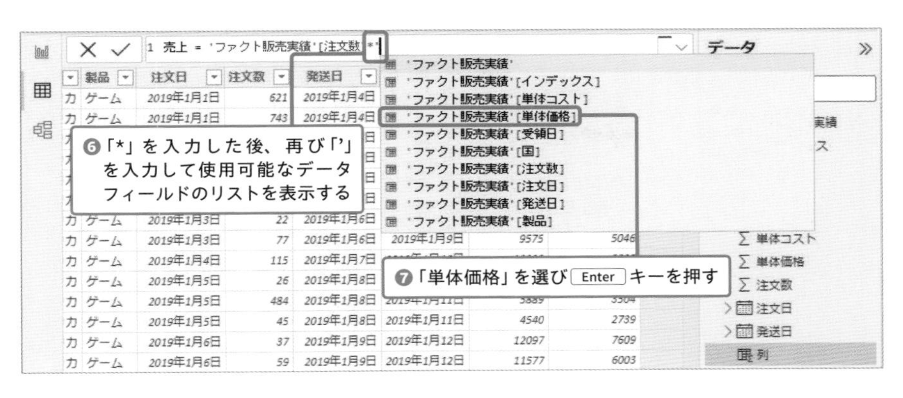

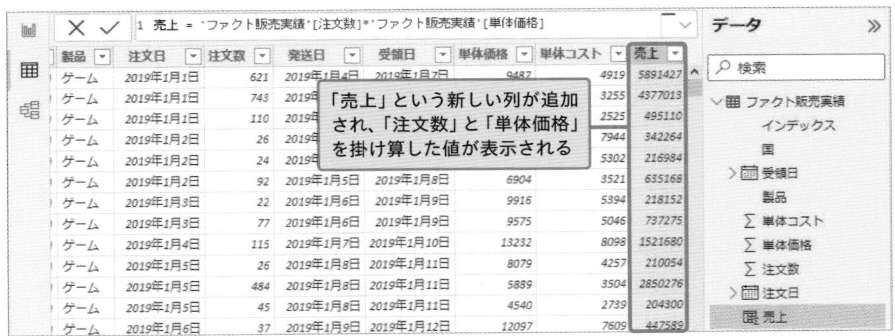

このDAXの式は、Power Queryのカスタム列（P.84）の書き方と似ていますね。

計算列を使ってコストの列を作成する

次に同じ手順で「注文数」と「単体コスト」を掛け算して「コスト」を作成してみよう。

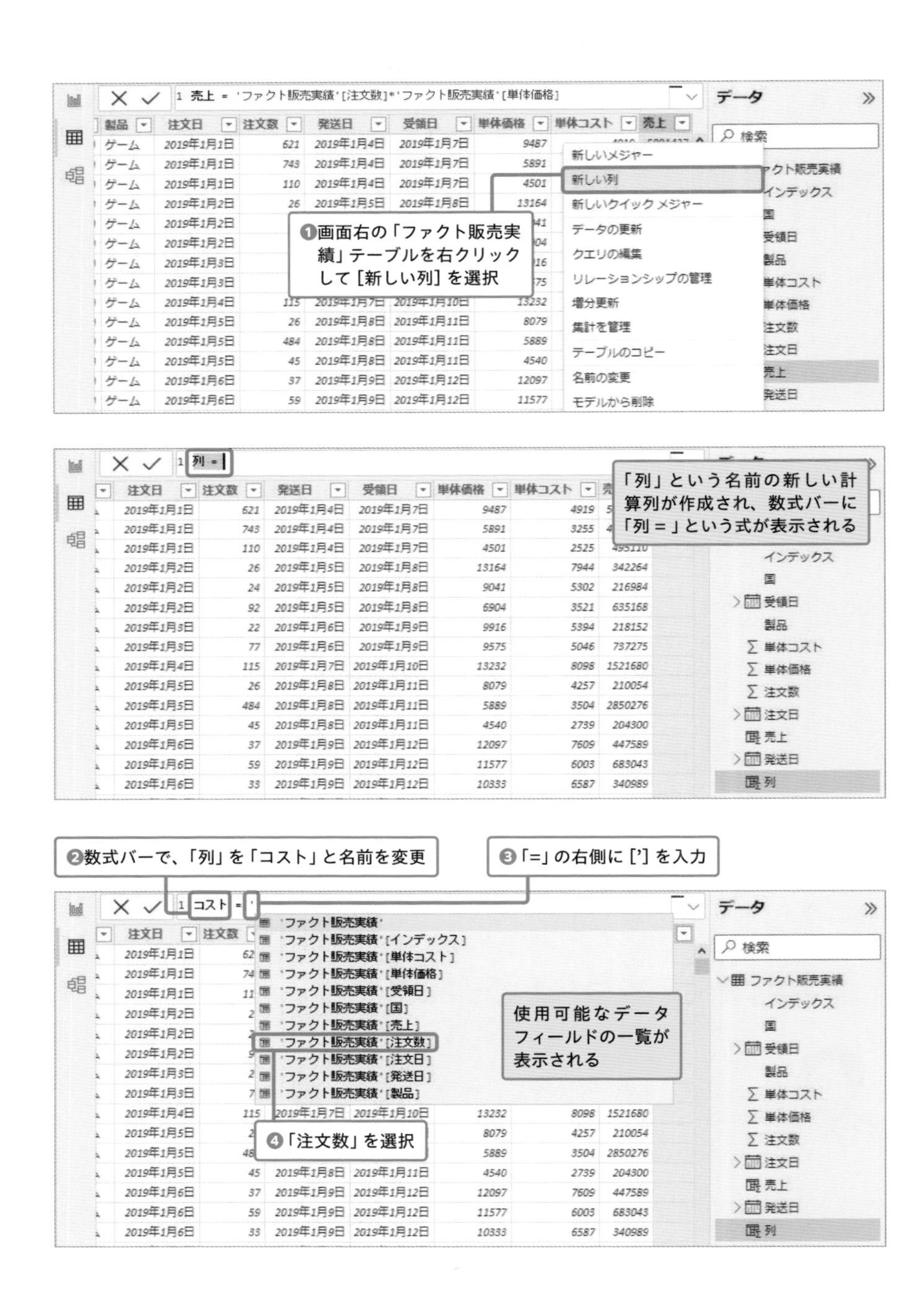
1 売上 = 'ファクト販売実績'[注文数]*'ファクト販売実績'[単体価格]
データ
新しいメジャー
新しい列
新しいクイック メジャー
データの更新
クエリの編集
リレーションシップの管理
増分更新
集計を管理
テーブルのコピー
名前の変更
モデルから削除
❶画面右の「ファクト販売実績」テーブルを右クリックして［新しい列］を選択
1 列 =
「列」という名前の新しい計算列が作成され、数式バーに「列 = 」という式が表示される
❷数式バーで、「列」を「コスト」と名前を変更
❸「=」の右側に［'］を入力
1 コスト = '
'ファクト販売実績'
'ファクト販売実績'[インデックス]
'ファクト販売実績'[単体コスト]
'ファクト販売実績'[単体価格]
'ファクト販売実績'[受領日]
'ファクト販売実績'[国]
'ファクト販売実績'[売上]
'ファクト販売実績'[注文数]
'ファクト販売実績'[注文日]
'ファクト販売実績'[発送日]
'ファクト販売実績'[製品]
使用可能なデータフィールドの一覧が表示される
❹「注文数」を選択

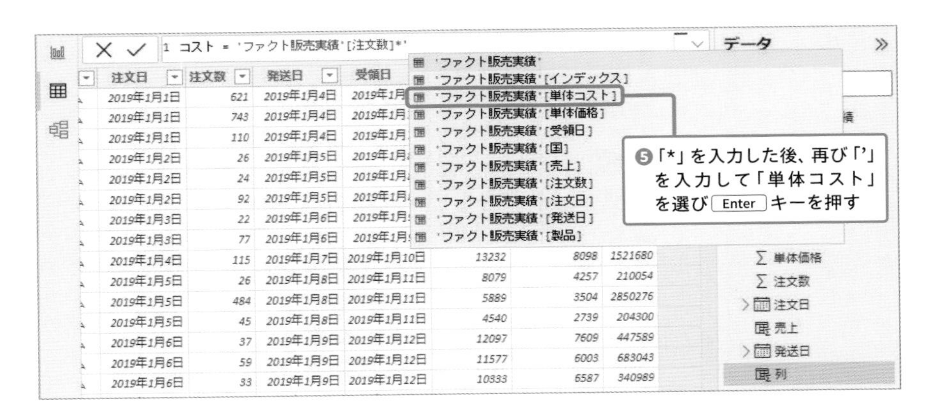

1 コスト = 'ファクト販売実績'[注文数]*'ファクト販売実績'[単体コスト]

注文日	注文数	発送日	受領日	単体価格	単体コスト	売上	コスト
2019年1月1日	621	2019年1月4日	2019年1月7日	9487	4919	5891427	3054699
2019年1月1日	743	2019年1月4日	2019年1月7日	5891	3255	4377013	2418465
2019年1月1日	110	2019年1月4日	2019年			495110	277750
2019年1月2日	26	2019年1月5日	2019年			342264	206544
2019年1月2日	24	2019年1月5日	2019年			216984	127248
2019年1月2日	92	2019年1月5日	2019年			635168	323932
2019年1月3日	22	2019年1月6日	2019年			218152	118668
2019年1月3日	77	2019年1月6日	2019年			737275	388542
2019年1月4日	115	2019年1月7日	2019年1月10日	13232	8098	1521680	931270
2019年1月5日	26	2019年1月8日	2019年1月11日	8079	4257	210054	110682
2019年1月5日	484	2019年1月8日	2019年1月11日	5889	3504	2850276	1695936
2019年1月5日	45	2019年1月8日	2019年1月11日	4540	2739	204300	123255
2019年1月6日	37	2019年1月9日	2019年1月12日	12097	7609	447589	281533
2019年1月6日	59	2019年1月9日	2019年1月12日	11577	6003	683043	354177
2019年1月6日	33	2019年1月9日	2019年1月12日	10333	6587	340989	217371

「コスト」という新しい列が追加され、「注文数」と「単体コスト」を掛け算した値が表示される

データ
検索
ファクト販売実績
インデックス
コスト
国
受領日
製品
単体コスト
単体価格
注文数
注文日
売上
発送日

「売上」と同じように、「コスト」の列も作成されましたね！

計算列を使って粗利の列を作成する

今度は、作成したばかりの計算列の「売上」と「コスト」を使って、別の計算列を作成してみるね。

計算列の値を使って新しい計算列を作成することもできるんですね！

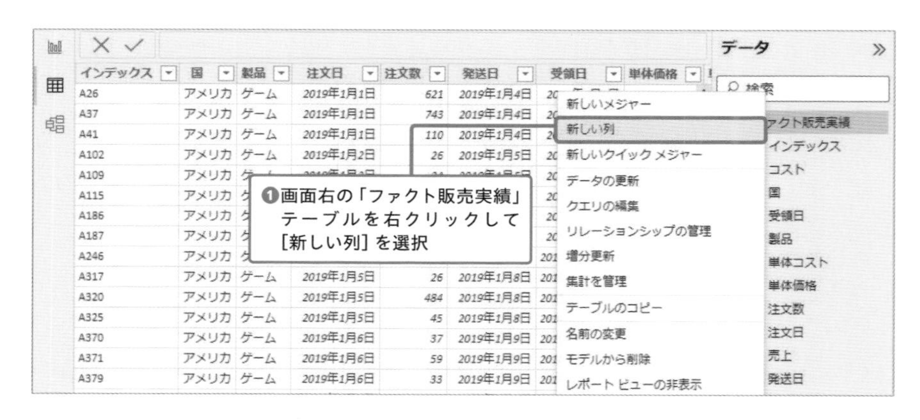

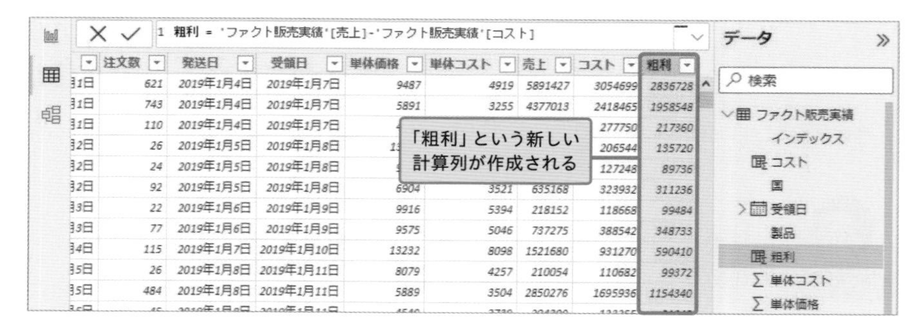

これで、先ほど作成した「売上」と「コスト」を使って、「粗利」の列が作成できたね！

メジャー　クイック メジャー　DAX関数

section 03 メジャーの作成方法

次は計算列とは違うDAXの使い方について学んでいくよ。

メジャーを使って粗利率を計算する

今度は粗利率の計算をしたいから、メジャーの作成方法を説明しよう。

メジャー？　計算列とはどう違うんですか？

計算列は1行ずつ計算を行うのに対して、メジャーは列やテーブル全体を対象として計算を行うという違いがあるんだ。言葉だとわかりづらいから、実際に試してみよう。

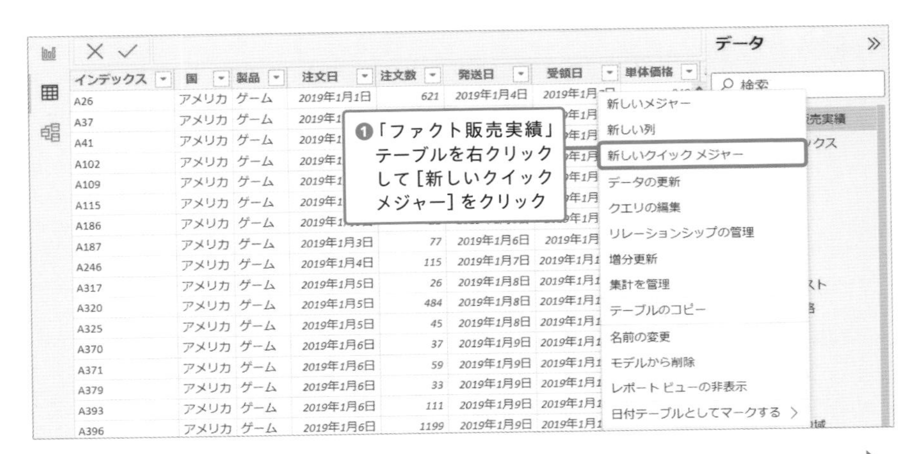

❶「ファクト販売実績」テーブルを右クリックして［新しいクイック メジャー］をクリック

次のページに続く

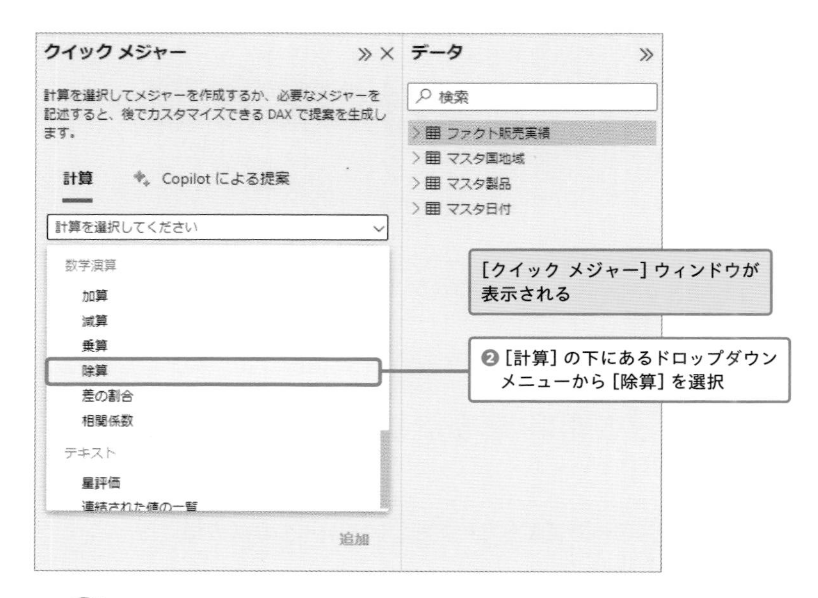

今回作成したい「粗利率」は、粗利の合計を売上の合計で割ったものなので、ここでは [除算] を選択しているよ。

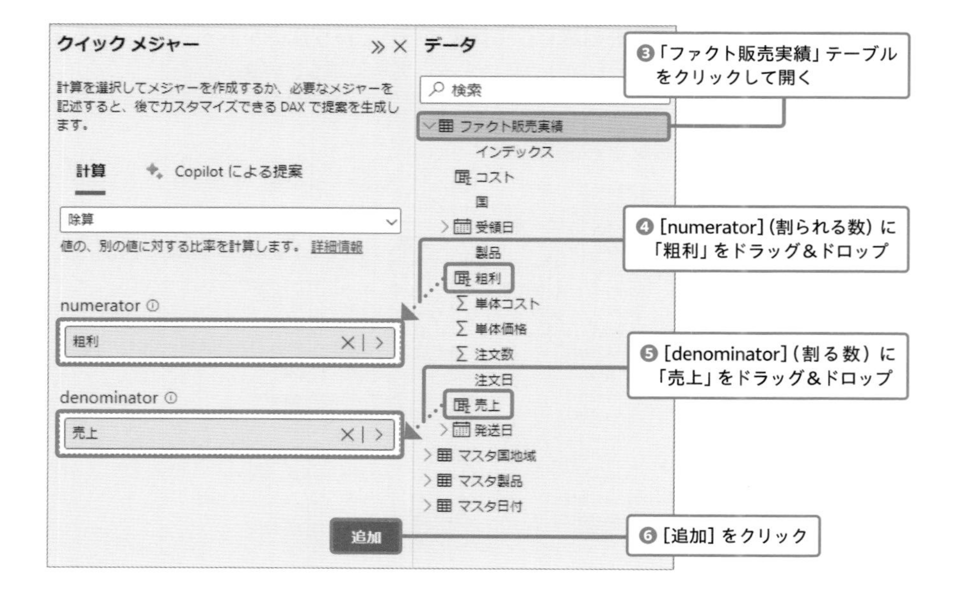

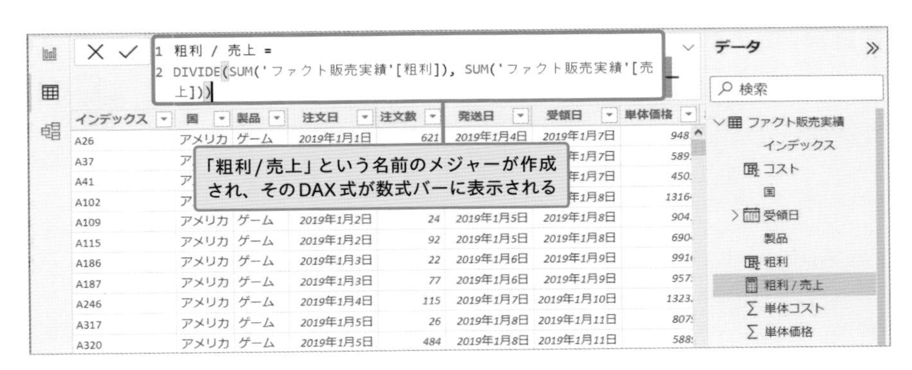

なんだか複雑そうな式が、項目を選択するだけで簡単に作成できてますね！

[クイック メジャー] を使うと、式を自分で入力しなくても簡単にDAXの式を作れるんだ。必要であればこのDAXの式を編集することも可能だよ。あとは、作成した列の名前を変更しておこう。

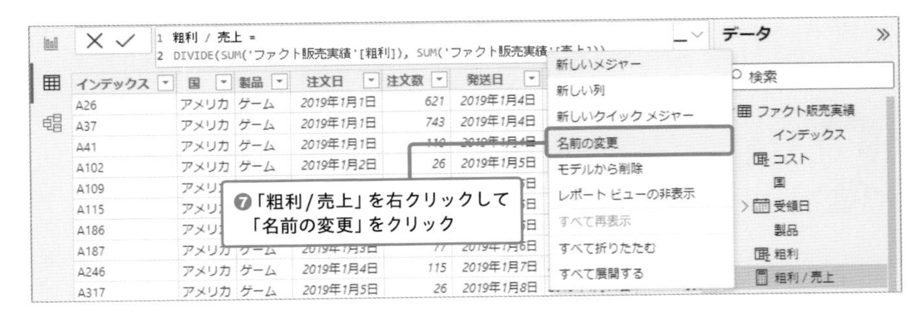

■ 計算列とメジャー

ところで、今まで追加した計算列はすべてテーブルビューで表示されていますが、メジャーである粗利率は表示されていません。これはなぜでしょうか？

テーブルビューにおける計算列とメジャーの表示

	注文数	発送日	受領日	単体価格	単体コスト	売上	コスト	粗利
1日	621	2019年1月4日	2019年1月7日	9487	4919	5891427	3054699	2836728
1日	743	2019年1月4日	2019年1月7日	5891	3255	4377013	2418465	1958548
1日	110	2019年1月4日	2019年1月7日	4501	2525	495110	277750	217360
2日	26	2019年1月5日	2019年1月8日	13164	7944	342264	206544	135720
2日	24	2019年1月5日	2019年1月8日	9041	5302	216984	127248	89736
2日	92	2019年1月5日	2019年1月8日	6904	3521	635168	323932	311236
3日	22	2019年1月6日	2019年1月9日	9916	5394	218152	118668	99484
3日	77	2019年1月6日	2019年1月9日	9575	5046	737275	388542	348733
4日	115	2019年1月7日	2019年1月10日	13232	8098	1521680	931270	590410
5日	26	2019年1月8日	2019年1月11日	8079	4257	210054	110682	99372
5日	484	2019年1月8日	2019年1月11日	5889	3504	2850276	1695936	1154340
5日	45	2019年1月8日	2019年1月11日	4540	2739	204300	123255	81045
6日	37	2019年1月9日	2019年1月12日	12097	7609	447589	281533	166056
6日	59	2019年1月9日	2019年1月12日	11577	6003	683043	354177	328866
6日	33	2019年1月9日	2019年1月12日	10333	6587	340989	217371	123618
6日	111	2019年1月9日	2019年1月12日	5905	3463	655455	384393	271062
6日	1199	2019年1月9日	2019年1月12日	5055	2922	6060945	3503478	2557467
6日	323	2019年1月9日	2019年1月12日	4606	2545	1487738	822035	665703

検索
ファクト販売実績
インデックス
コスト
国
受領日
製品
粗利
粗利率
単体コスト
単体価格
注文数
注文日
売上
発送日
マスタ国地域

テーブル: ファクト販売実績 (60,488 行) 列: 粗利率 (0 個の別個の値)　更新があります (クリックするとダウンロードします)

▲計算列として作成した「売上」「コスト」「粗利」はデータが表示されているが、メジャーである「粗利率」のデータは表示されず、画面右側にのみ表示されている

その理由は、計算列はいったん計算されるとその値がレポートファイル (.pbix) に保存されるのに対して、メジャーの場合にはデータは保存されず、グラフなどで使われるたびに計算されるからなんだ。また、計算列が1行ごとに計算されるのに対して、メジャーは列全体やテーブル全体に対して計算が行われる。テーブルの各行に対応したデータがあるわけではないから、メジャーは新しい列としてテーブルビューに表示することはできないんだ。

なるほど……。その他にはどんな違いがあるんですか？

それでは計算列とメジャーの違いをここでまとめておこう。

計算列とメジャーの違い

項目	計算列	メジャー
計算単位	1行ずつ計算を行う	列全体やテーブル全体を対象とする
データの計算と保存	計算列の作成時に計算が行われ、レポートファイル（.pbix）に保存される	データは保存されず、グラフなどで使われるときに計算される
リレーションシップの作成	使える	使えない
スライサー	使える	使えない
フィルター	使える	使える
マトリックスの行と列	使える	使えない

メジャーが必要な理由

ところで「粗利益」を計算列でなくメジャーで作成した理由がわかるかな？

うーん、割り算だから計算列でも作成できると思うんですが、ダメなんですか？

それでは実際に、計算列として「粗利益」を作成してどうなるか試してみよう。

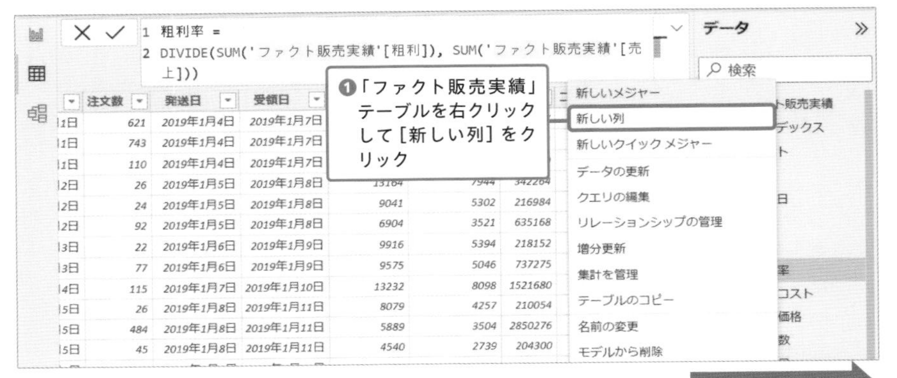

次のページに続く

DIVIDEは英語で「割る」という意味で、DAXでは割り算するときに使えるDAX関数と呼ばれるものです。割り算をDAX関数を使わずに記述すると「= A/B」という式になります。ですがこの式では、割る数が0のときにエラーになります。DIVIDE関数を使えば、割る数が0の場合には空白が表示され、エラーを回避できます。

DAX関数

DAX関数とは、DAXを構成する要素の1つです。Excelの関数と似ており、()の中に記述する1つ以上の引数を基に、決められた計算や操作を行います。

ここでは、「粗利」を割られる数、「売上」を割る数とした割り算で粗利益を求める計算列を作成していくよ。

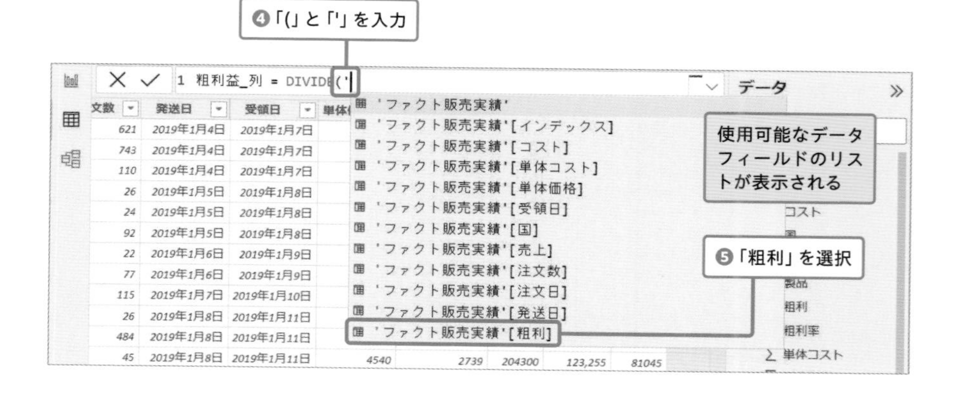

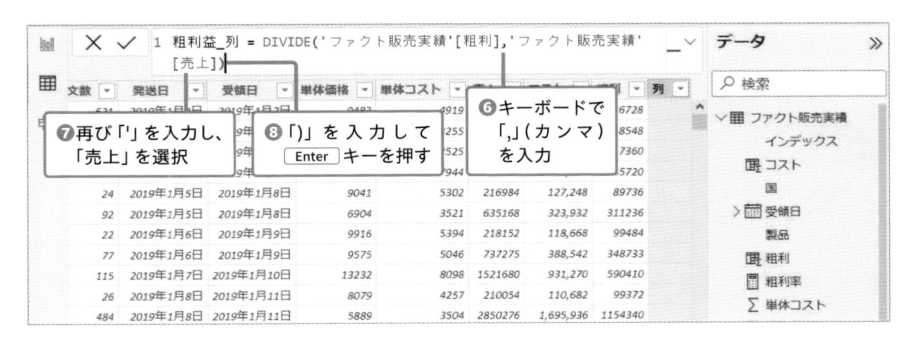

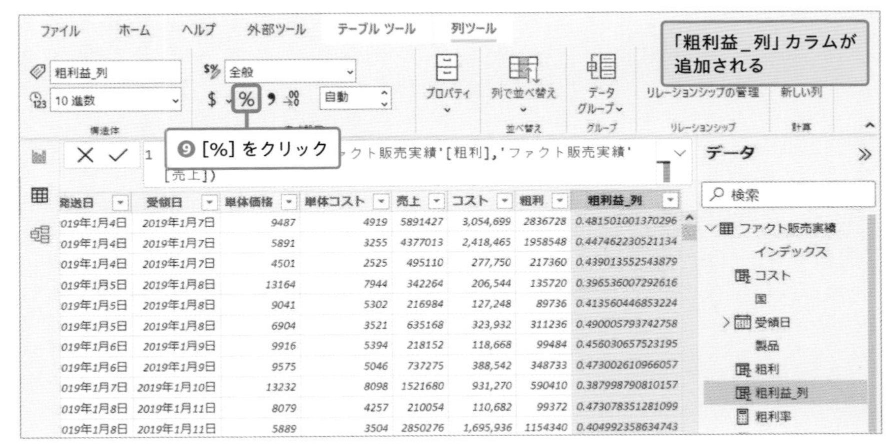

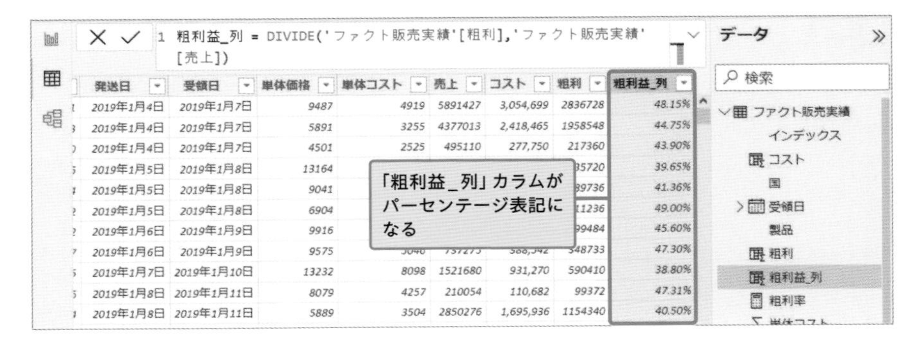

そのままだと小数の表記になっているから、[%]をクリックして表記を変更しているんだ。

次のページに続く

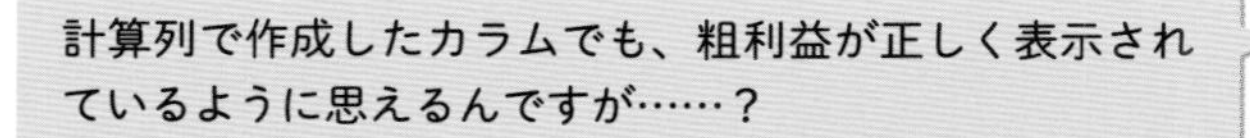

計算列で作成したカラムでも、粗利益が正しく表示されているように思えるんですが……？

一見するとそう思えるよね。それでは実際にレポートビューでデータを見てみよう。

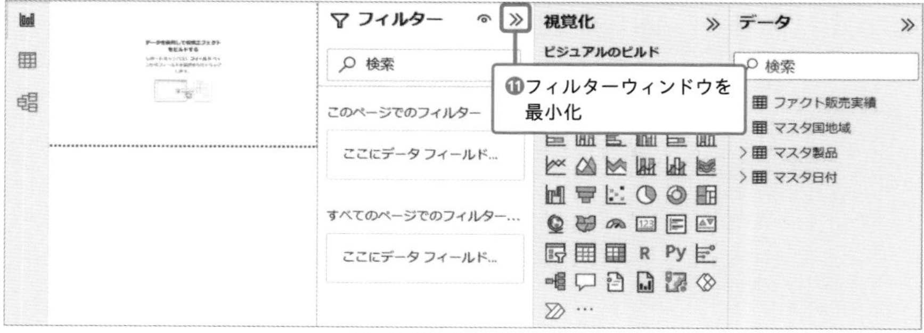

フィルターウィンドウは画面を大きく使うために最小化しておこう。

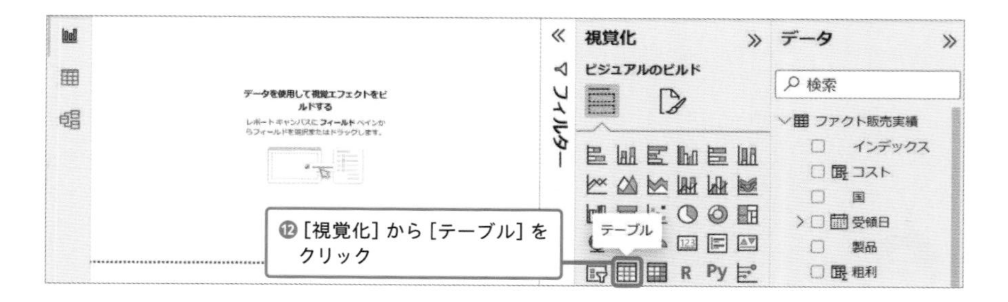

テーブル

テーブルはビジュアルの1つであり、データをドラッグ＆ドロップすると、そのデータに応じて自動で集計したデータが表示されます

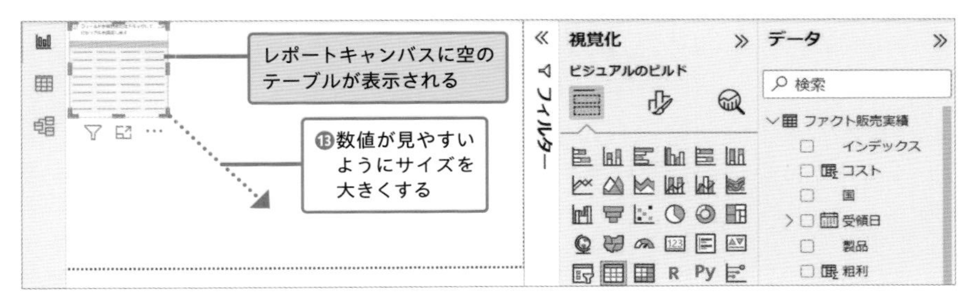

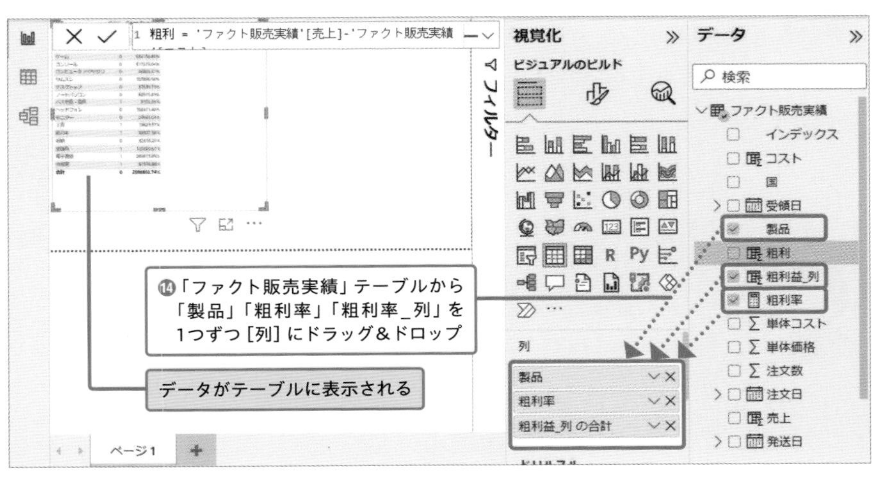

次のページに続く

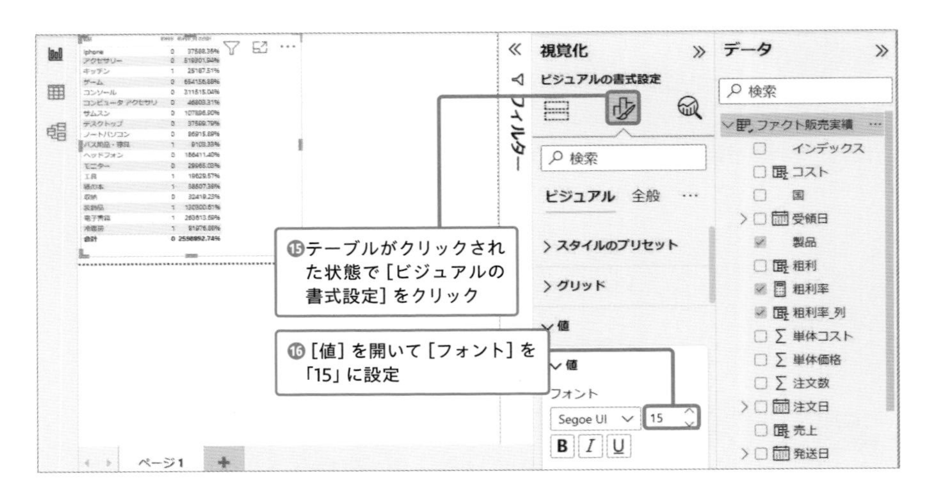

色やフォントなど、ビジュアルに関する設定変更は、ほとんどすべてこの［ビジュアルの書式設定］で行うよ。ここではフォントを大きくするための設定変更をしているね。

テーブルのフォントサイズが大きくなりましたね。あれ、でも「粗利率」の表示がなんだか変じゃないですか？

これは、本来パーセンテージで表示されるべきデータがうまく表示されていないからだね。設定を変更しよう。

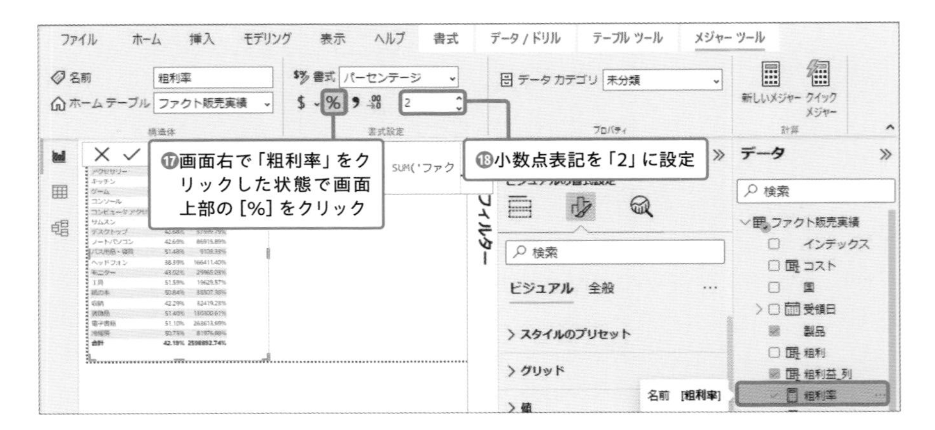

製品	粗利率	粗利益_列 の合計
Iphone	38.49%	37588.35%
アクセサリー	40.62%	519301.94%
キッチン	50.85%	25187.51%
ゲーム	42.65%	654156.88%
コンソール	42.55%	311515.04%
コンピュータ アクセサリ	42.76%	46803.31%
サムスン	38.25%	107896.90%
デスクトップ	42.68%	37599.79%
ノートパソコン	42.69%	86915.89%
バス用品・寝具	51.48%	9103.33%
ヘッドフォン	38.39%	166411.40%
モニター	43.02%	29965.03%
工具	51.59%	19629.57%
紙の本	50.84%	38507.38%
収納	42.29%	32419.23%
装飾品	51.40%	130300.61%
電子書籍	51.10%	263613.69%
冷暖房	50.75%	81976.88%
合計	**42.19%**	**2598892.74%**

「粗利率」が正しく表示される

これで、「粗利率」のデータが正しくパーセンテージで表示されたね。今回はテーブルに「製品」を使っているので、「粗利率」と「粗利率_列」という数値データが製品ごとに計算されて表示されるよ。

両者を比べてみると……「粗利率」はおおよそ38%から50%ぐらいの数値で計算されているのに対して、「粗利率_列」は数万%や数十万%という明らかにおかしな数値になっていますね……。

■ 計算列とメジャーの計算方法の違い

「粗利率_列」は計算列なので、各行で粗利率が計算されるのですが、それがグラフやテーブルとして表示されるときには、**その合計が表示されてしまう**のです。「ファクト販売実績」テーブルには数多くの販売実績データが存在しており、それらの粗利率の合計が表示されるため、明らかに間違った大きな数字が「粗利率_列」には表示されてしまいます。例えば、粗利率が「30%」「40%」「50%」という販売実績データがあると、計算列では合計して「120%」としてしまうのです。

それに対して「粗利率」はメジャーであり、列やテーブル全体を対象として計算します。「粗利率」の場合は、まず列全体の「粗利」と「売上」を合計し、それを製品ごとにフィルターをかけた後で割り算を行うため、テーブルには製品ごとの粗利率が正しい数値で表示されます。このようなパーセンテージの計算は、各行で計算してそれらの合計や平均を求める方法では正しい計算ができないため、計算列ではなくメジャーが使われます。

計算列とメジャーの計算方法

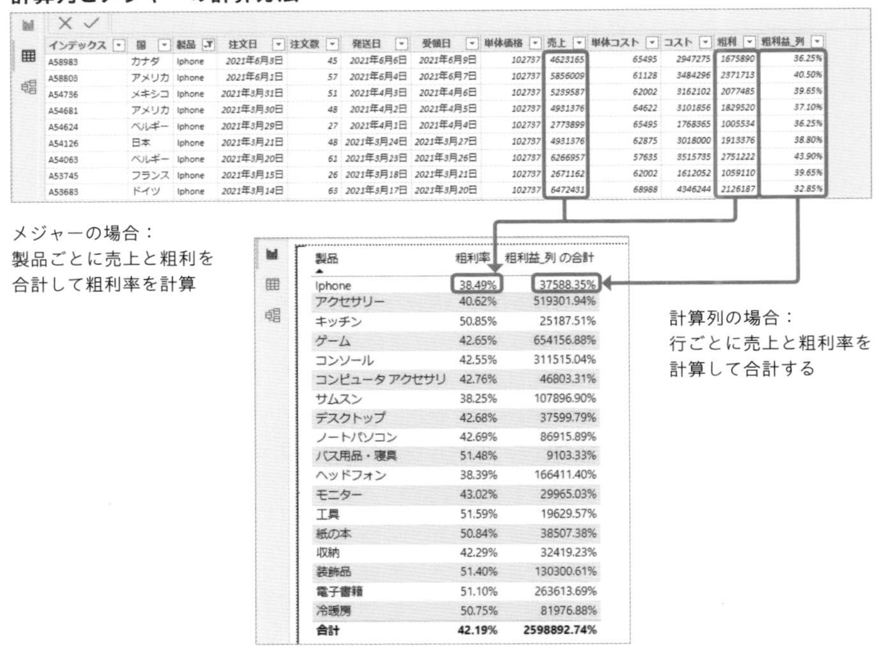

▲計算列の場合、販売実績データ1つ1つの粗利率を合計してしまうため、テーブルには実際よりも大きな値が表示されてしまう。メジャーでは、集計対象となる売上と粗利を合計してから粗利率を計算するため、製品ごとの粗利率を表示できる

■ 計算列で平均を表示する

ここで「粗利率_列」を合計ではなく、平均を表示するようにすると、正しい粗利率の数値に近づくのですが、やはり正しい数値ではありません。

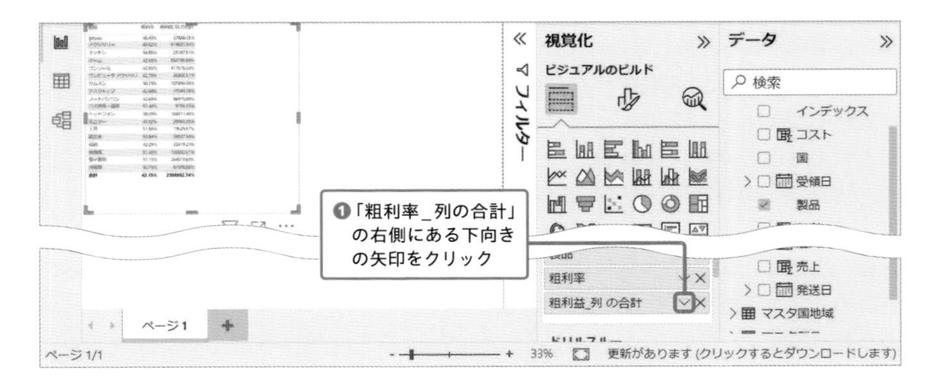

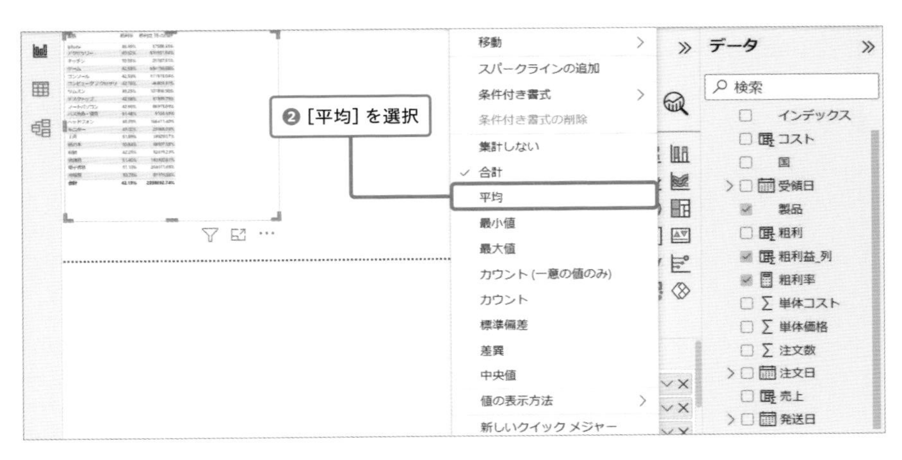

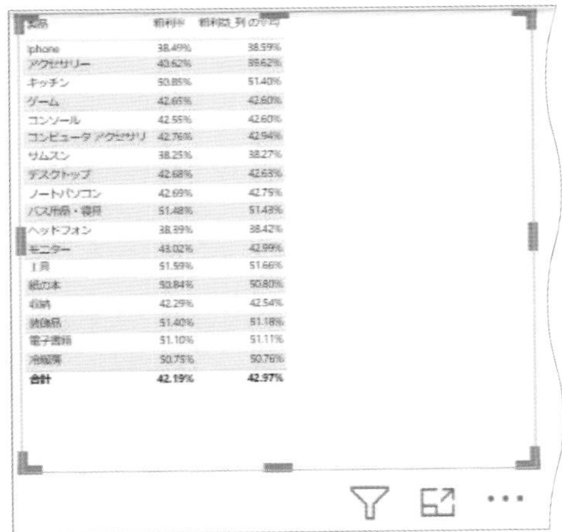

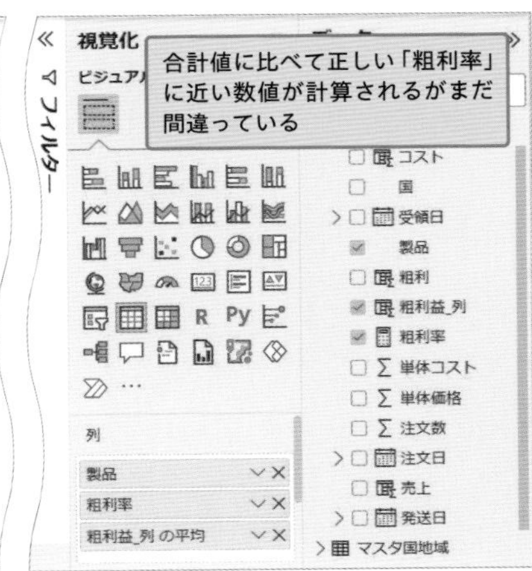

列全体やテーブル全体のデータを集計した上で計算する必要があるデータの場合は、計算列ではなくメジャーを使わないと、正確な値が算出できないんだ。それでは、ここで作成した「粗利率_列」は以降は使用しないので、削除しておこう。

次のページに続く

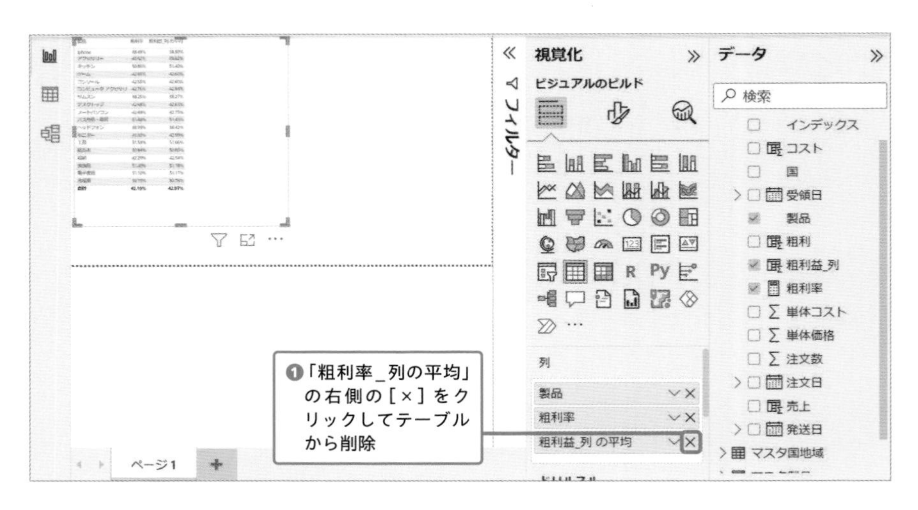

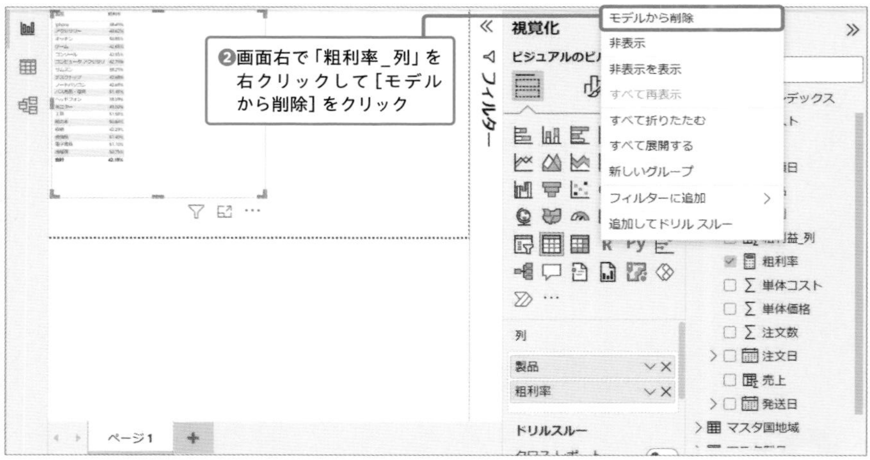

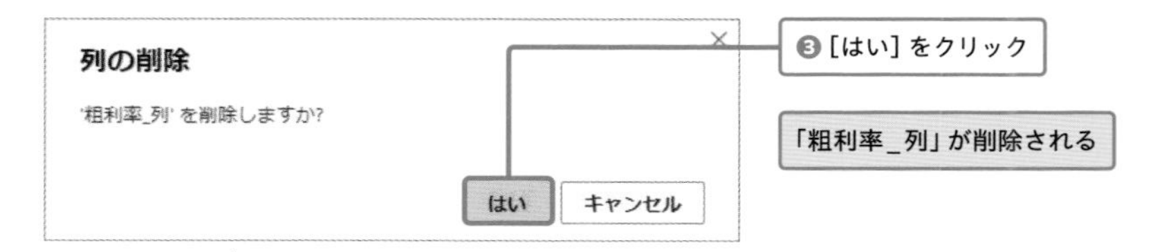

これで、DAXにおける計算列とメジャーの使い方はひと通り完了だよ。

データのフィルター　CALCULATE関数

条件付きのメジャーの作成

ここからは複雑なDAXの作成方法についても学んでいこう。

特定の条件に当てはまるデータを計算する

例えば「日本での売上」のように、データに条件をつけて計算したいときにはどうすればいいんですか？

いい質問だね。それでは実際に、日本だけの売上を計算するメジャーを作成してテーブルに追加してみよう。

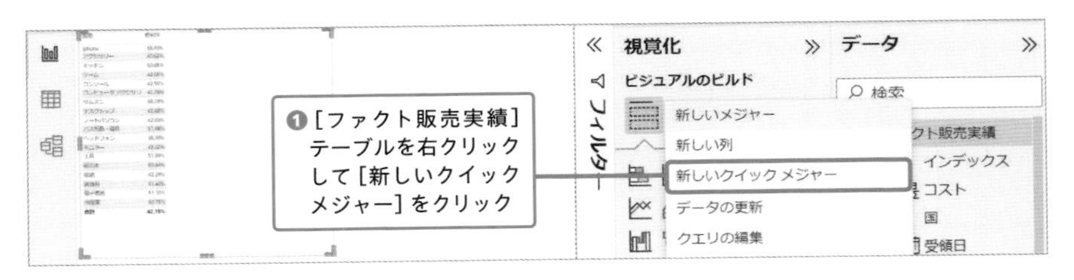

❶［ファクト販売実績］テーブルを右クリックして［新しいクイック メジャー］をクリック

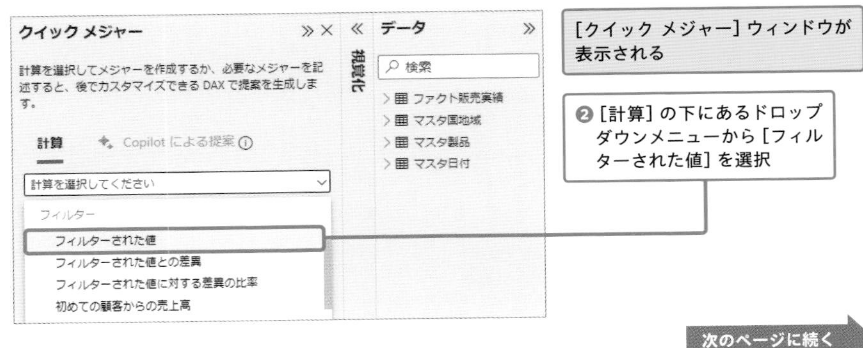

［クイック メジャー］ウィンドウが表示される

❷［計算］の下にあるドロップダウンメニューから［フィルターされた値］を選択

次のページに続く

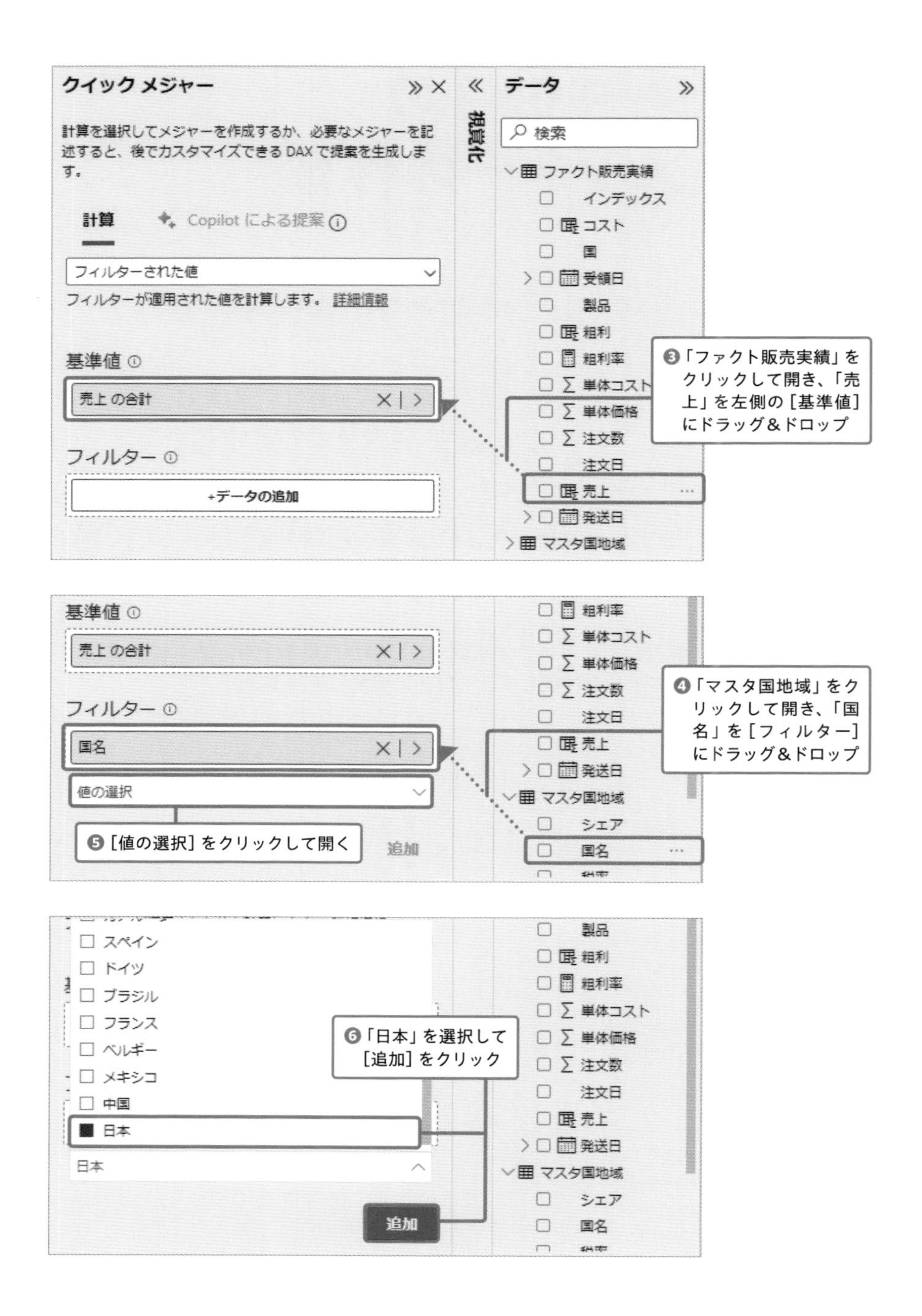

クイック メジャー
計算を選択してメジャーを作成するか、必要なメジャーを記述すると、後でカスタマイズできる DAX で提案を生成します。
計算
Copilot による提案
フィルターされた値
フィルターが適用された値を計算します。 詳細情報
基準値
売上 の合計
フィルター
+データの追加
視覚化
データ
検索
ファクト販売実績
インデックス
コスト
国
受領日
製品
粗利
粗利率
単体コスト
単体価格
注文数
注文日
売上
発送日
マスタ国地域
❸「ファクト販売実績」をクリックして開き、「売上」を左側の［基準値］にドラッグ&ドロップ
国名
値の選択
❺［値の選択］をクリックして開く
追加
シェア
❹「マスタ国地域」をクリックして開き、「国名」を［フィルター］にドラッグ&ドロップ
スペイン
ドイツ
ブラジル
フランス
ベルギー
メキシコ
中国
日本
❻「日本」を選択して［追加］をクリック

COLUMN CALCULATE関数

CALCULATEは、自由自在な条件でデータをフィルターすることができる関数です。新たなフィルター条件を追加したり、既存のフィルター条件を無効にしたりと汎用性が高く、数多くのDAX関数の中でも最も重要な関数の1つです。「日本の売上」を表すDAXの式では、「国名」に「日本」のデータという条件のフィルターを追加しています。

「日本の売上」のDAXの式

```
日本 の 売上 =
CALCULATE(
SUM('ファクト販売実績'[売上]),
 'マスタ国地域'[国名] IN { "日本" }
)
```

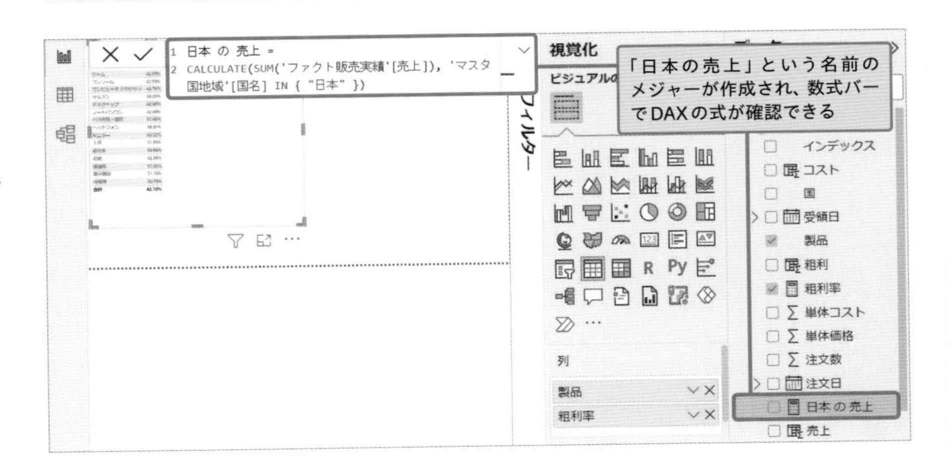

次のページに続く

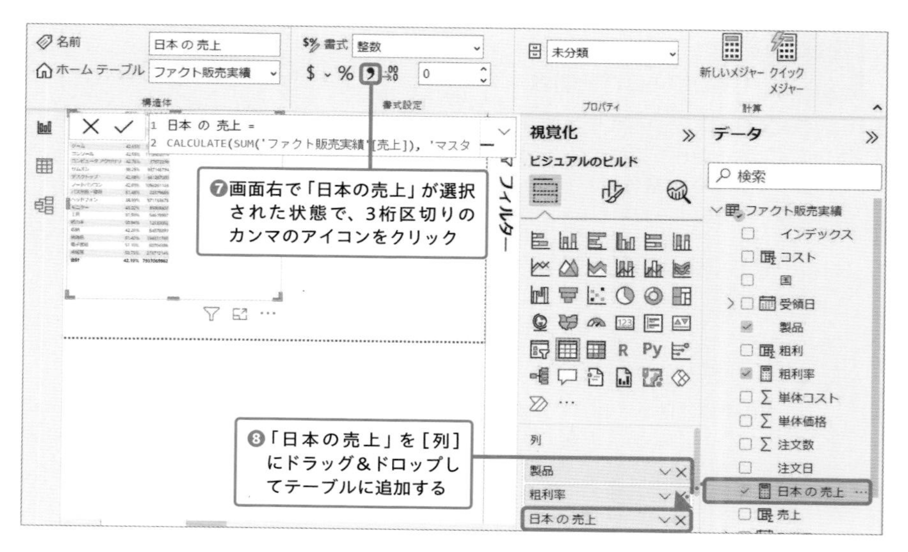

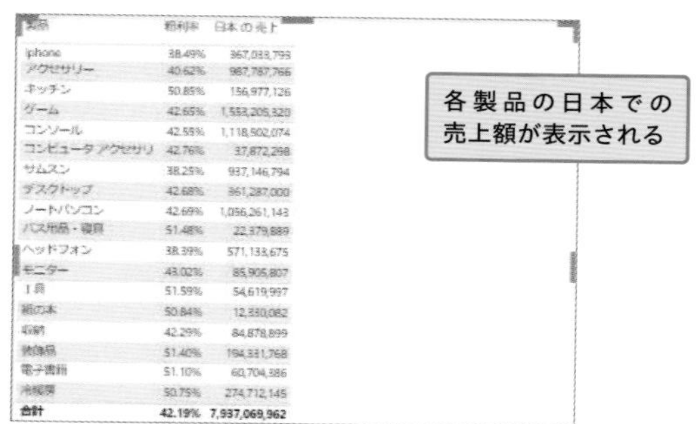

製品	粗利率	日本 の 売上
iphone	38.49%	367,033,793
アクセサリー	40.62%	987,787,766
キッチン	50.85%	156,977,126
ゲーム	42.65%	1,553,205,320
コンソール	42.55%	1,118,502,074
コンピュータ アクセサリ	42.76%	37,872,298
サムスン	38.25%	937,146,794
デスクトップ	42.68%	361,287,000
ノートパソコン	42.69%	1,056,261,143
バス用品・寝具	51.48%	22,379,889
ヘッドフォン	38.39%	571,133,675
モニター	43.02%	85,905,807
工具	51.59%	54,619,997
紙の本	50.84%	12,330,082
収納	42.29%	84,878,899
装飾品	51.40%	194,331,768
電子書籍	51.10%	60,704,386
冷蔵庫	50.75%	274,712,145
合計	42.19%	7,937,069,962

DAXを手動で編集してフィルターを変えることも可能だよ。例えば、日本だけでなくアメリカも追加したい場合には以下のように編集しよう。

日本とアメリカの売上を表示するDAXの式

```
日本とアメリカ の 売上 =
CALCULATE(
SUM('ファクト販売実績'[売上]),
 'マスタ国地域'[国名] IN { "日本","アメリカ" }
)
```

前年との比較　DATEADD関数

前年のデータとの比較

あと、前年と比較したデータも見たいとよく頼まれるのですが、どうすれば計算できますか？

それもよくあるリクエストだね。それでは前年の売上、そしてその売上と今年の売上の差異を計算してみよう。

年ごとのデータを取得する

まずは、年ごとの売上データを表示していこう。

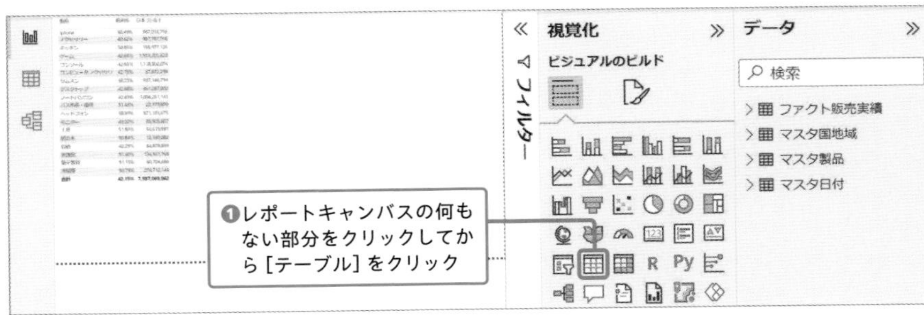

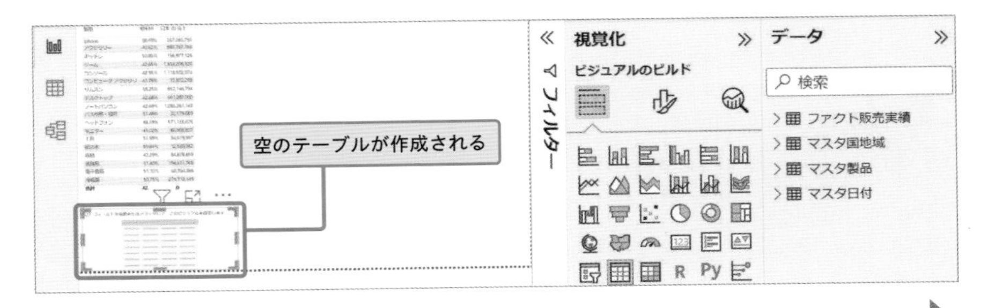

次のページに続く

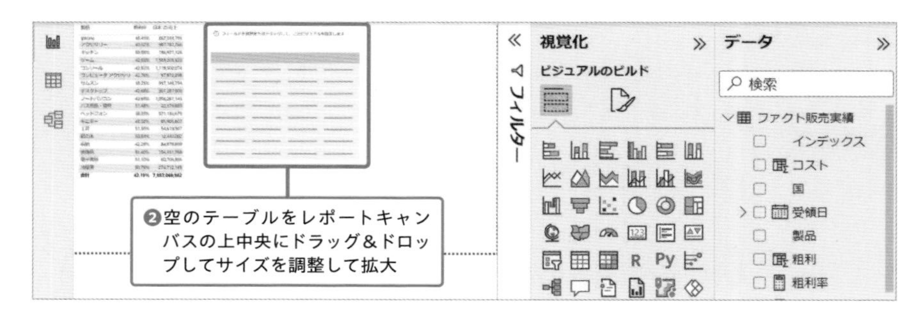

テーブルとスライサーを使って、スライサーで選択した年の各月の売上をテーブルに表示してみよう。まずは、「月」をテーブルに表示していくね。

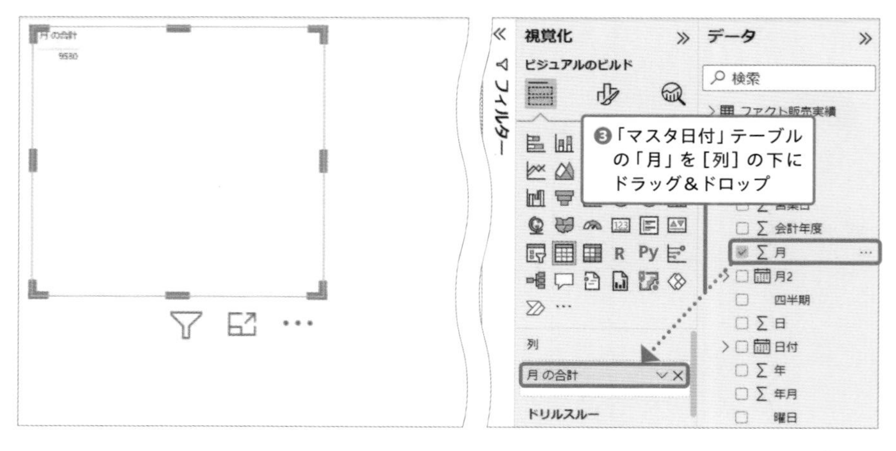

あれっ、テーブルに「月の合計」が表示されてしまっていますね。

「マスタ日付」テーブルの「月」は1から12の数値で表されているため、Power BIが自動的に合計を表示してしまうんだ。これを修正しよう。

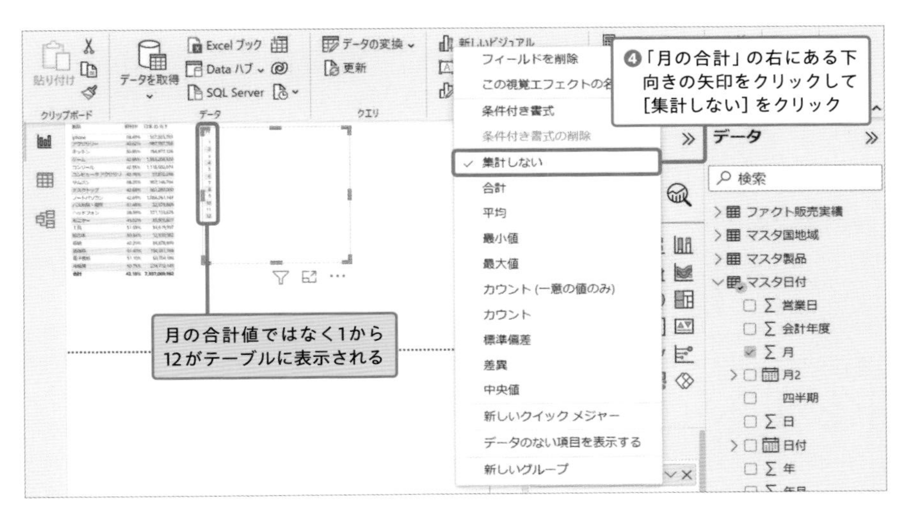

❹「月の合計」の右にある下向きの矢印をクリックして［集計しない］をクリック
月の合計値ではなく1から12がテーブルに表示される
フィールドを削除
条件付き書式
条件付き書式の削除
集計しない
合計
平均
最小値
最大値
カウント (一意の値のみ)
カウント
標準偏差
差異
中央値
新しいクイック メジャー
データのない項目を表示する
新しいグループ
データ
検索
ファクト販売実績
マスタ国地域
マスタ製品
マスタ日付
営業日
会計年度
月
月2
四半期
日
日付
年

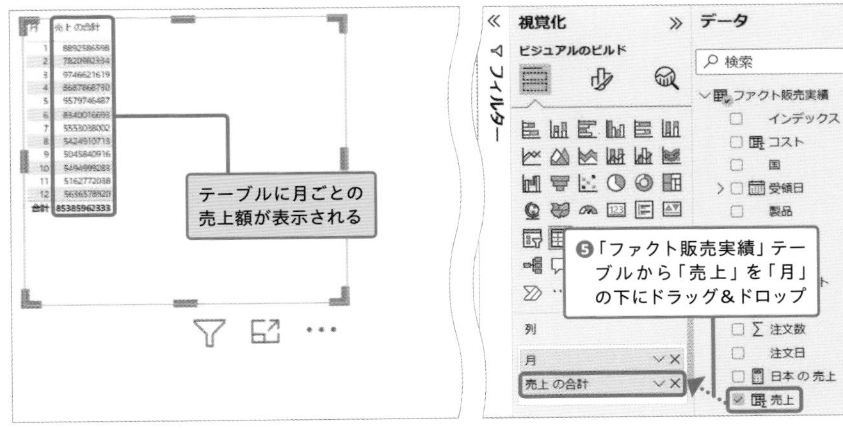

テーブルに月ごとの売上額が表示される
❺「ファクト販売実績」テーブルから「売上」を「月」の下にドラッグ＆ドロップ
視覚化
ビジュアルのビルド
フィルター
データ
検索
ファクト販売実績
インデックス
コスト
国
受領日
製品
注文数
注文日
日本 の 売上
売上
列
月
売上 の合計

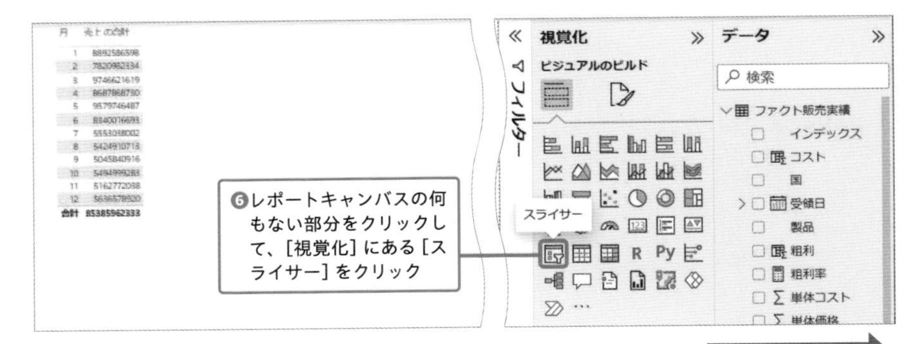

❻レポートキャンバスの何もない部分をクリックして、［視覚化］にある［スライサー］をクリック
スライサー
視覚化
ビジュアルのビルド
フィルター
データ
検索
ファクト販売実績
インデックス
コスト
国
受領日
製品
粗利
粗利率
単体コスト

次のページに続く

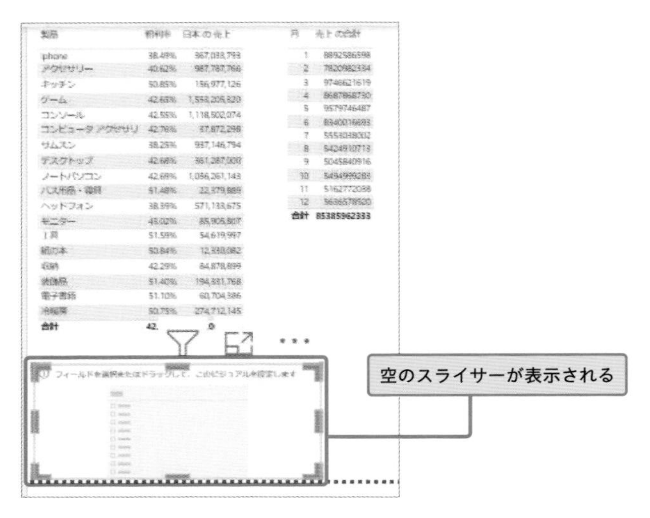
空のスライサーが表示される

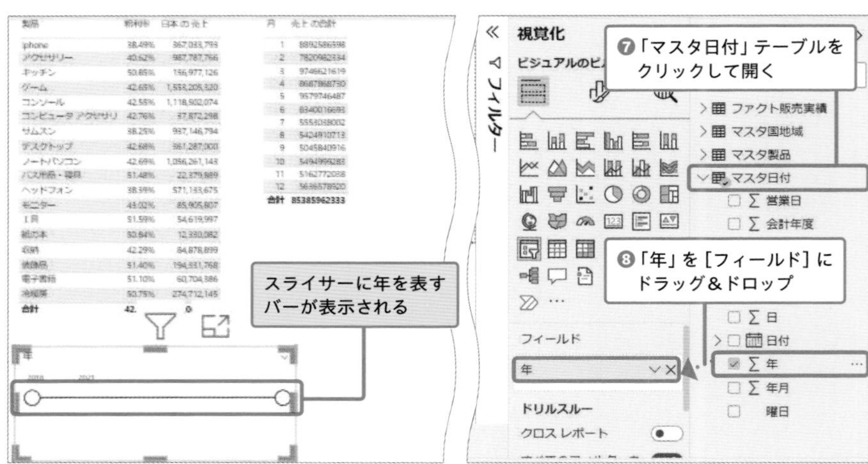
❼「マスタ日付」テーブルを
クリックして開く
❽「年」を［フィールド］に
ドラッグ&ドロップ
スライサーに年を表す
バーが表示される
視覚化
フィルター
フィールド
年
ドリルスルー
クロス レポート
ファクト販売実績
マスタ国地域
マスタ製品
マスタ日付
営業日
会計年度
日
日付
年
年月
曜日

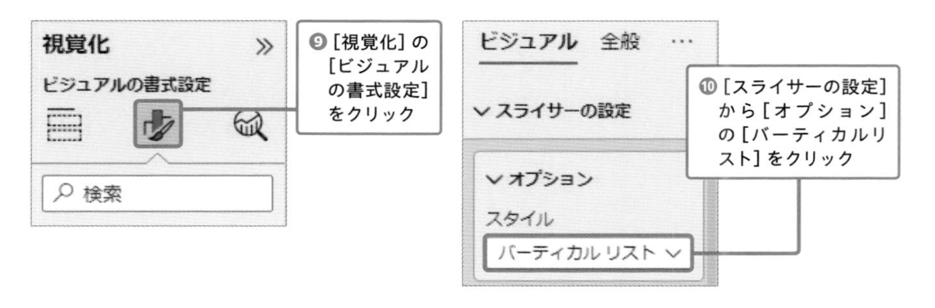
視覚化
ビジュアルの書式設定
検索
❾［視覚化］の
［ビジュアル
の書式設定］
をクリック
ビジュアル 全般
スライサーの設定
オプション
スタイル
バーティカル リスト
❿［スライサーの設定］
から［オプション］
の［バーティカルリ
スト］をクリック

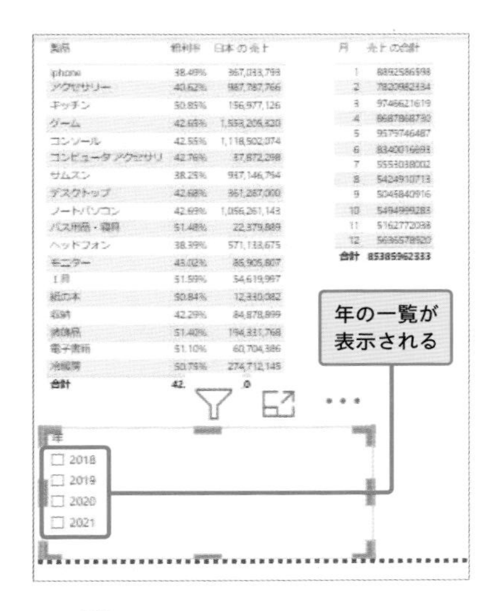

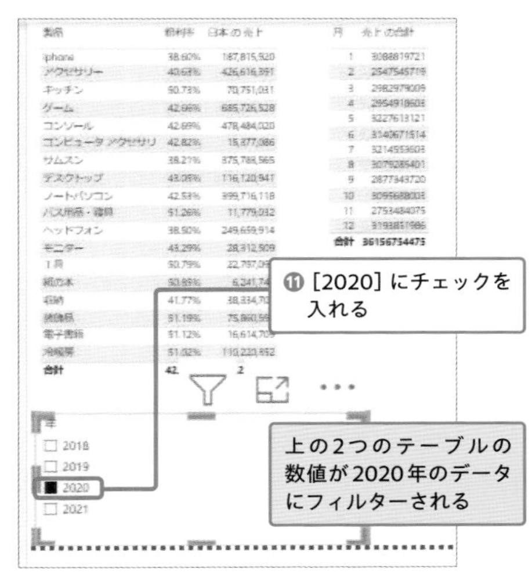

これでスライサーを使って必要な年の売上を見ることができるようになったね。

前年のデータを取得する

次は1年前の売上を表示するメジャーを作っていくね。売上の右隣りに、スライサーで選んだ年の1年前のデータを表示しよう。［クイック メジャー］を使わずにメジャーを作成することもあるので、その練習もしてみよう。

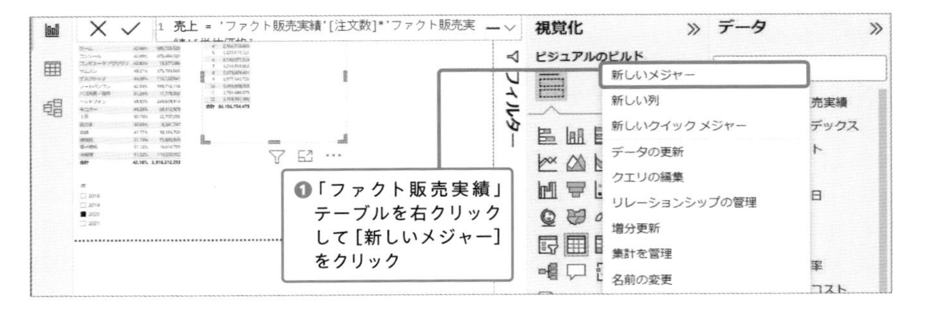

次のページに続く

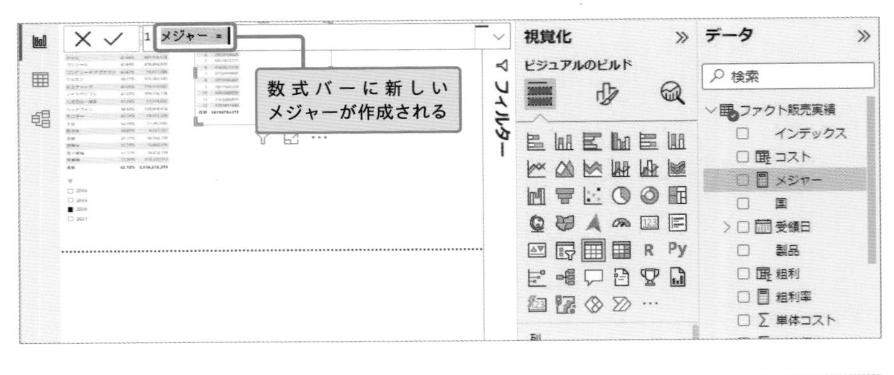

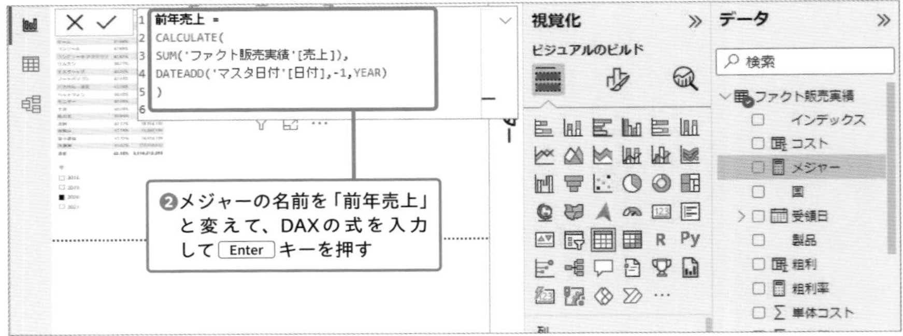

「前年売上」のDAXの式

```
前年売上 =
CALCULATE(
SUM('ファクト販売実績'[売上]),
DATEADD('マスタ日付'[日付],-1,YEAR)
)
```

SUMは列のデータを合計するDAX関数で、ここでは「売上」の値の合計を計算しているよ。DATEADDは日付に指定した値を足すことができるDAX関数で、2つ目の引数で足す値を、3つ目の引数で時間の単位を指定するんだ。ここでは「-1」と「YEAR」を指定しているので、「マスタ日付」の「日付」から1年前の値を取得しているね。

DATEADD関数による時間の指定

「前年売上」のDAXの式では、スライサーで選んだ年の1年前、という条件を追加しています。ここでDATEADD関数の引数を「-1」から「-2」に変えると、2年前の売上になります。また、YEARをMONTHに変えると、1年前ではなく1か月前の売上データが計算されます。

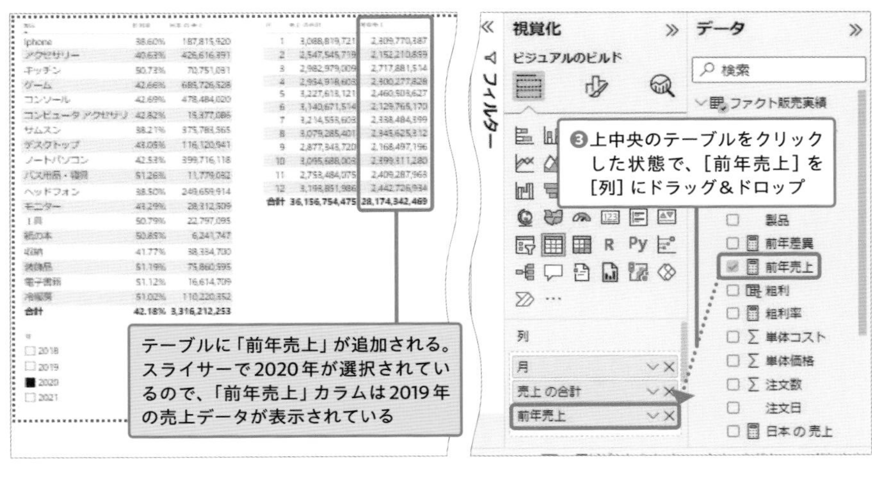

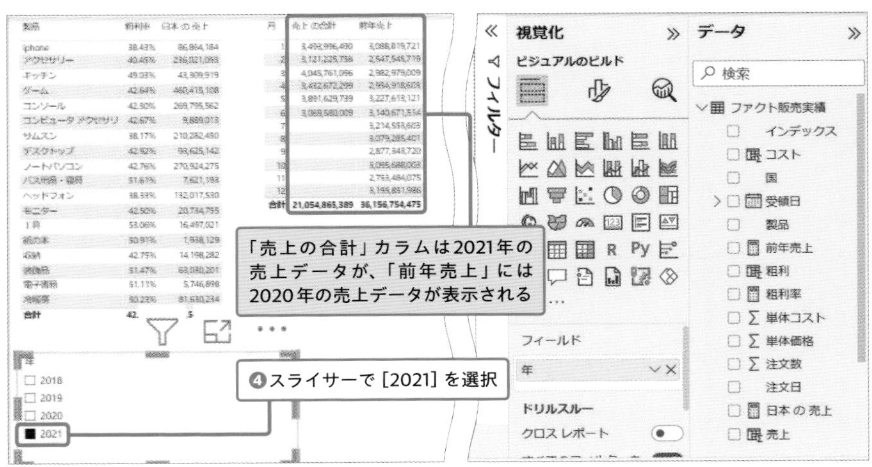

あれ？ 「売上の合計」カラムでデータが入っていない部分がありますね。

サンプルデータには2019年1月から2021年6月までのデータしかないので2021年7月以降のデータはブランクになっているよ。

前年のデータとの差異の計算

前年の売上が計算できたから、最後に必要なのはスライサーで選択した年と前年の売上の差異の計算だね。

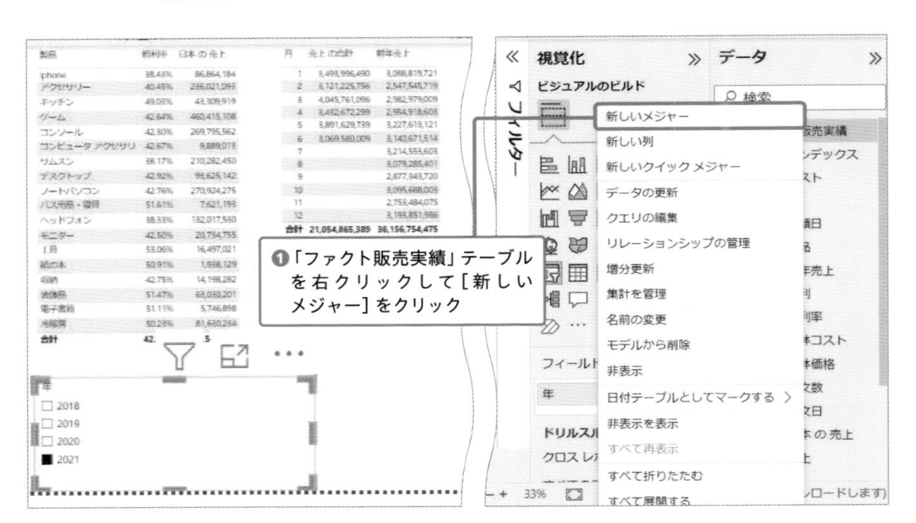

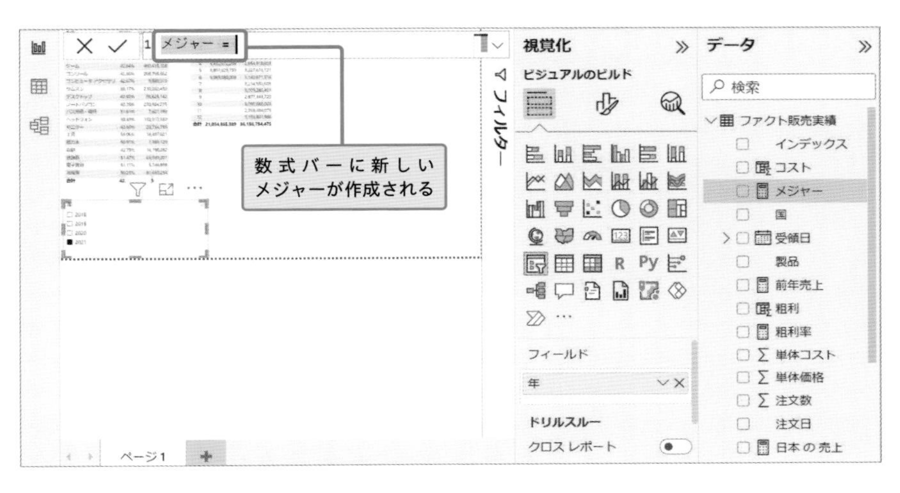

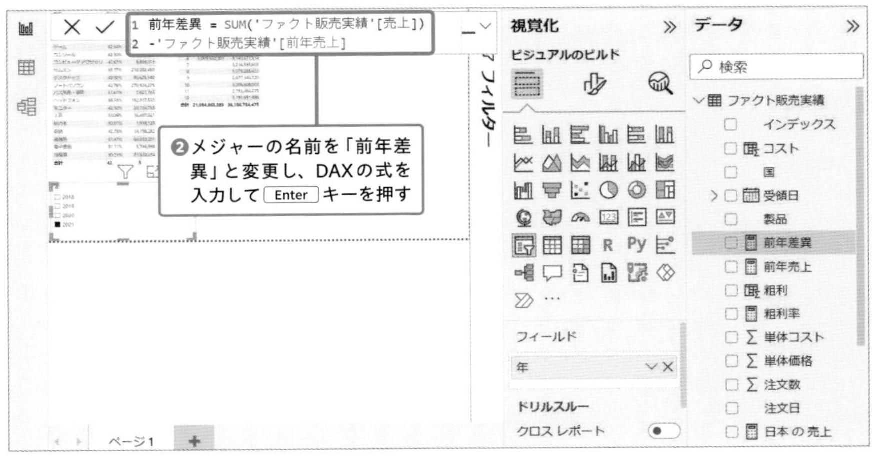

「前年差異」のDAXの式

```
前年差異 = SUM('ファクト販売実績'[売上])
-'ファクト販売実績'[前年売上]
```

式の途中で改行する場合は、Shift キー＋ Enter キーを押そう。

次のページに続く

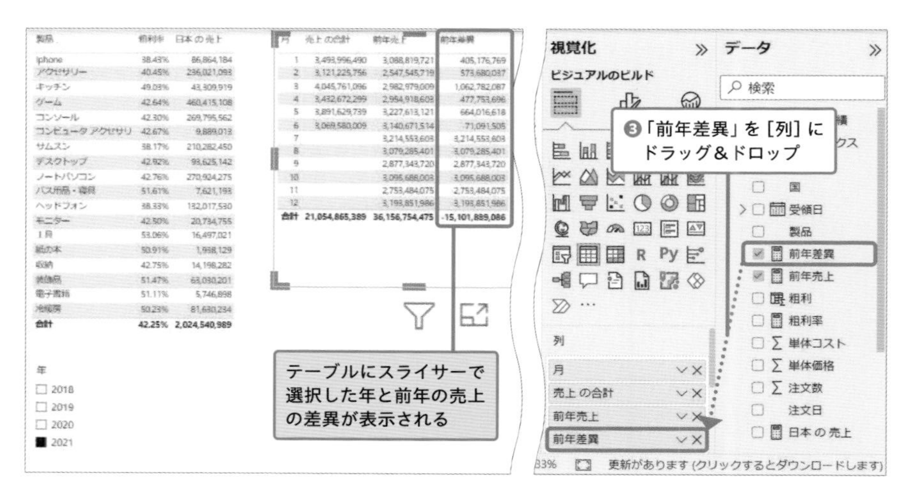

おお！　これで前年の売上との差異が表示できました！

計算列とメジャー、DAX関数を使いこなすと、グラフの作成に必要なデータを自分で用意することができる。ぜひ使い方を覚えておこう。

,（カンマ）の入力

DAX関数で引数が複数ある場合は、,（カンマ）で区切って入力します。例えば、P.130のDATEADD関数の場合は、「日付」「日付に足す値」「時間の単位」という3つの引数をカンマで区切っています。

chapter 6

レポートを作成しよう

レポート　グラフ

レポートの作成

chapter 5までで、データを読み込んで、リレーションシップを作成したりPower QueryやDAXでデータを加工したりしましたね。いよいよ、販売実績データをグラフで可視化できるでしょうか……？

そうだね。十分データの下準備は整ったから、実際にデータを分析したレポートの作成を始めよう！　Power BIで作成できるグラフは、棒グラフや折れ線グラフといった基本的なグラフや、地図上にデータを表示する機能など実に多種多様で、分析したいデータに合わせて好きなグラフを選ぶことができるんだ。

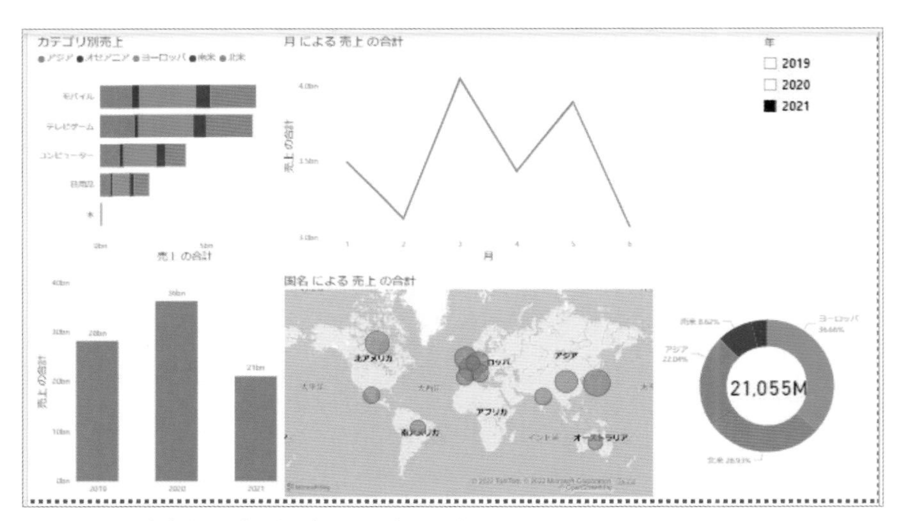

▲chapter 6で作成する、売上を分析したレポートの例

おお！　分析がはかどりそうですね……！

さらに、同じ種類のグラフを複数同時に作る機能など、グラフを簡単に作成するための機能も充実しているんだ。

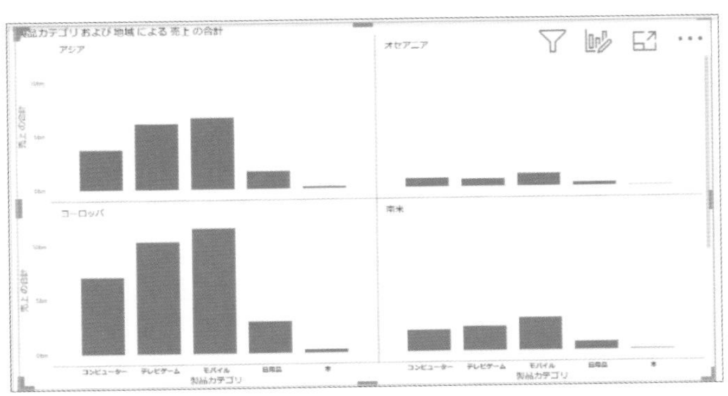

▲スモールマルチプルという同じ種類のグラフを複数同時に作る機能による、地域別で製品カテゴリごとの売上を表したグラフ

今回分析したいのは、販売実績のデータだったよね？　それじゃあ、そのデータを例にして、レポートビューでの地域別の売上のグラフや、年ごとの売上を比較したグラフなどといった売上の分析をするグラフを作成していこうか。

はい！　よろしくお願いします！

chapter 6で学ぶこと

- 棒グラフ、折れ線グラフ、マップ、ドーナツグラフ、カードなど、さまざまなビジュアルの使用方法
- スライサー、相互作用の編集、暗黙的なメジャー、スモールマルチプル、ドリルスルー、条件付き書式などの使用方法
- サードパーティーのビジュアルの使用方法

積み上げ横棒グラフ　折れ線グラフ　平均線

基本的なグラフ

chapter 5で使用したファイルをそのまま引き続き使おう。まずは簡単なグラフ作りから始めて、徐々にPower BIでレポートの作成に役立つさまざまな機能を説明しよう！

積み上げ横棒グラフで全体に対する割合を把握する

まずは、**積み上げ横棒グラフ**の作り方を説明していきます。このグラフは、[X軸]に設定した項目ごとの比較ができ、さらにその中で[凡例]に設定した項目ごとに異なる色で表示されるため、全体に対する割合を把握するのに役立ちます。

このchapterではグラフをたくさん作成するので、レポートビューに新しいページを作成して、そこにグラフを配置していくね。

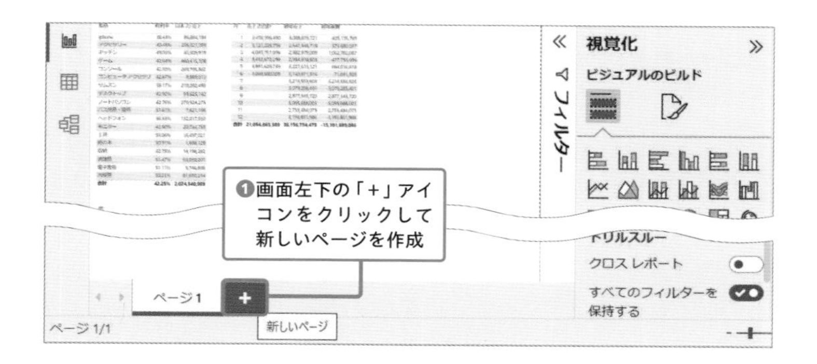

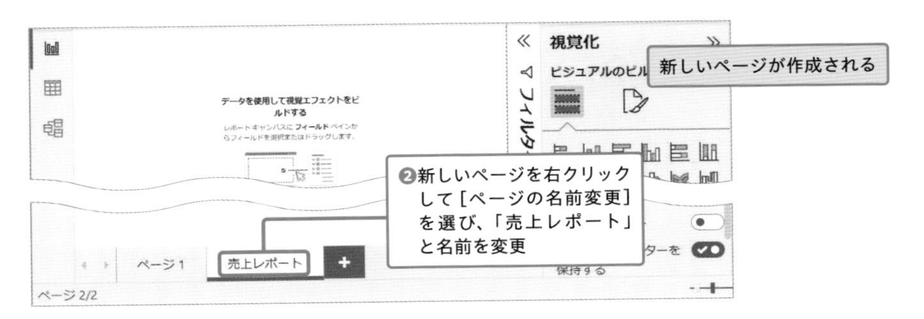

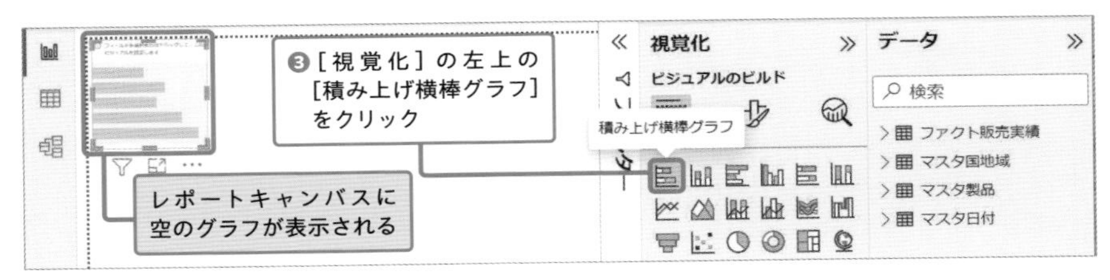

ここでは、X軸に「売上」、Y軸に「製品カテゴリ」を設定して製品カテゴリごとの売上を表示し、さらに凡例に「地域」を設定することで地域ごとに色分けした積み上げ横棒グラフを作成するよ。

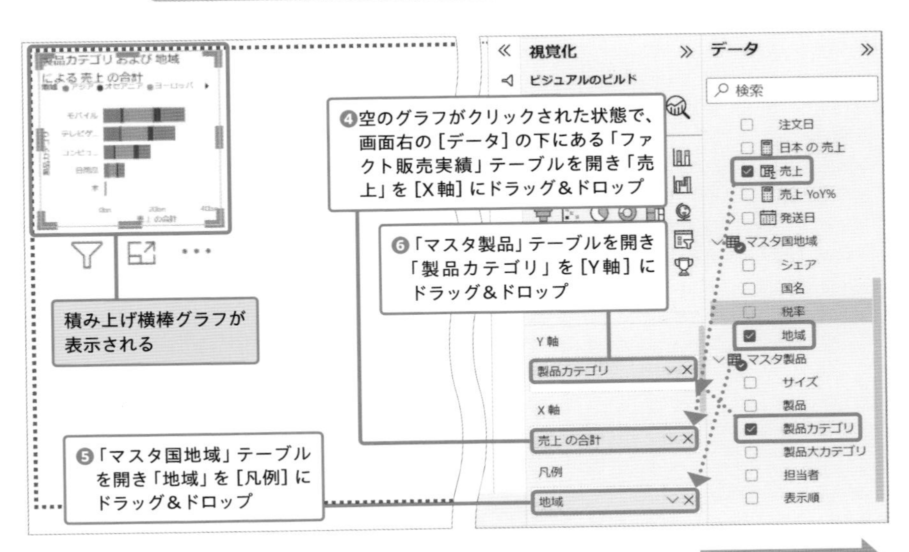

次のページに続く

これで、「製品カテゴリ」ごとの「売上」を、「地域」で色分けされた状態で表示できたよ。続いて、グラフの書式設定を整えていこう。ここでは、Y軸と凡例のタイトルにある「製品カテゴリ」「地域」を非表示にして、グラフのタイトルを変更し、さらにグラフのサイズを調整して見やすくしているよ。

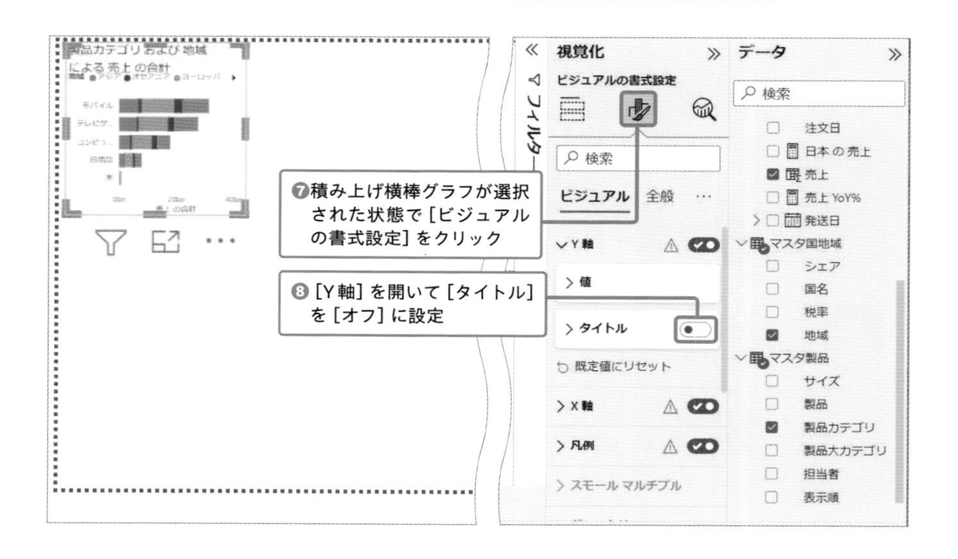

COLUMN ［ビジュアルの書式設定］

限られたスペースを少しでも活用するために、表示がなくても支障がなさそうな［Y軸］や［凡例］のタイトル（「製品カテゴリ」や「地域」）は、非表示にするとグラフが見やすくなります。こうした表示などに関する設定は、［ビジュアルの書式設定］で変更できます。なお、Power BIでは、ビジュアルは［視覚化］の下にあるグラフやスライサー、テーブルなどを指します。

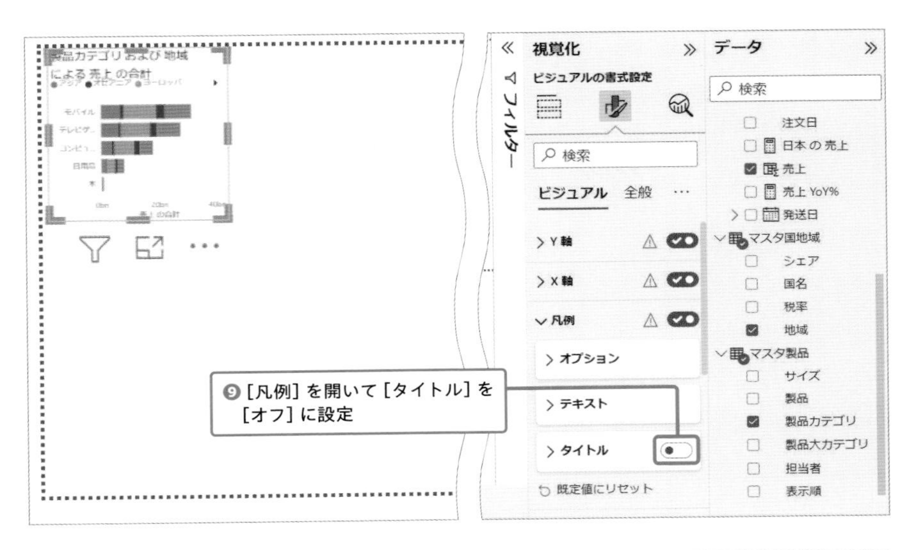

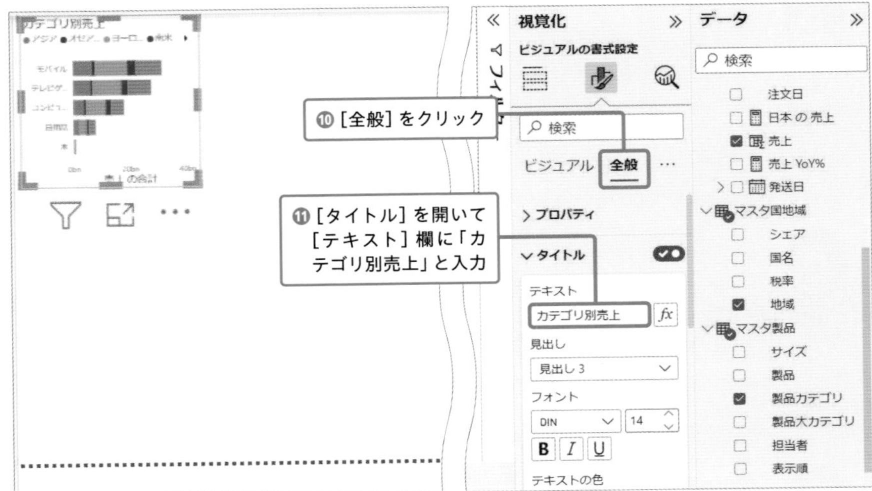

COLUMN

ビジュアルの大きさ

ビジュアルの位置や大きさはマウスを使って設定することもできますが、他のレポートやユーザーと統一を図りたい場合には［ビジュアルの書式設定］を使って数値指定するとより正確に行えます。

次のページに続く

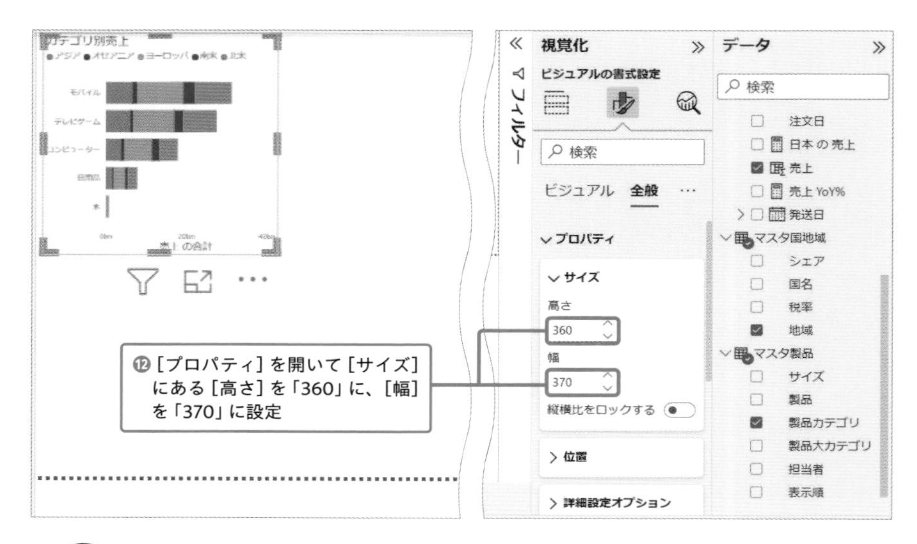

これで、Y軸や凡例のタイトルが非表示になり、グラフのタイトルや大きさも調整されたので、見やすくなったね。

［ビジュアルの書式設定］は［ビジュアル］と［全般］という2つに分かれていますが、何か意味があるんですか？

少し前まではすべての設定が1つにまとめられていたんだけど、設定の項目が増えすぎて、2022年の初め頃に2つに分けられたんだ。

なるほど……。両者はどう違うんですか？

［全般］では位置や大きさ、タイトル、背景の色などすべてのビジュアルに共通する書式設定を行う。それに対して、円グラフや折れ線グラフ、棒グラフなど各ビジュアル特有の設定は［ビジュアル］で行うんだ。

折れ線グラフで変化を分析する

次は、折れ線グラフの作り方を説明していくね。

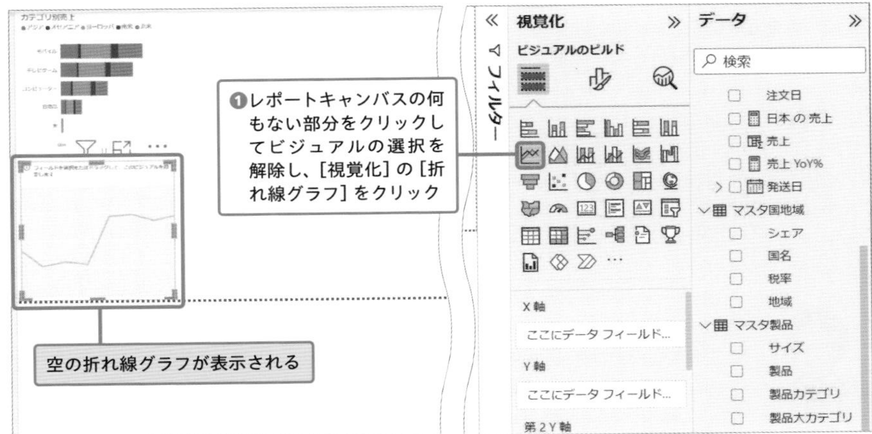

あっ、さっき作成した積み上げ横棒グラフを選択した状態で[折れ線グラフ]をクリックしたら、積み上げ横棒グラフが折れ線グラフになってしまいました。

よくあるミスだね。元に戻すには Ctrl + Z を押すか、もう一度[視覚化]の積み上げ横棒グラフのアイコンをクリックすると元に戻るよ。

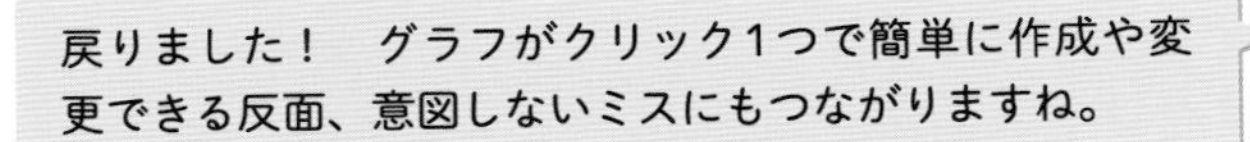

戻りました！　グラフがクリック1つで簡単に作成や変更できる反面、意図しないミスにもつながりますね。

そうなんだ。[ビジュアルの書式設定]に関しても、何をクリックした状態で開くかによって項目が異なるから気をつけよう。

次のページに続く

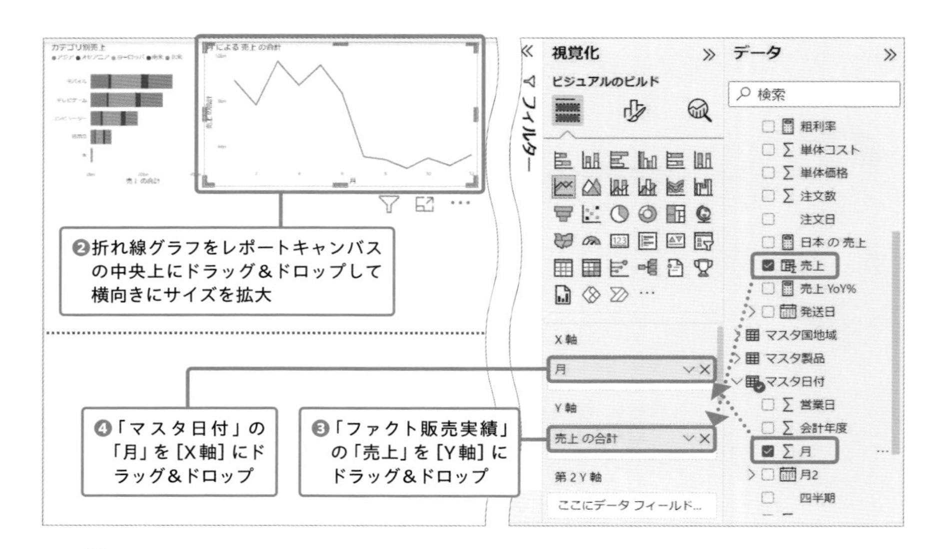

これで、月の売上の折れ線グラフを作成できたね。ただ、このままだと1月から12月までのすべての月が表示されていない。月ごとの売上が表示されるように、［ビジュアルの書式設定］から設定を変更していこう。

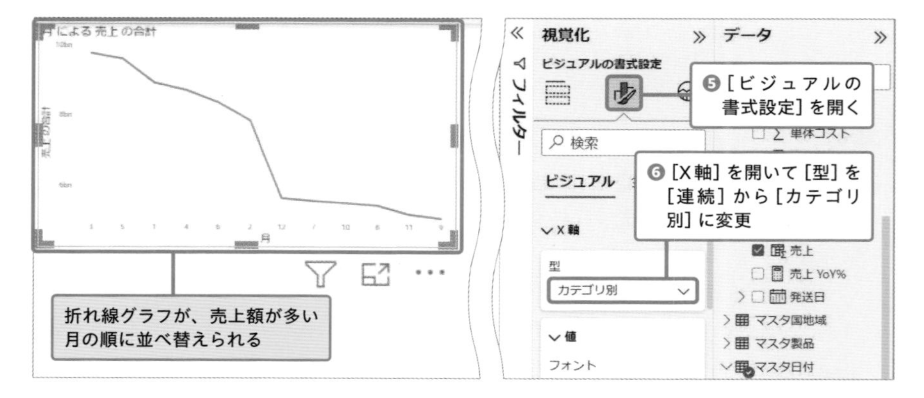

手順❻の［X軸］の［型］にある、［連続］と［カテゴリ別］の2つのオプションって何が違うんでしょうか？

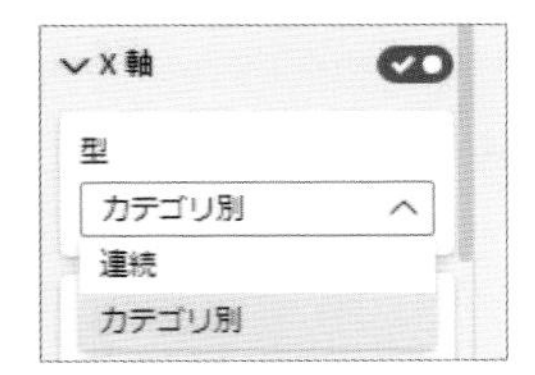

重さや長さなどの連続した数量を扱うときは［連続］、月や番号のように連続していない値を扱うときは［カテゴリ別］を使うんだ。それでは次に、この折れ線グラフの［X軸］を「月」の順序で並べ替えてみよう。

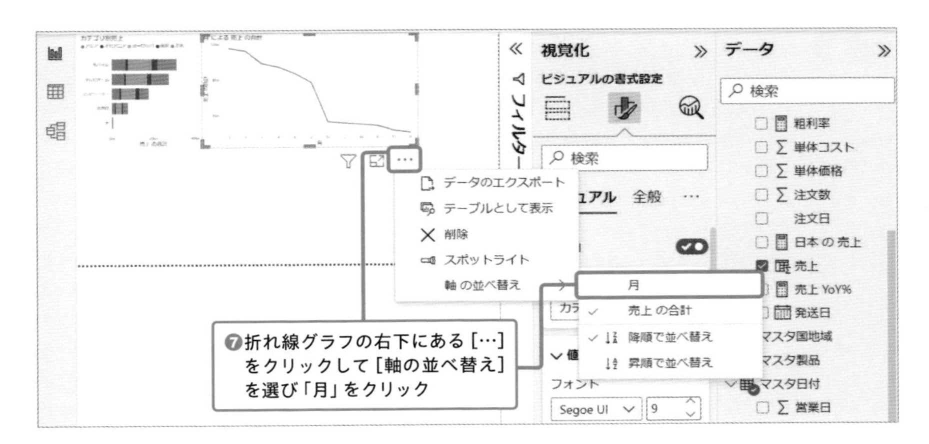

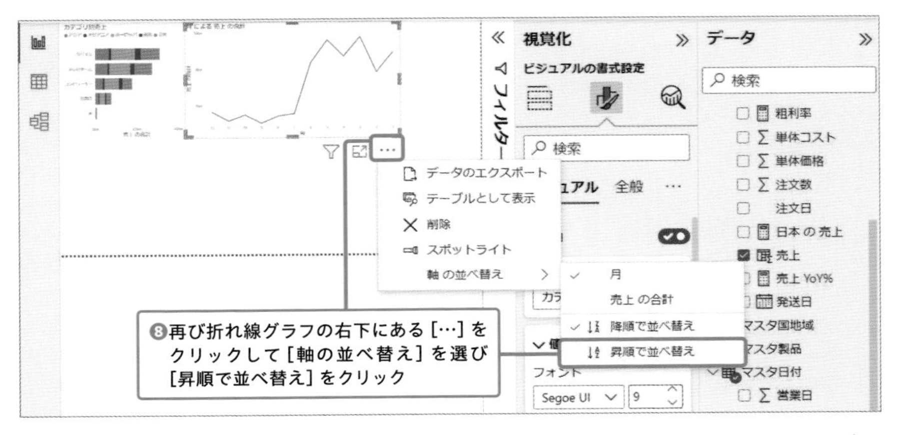

次のページに続く

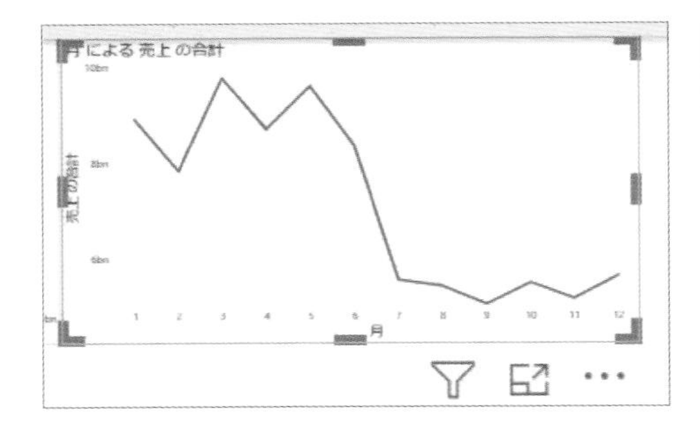

折れ線グラフが1月～12月の順序で並べ替えられる

分析のために平均値を表示しよう

グラフを分析しやすくするために、平均や最大／最小などを表す分析線をグラフに追加してみよう。ここでは、平均値を表す分析線を表示するよ。

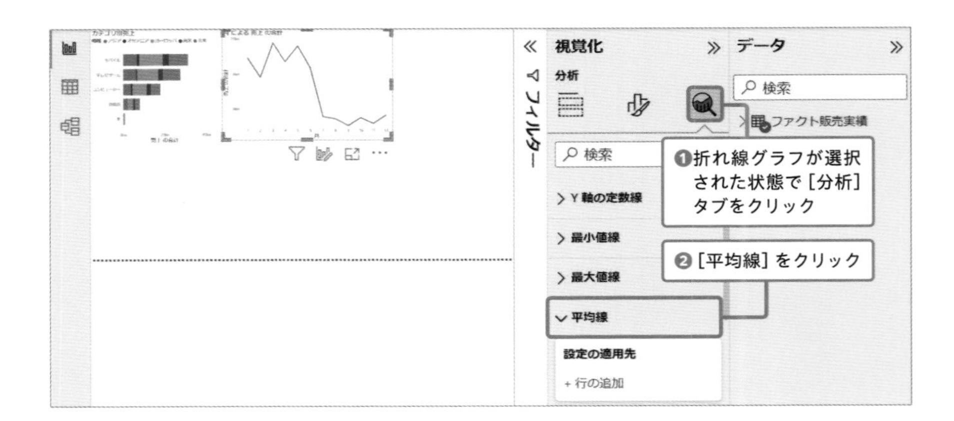

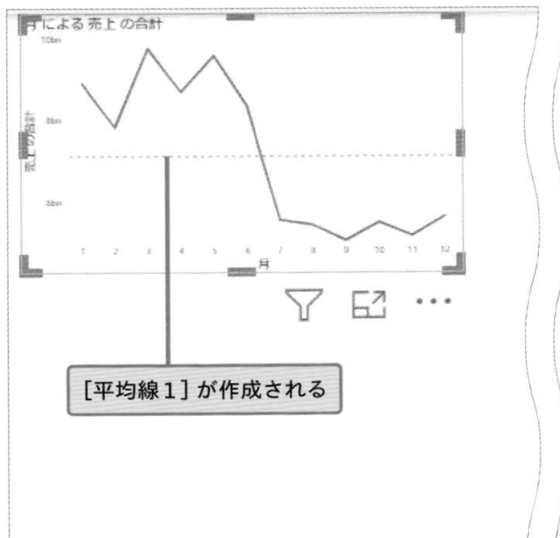

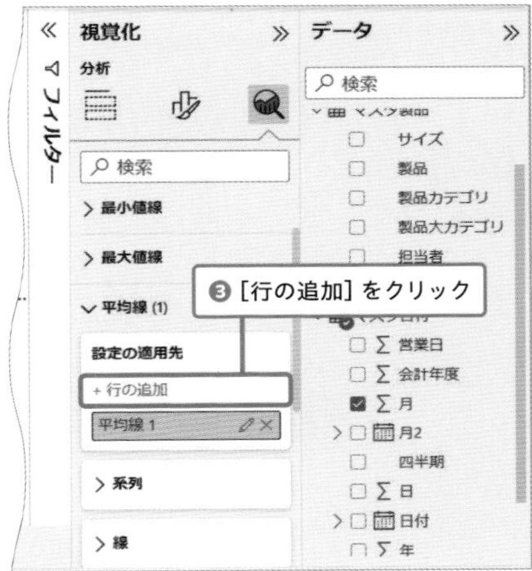

この状態だと、折れ線グラフと平均線の色がどちらも青色なので、やや見づらいね。平均線の色を変更してみよう。

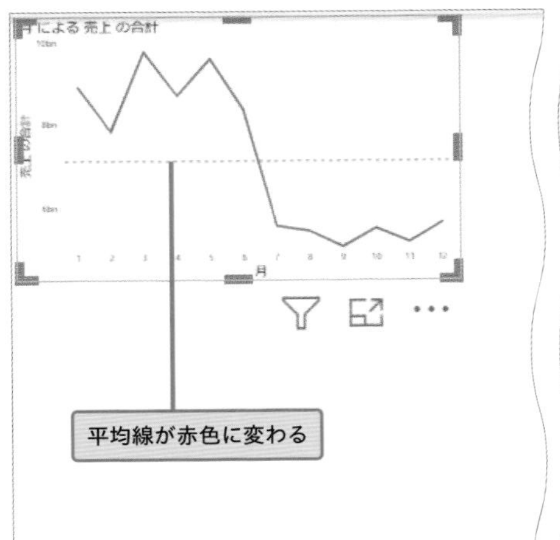

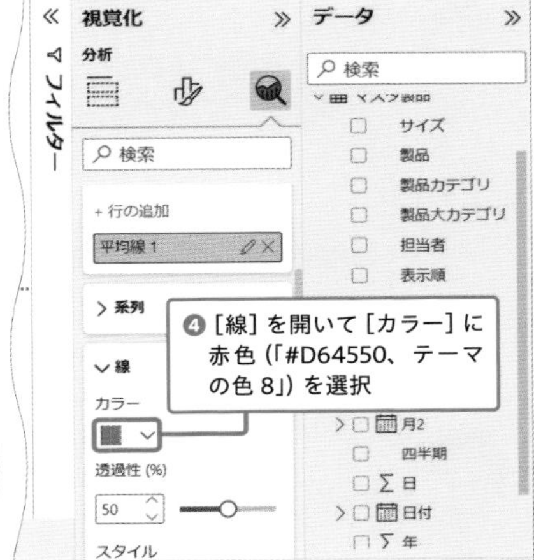

平均線以外にも、最大値線や最小値線、定数線など、多くの分析線があるよ。ぜひ試してみよう！

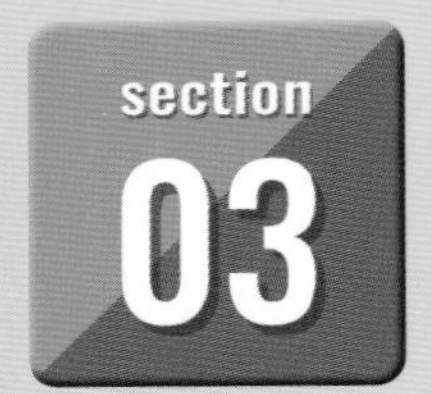

スライサー　フィルター　暗黙的なメジャー

データの範囲を指定する

データを分析する際、特定の範囲のデータを確認したい場合もある。そんなときにPower BIでどんな機能を使えばよいか、説明していこう。

スライサーでデータをフィルターする

先ほど作成した折れ線グラフには1月から12月までの売上額が表示されていますが、これは何年のデータが表示されているんですか？

この段階ではまだ年によるフィルターはかけていないから、サンプルデータにあるすべての年のデータが合計されて表示されているんだ。

なるほど……。例えば1月のデータは、2019年から2022年のすべての1月の売上が合計されて表示されているんですね……。特定の年のデータを表示したい場合にはどうすればいいんですか？

その場合は、P.54でも説明したスライサーを使ってみよう。

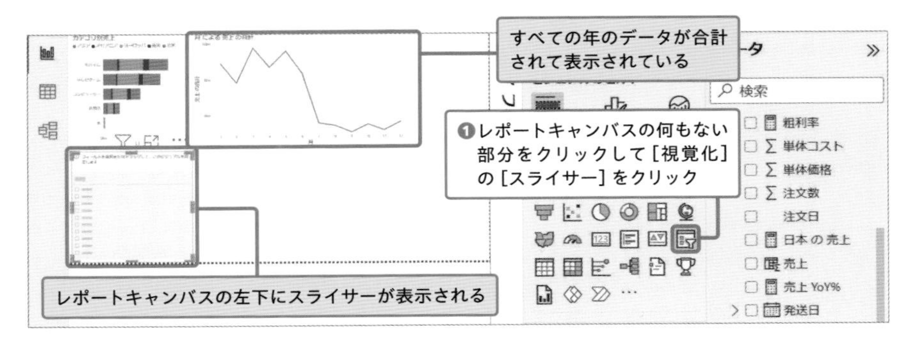

［視覚化］におけるビジュアルの配置

［視覚化］におけるビジュアルのボタンの配置は、ウィンドウの大きさによって変わります。

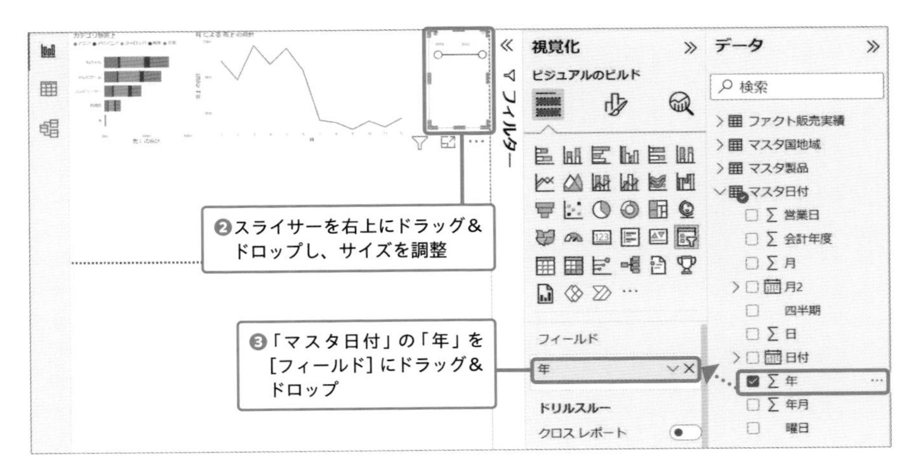

これでスライサーが作成できたよ。あとは［ビジュアルの書式設定］を好みで変えていこう。ここでは、「年」をクリックだけで選択できるようにするために、［スタイル］を縦に並んだチェックボックスの［バーティカルリスト］にしているよ。また、フォントを大きくしたり太字にしたりして見やすくなるようにしておこう。スライサーで「年」を選択すると、表示されるデータが変わるよ。

次のページに続く

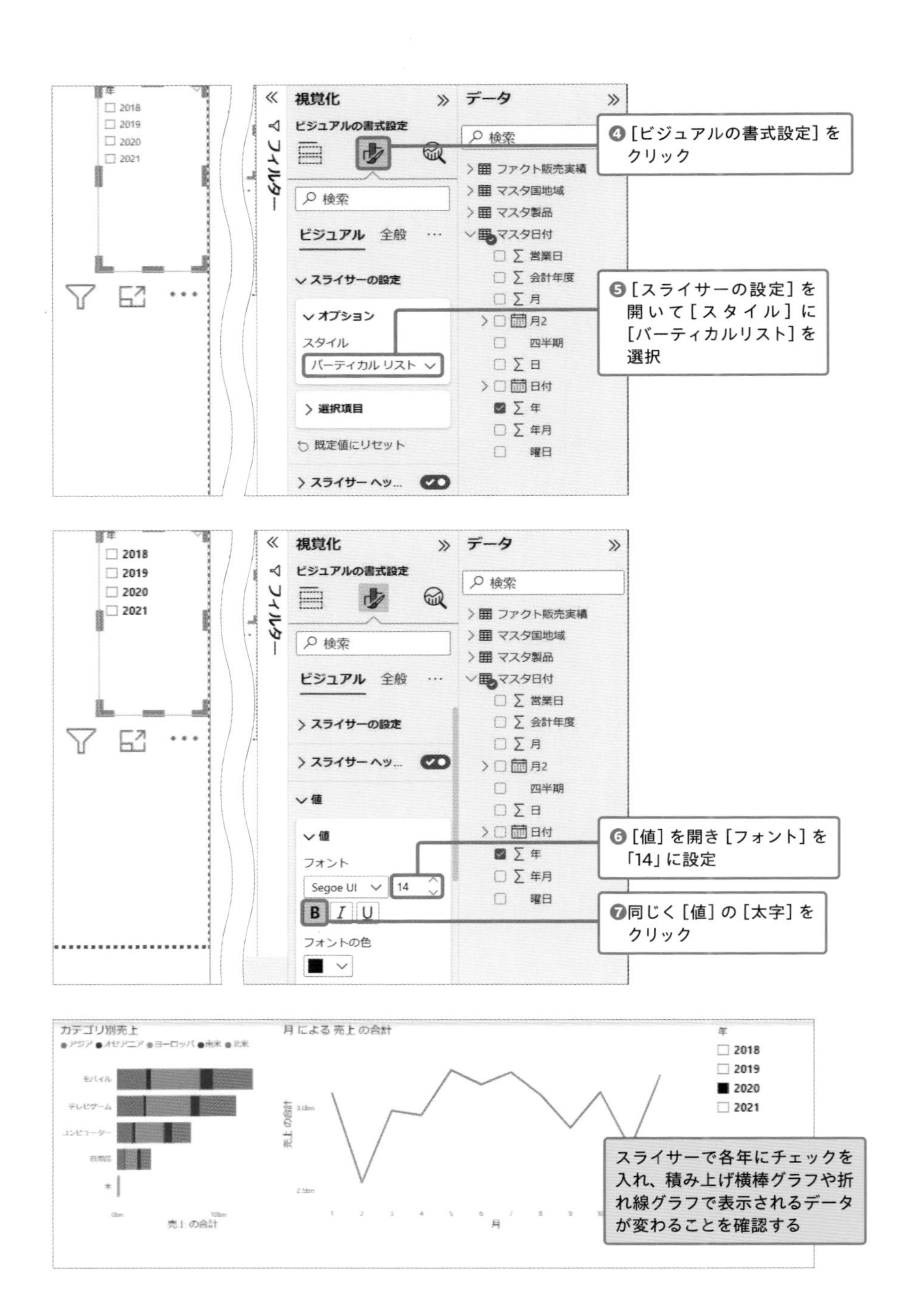

❹［ビジュアルの書式設定］をクリック
❺［スライサーの設定］を開いて［スタイル］に［バーティカルリスト］を選択
❻［値］を開き［フォント］を「14」に設定
❼同じく［値］の［太字］をクリック
スライサーで各年にチェックを入れ、積み上げ横棒グラフや折れ線グラフで表示されるデータが変わることを確認する

スライサーを複数のページに適用する

今思い出したんですけど、「ページ１」ページにもP.54で作成したスライサーがありますよね？　つまりスライサーは1つのページにしかフィルター機能が反映されないということですか？

初期設定ではそうだけれど、複数のページで「年」を選択するのも面倒だよね。その場合、「売上レポート」のスライサーを「ページ１」に反映させることも可能なんだ。「ページ１」のスライサーを削除して試してみよう。

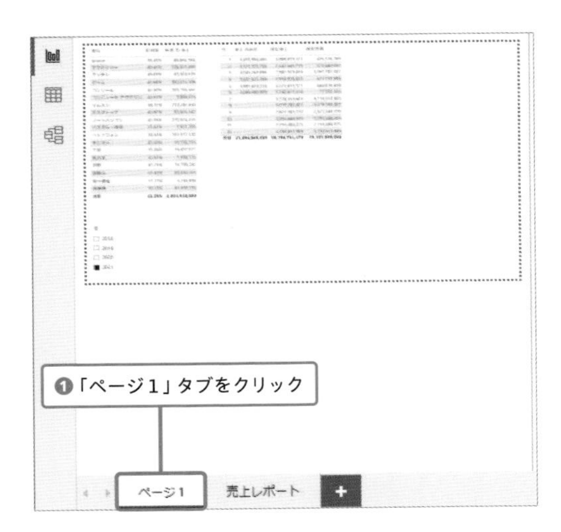

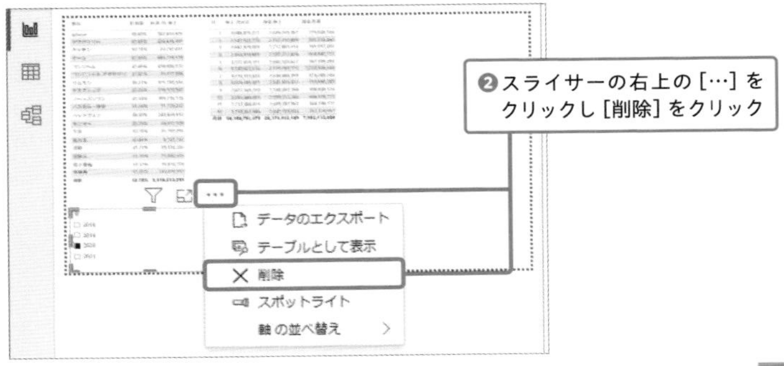

次のページに続く

スライサーが削除される

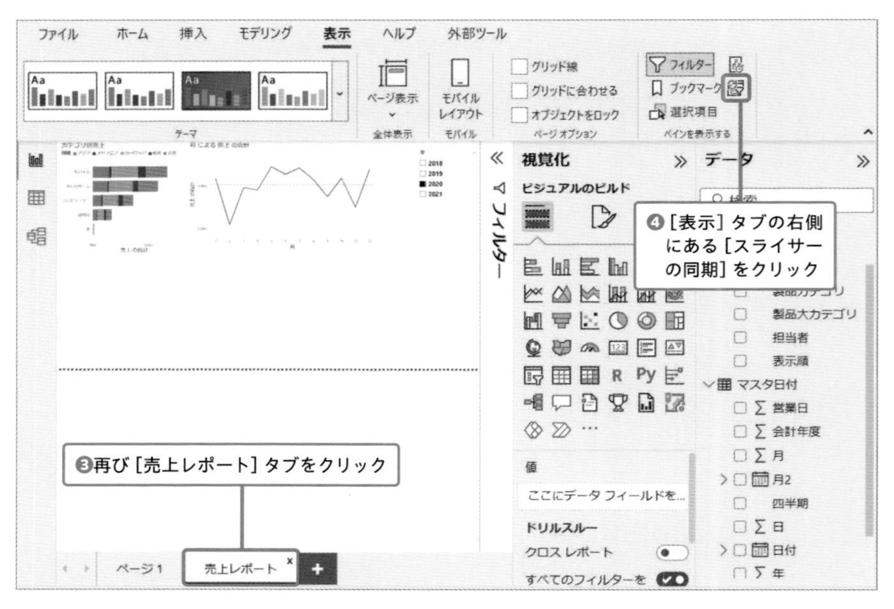
ファイル
ホーム
挿入
モデリング
表示
ヘルプ
外部ツール
ページ表示
モバイルレイアウト
グリッド線
グリッドに合わせる
オブジェクトをロック
フィルター
ブックマーク
選択項目
テーマ
全体表示
モバイル
ページ オプション
ペインを表示する
視覚化
ビジュアルのビルド
データ
フィルター
❹［表示］タブの右側にある［スライサーの同期］をクリック
製品大カテゴリ
担当者
表示順
マスタ日付
営業日
会計年度
月
月2
四半期
日
日付
年
❸再び［売上レポート］タブをクリック
値
ここにデータ フィールドを...
ドリルスルー
クロス レポート
すべてのフィルターを
ページ 1
売上レポート

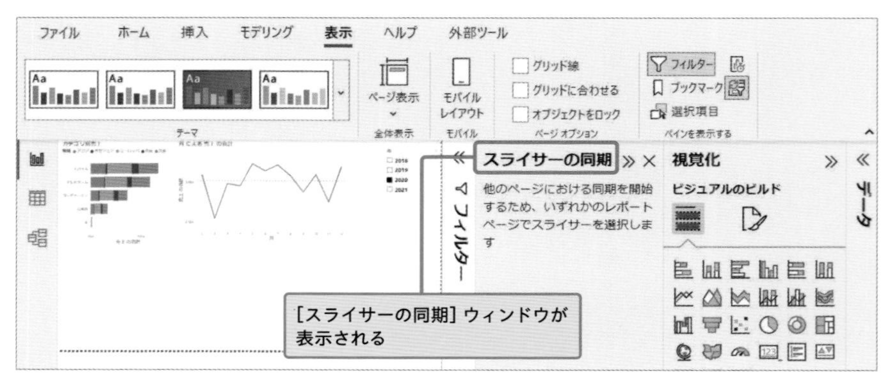
ファイル
ホーム
挿入
モデリング
表示
ヘルプ
外部ツール
ページ表示
モバイルレイアウト
グリッド線
グリッドに合わせる
オブジェクトをロック
フィルター
ブックマーク
選択項目
テーマ
全体表示
モバイル
ページ オプション
ペインを表示する
スライサーの同期
他のページにおける同期を開始するため、いずれかのレポートページでスライサーを選択します
視覚化
ビジュアルのビルド
フィルター
データ
［スライサーの同期］ウィンドウが表示される

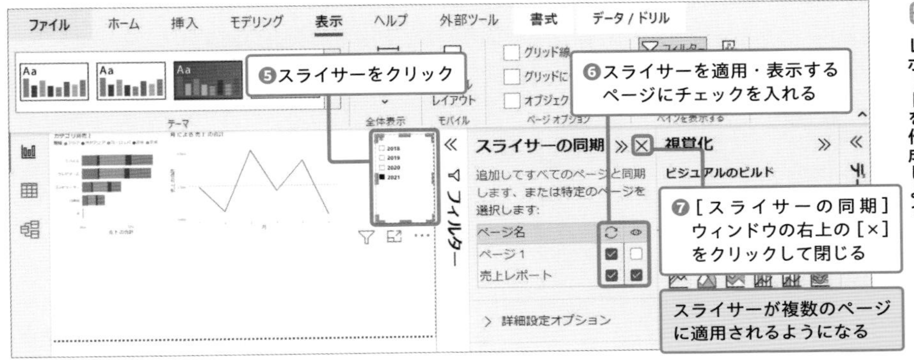

[スライサーの同期]ウィンドウに表示されている2つの項目のうち、左側はスライサーが適用されるかどうか、右側はそのページにスライサーを表示するかどうかを選択できる。今回は、「ページ1」と「売上レポート」の両方にスライサーを適用して、表示するのは「売上レポート」だけにしているよ。

COLUMN スライサーで複数の値を選択する

Ctrl キーを押しながらチェックを入れると、スライサーで複数の値を選択できます。

スライサーに表示された値を非表示にする

ところで、2018年の販売実績データがないのに、スライサーで2018年が表示されているのはなぜですか？

それは、スライサーには「マスタ日付」テーブルの「年」を使っていて、そのデータは2018年から始まっているんだけど、「ファクト販売実績」テーブルには2019年からしかデータがないからなんだ。

なるほど……。でも、2018年にデータがないのにスライサーに表示されるのはややこしいですね……。

確かにそうだね。そんなときは、スライサーの値をフィルターして、2018年がスライサーで非表示になるように設定してみよう。

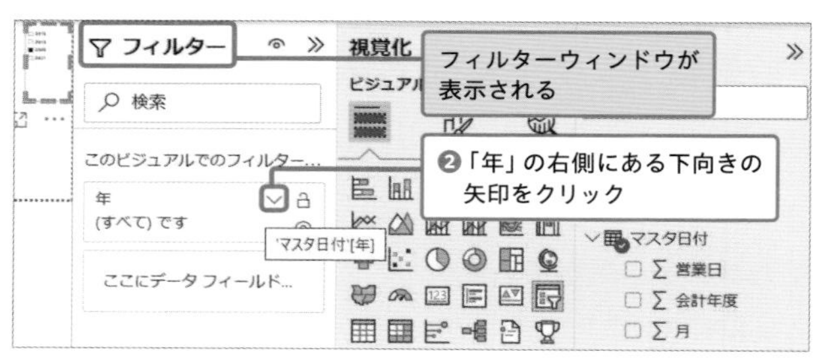

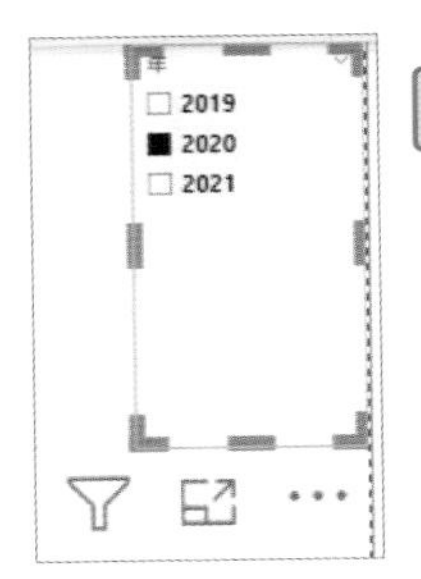

スライサーで「2018」が非表示になる

このフィルターはスライサーだけでなく、他のビジュアルにも使えるんだ。

便利ですね！　ただ、ビジュアルに1つずつフィルターをかけていくのは面倒じゃないですか？

フィルターはページ全体、あるいはすべてのページにかけることも可能だよ。

複数のビジュアルにフィルターをかける

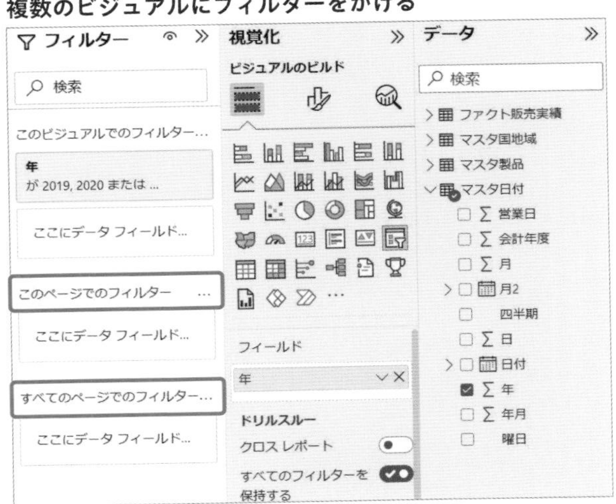

▲フィルターウィンドウで［このページでのフィルター］や［すべてのページでのフィルター］を設定すれば、全体のビジュアルに対してフィルターをかけられる

スライサーを適用しないようにする

全体に同じスライサーを適用しつつ、1つのビジュアルだけデータをフィルターしないように変えたいということもあるよね。そんな場合の対処方法を紹介しよう。

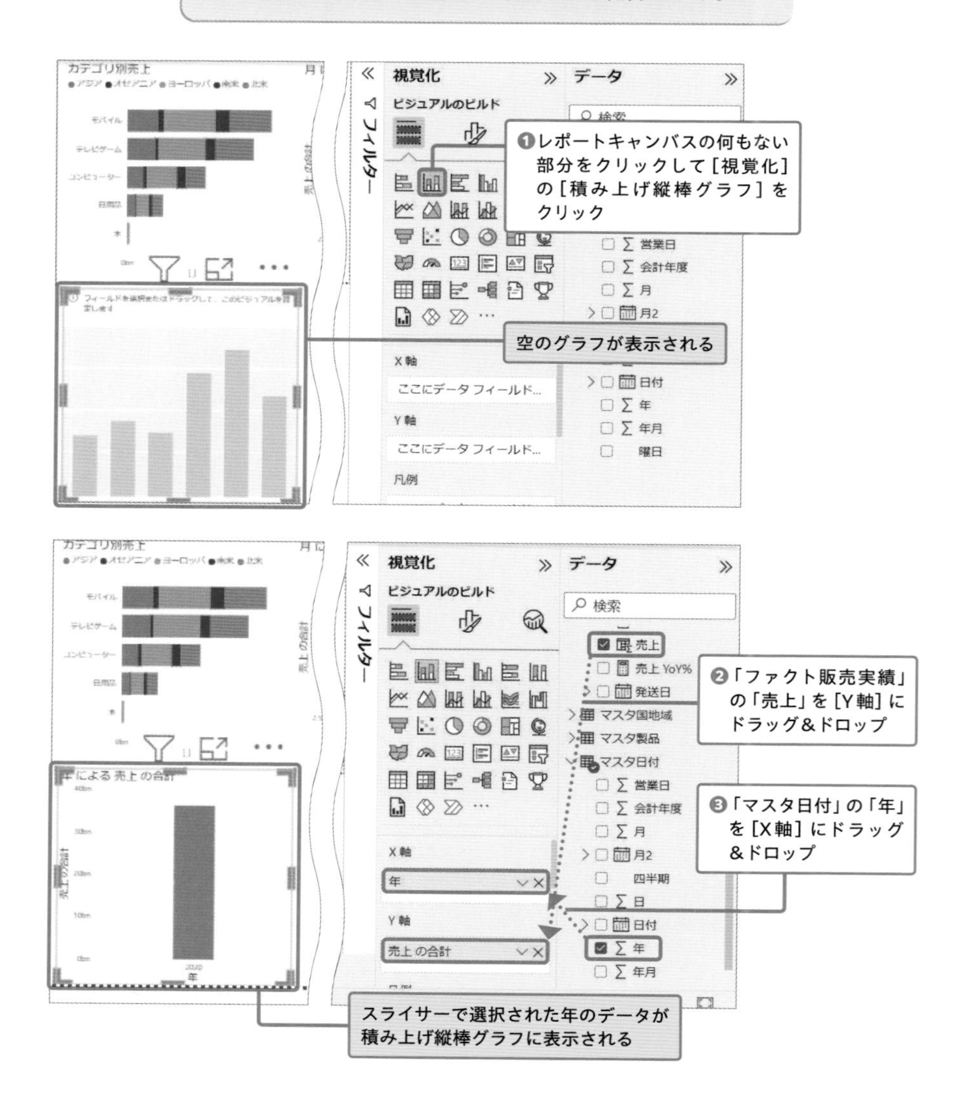

この積み上げ縦棒グラフでは、どのような情報を表示したいかわかるかな？

年別の売上の合計ですよね？　ただ、スライサーで年を選ぶと1年分のデータしか表示されないので、あまり意味がありませんね。比較のためにも、すべての年の売上が表示できるとよいのですが……。

その通り。そのため、このグラフだけは常にすべての年のデータが表示されるようにしたいので、積み上げ縦棒グラフのデータはフィルターされないように設定しよう。

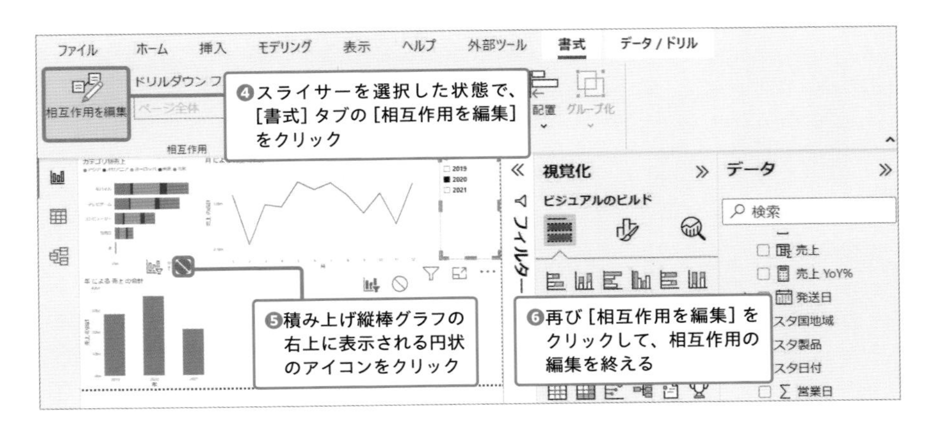

これで、スライサーによる年のフィルターが積み上げ縦棒グラフにはかからないようになったよ。

スライサーでは2020年が選択されていますが、積み上げ縦棒グラフにはすべての年のデータが表示されていますね！

次のページに続く

元に戻したい場合には、円状のアイコンの左隣にあるアイコンをクリックするだけだよ。あとは、不必要なタイトルの表示をオフにして、数値データがわかりやすいようにデータラベルを［オン］に設定しよう。

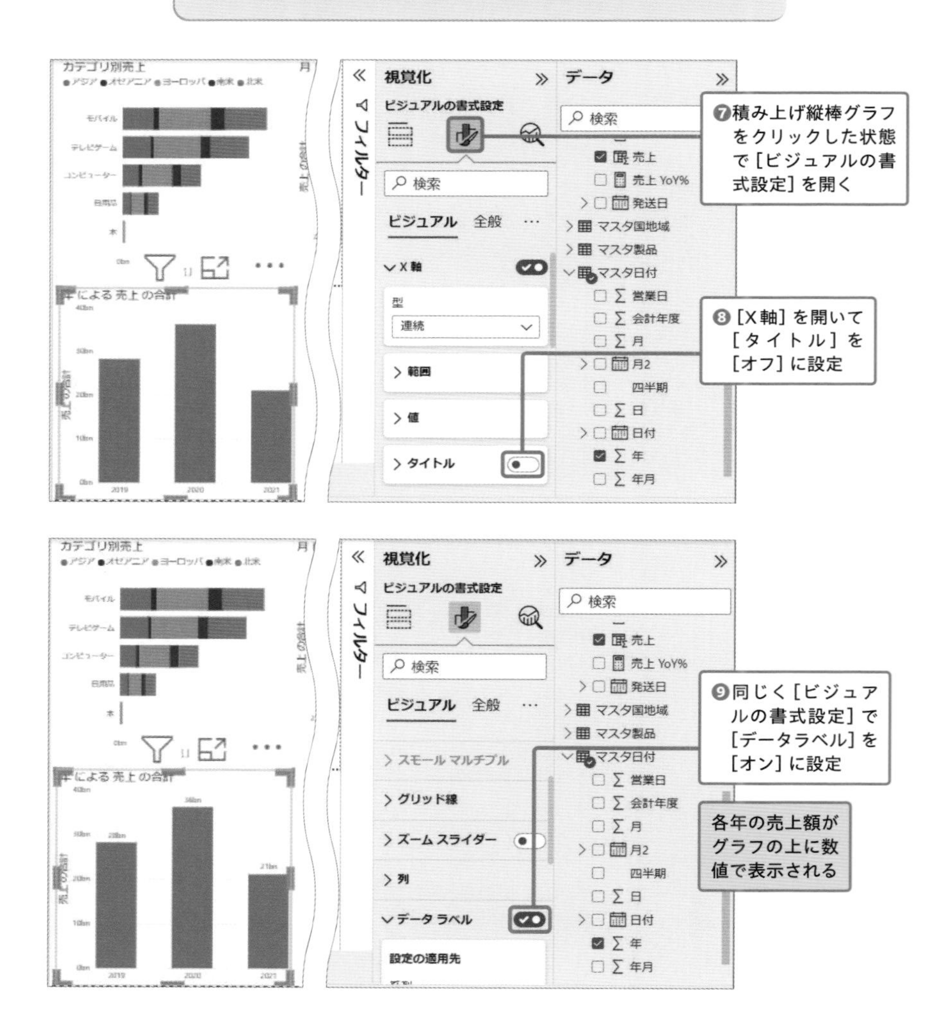

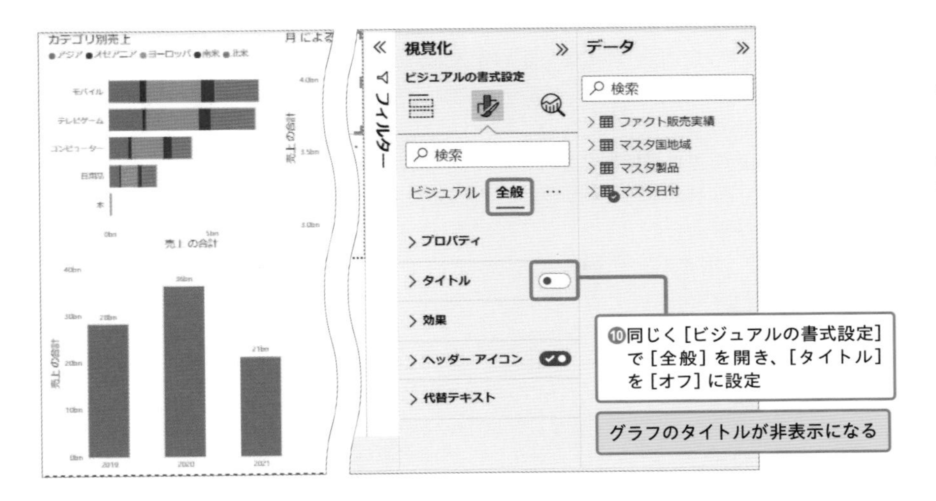

COLUMN [相互作用によるフィルター]

Power BIには[相互作用によるフィルター]という機能があります。これは、使用しているグラフの凡例などをクリックすると、そのデータでフィルターされる機能です。この機能により、スライサーを使わなくてもデータをフィルターすることができます。例えば、左上の積み上げ横棒グラフのピンク色の部分(「北米」)をクリックしてみると、折れ線グラフやの積み上げ縦棒グラフのデータが変わるのが確認できます。再び同じ部分をクリックすると元に戻ります。

[相互作用によるフィルター]の例

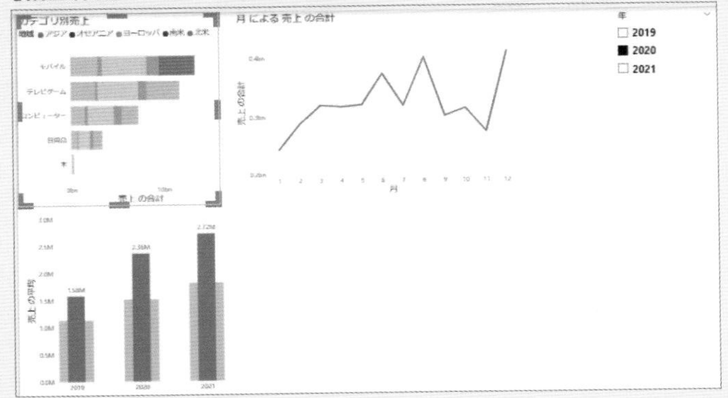

▲積み上げ縦棒グラフの一部をクリックすると、他のグラフもフィルターされる

データの平均を自動で計算する

ところで、P.156で「売上」を［Y軸］にドラッグ&ドロップしたとき、「売上の合計」と表示されるのはなぜでしょうか？

これは、数多くの売上のデータを、グラフ作成時にPower BIが自動で年ごとに合計しているからなんだ。このような自動で行われる集計のことを、暗黙的なメジャーと呼ぶ。ただ、合計ではなく平均やカウントなど、その他の計算を行うことも可能だよ。グラフに平均を表示して分析したい場合などのために、その方法も紹介しよう。

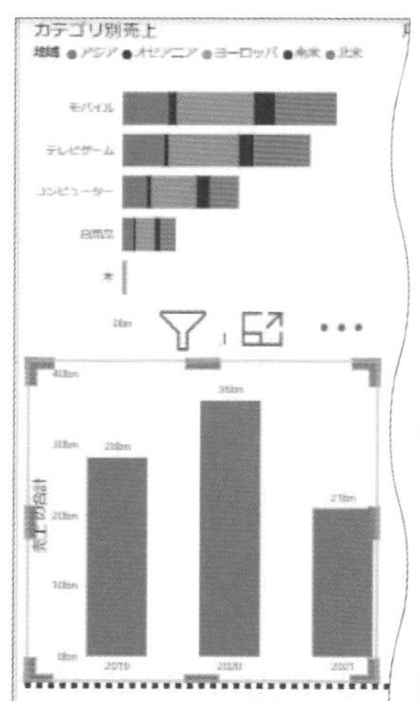

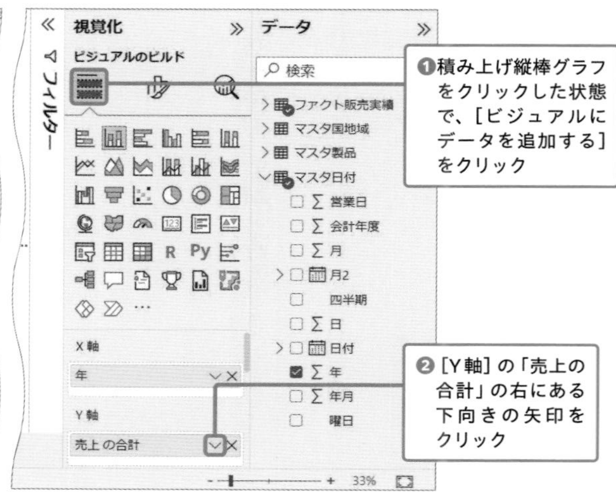

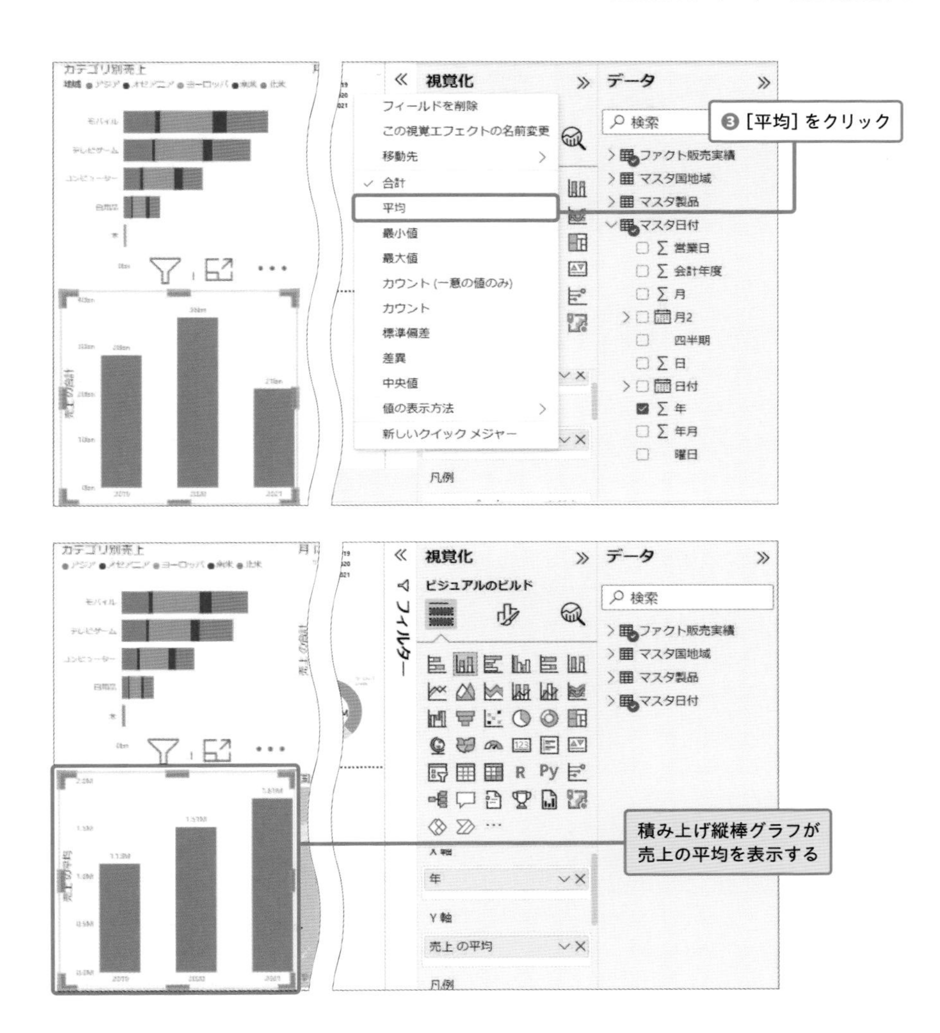

❸［平均］をクリック
フィールドを削除
この視覚エフェクトの名前変更
移動先
合計
平均
最小値
最大値
カウント（一意の値のみ）
カウント
標準偏差
差異
中央値
値の表示方法
新しいクイック メジャー
視覚化
データ
検索
ファクト販売実績
マスタ国地域
マスタ製品
マスタ日付
営業日
会計年度
月
月2
四半期
日
日付
年
年月
曜日
凡例
ビジュアルのビルド
フィルター
年
Y 軸
売上 の平均
積み上げ縦棒グラフが
売上の平均を表示する

マップ　ドーナツグラフ　ドリルダウン

さまざまなグラフを使いこなそう

Power BIでは他にもさまざまなグラフが用意されている。いろいろ試してみよう！

地図上にデータを表示する

マップを使うと地図を使ってデータをわかりやすく表示できる。さっそく使い方を解説しよう。

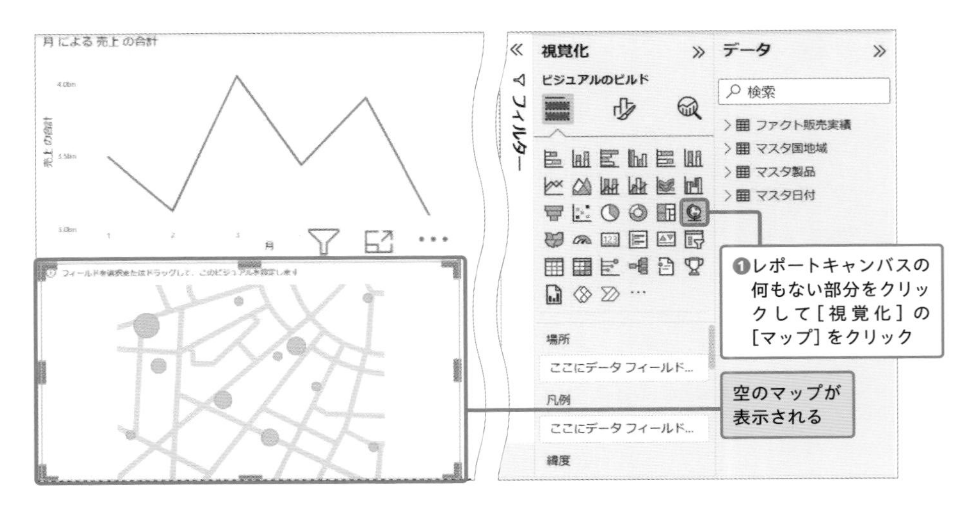

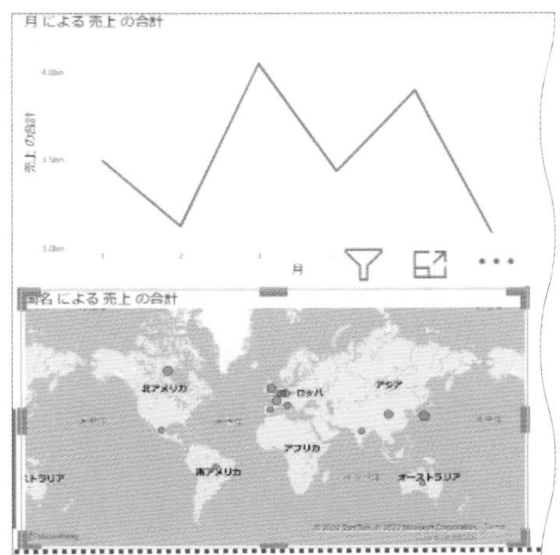

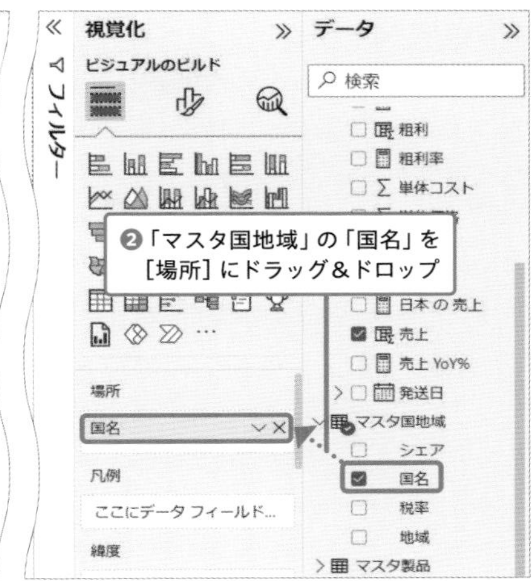

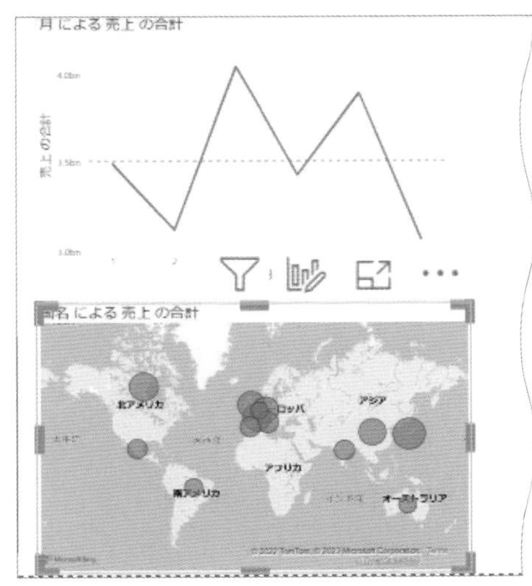

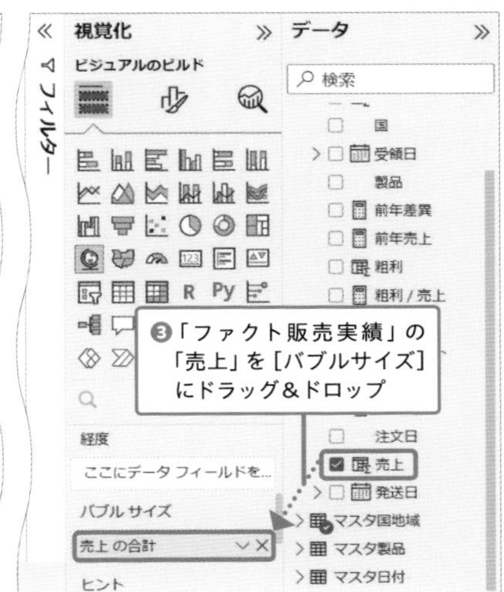

おお、国ごとの売上が、地図上に円の大きさで表されていますね！　わかりやすい！

次のページに続く

マップが表示されない場合の対処方法

もしマップが表示されずエラーになった場合、[ファイル] タブから [オプションと設定] → [オプション] → [グローバル] → [セキュリティ] と進み、[地図と塗り分け地図の画像を使用する] にチェックを入れてください。その後、マップを削除して再度作成すると表示されるようになります。

[セキュリティ] の設定画面

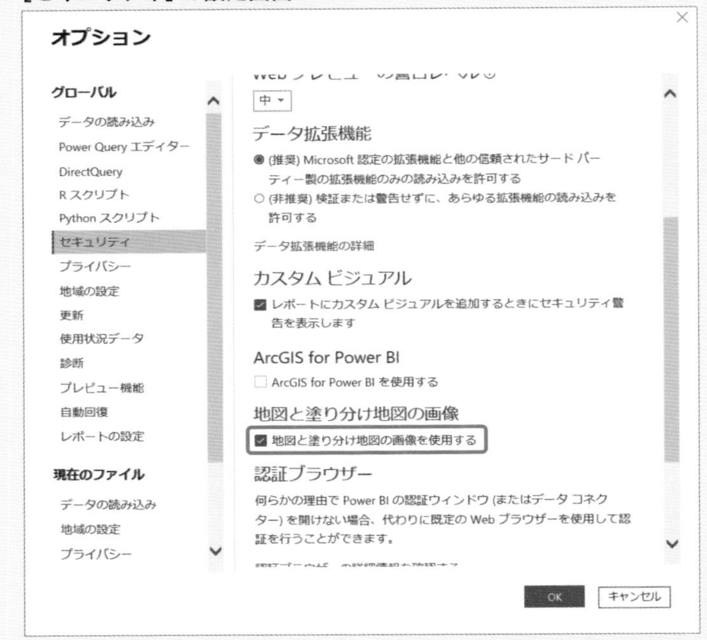

▲マップを使用する際、場合によっては [セキュリティ] の設定を変更する必要がある

マップも [ビジュアルの書式設定] で表示を調整できるよ。

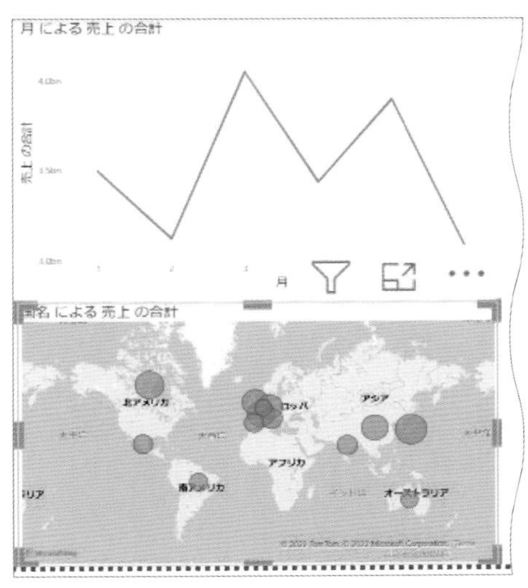

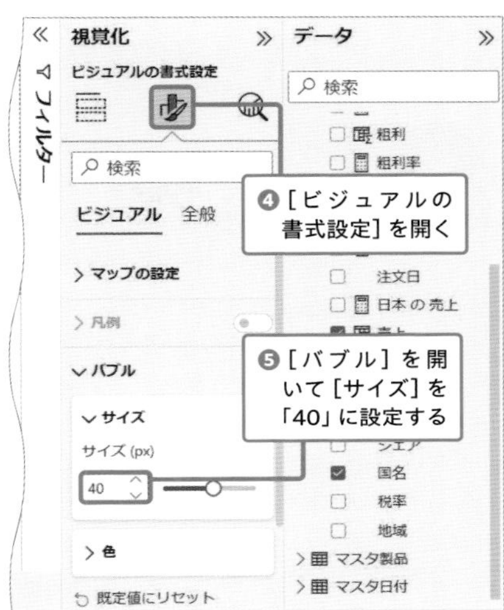

マップはマウスを使って上下左右にスクロールしたり、マウスのホイールを使って拡大したり縮小したりできるので試してみよう。例えばヨーロッパを中心にして拡大するとこのように見える。

マップを拡大する

▲マウスのホイールを使うと、マップを拡大したり縮小したりできる

あと、今回のマップは「国名」を元にしたので問題なかったけど、例えばもし市町村名を元にしてマップを作ると、たまに中国や台湾で同じ地名があって間違った場所が表示される場合もあるんだ。予期せぬミスがないようにしたい場合は、緯度と経度を使うと確実だよ。

ドーナツグラフで割合を表す

続いて、割合を表すのに便利なドーナツグラフを作成してみよう。

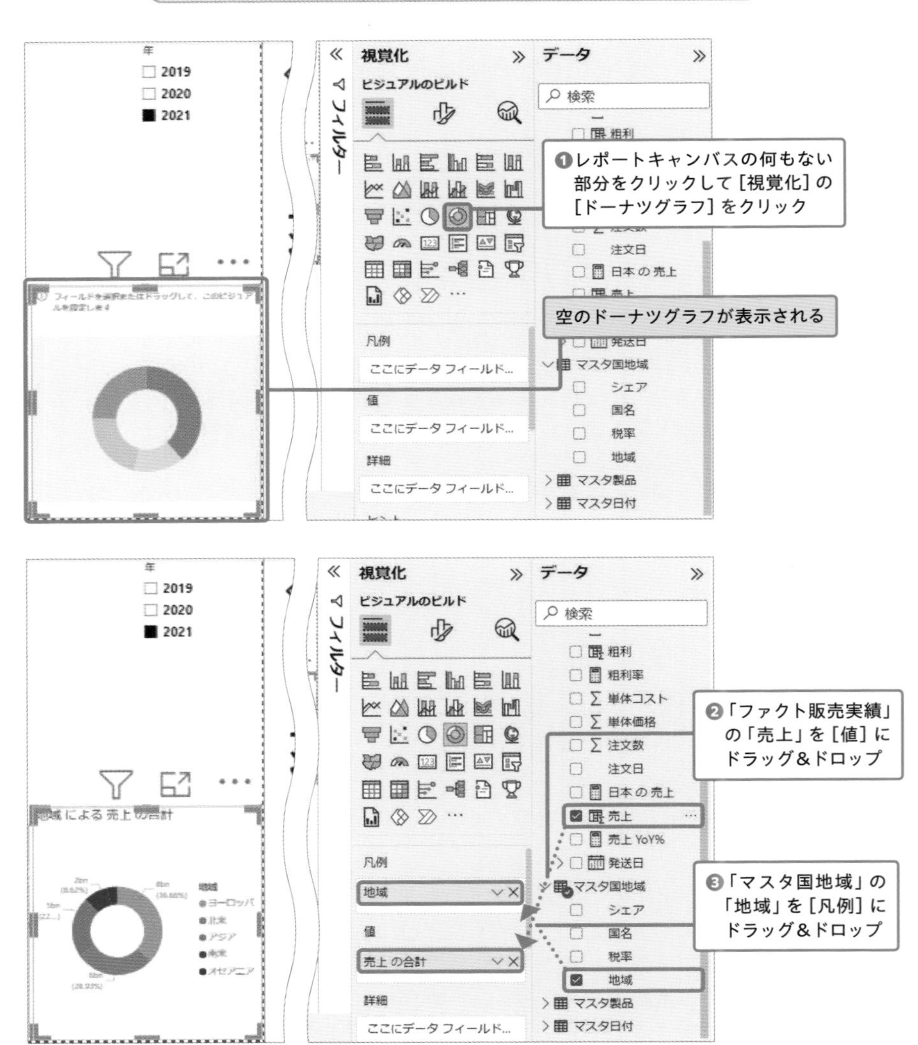

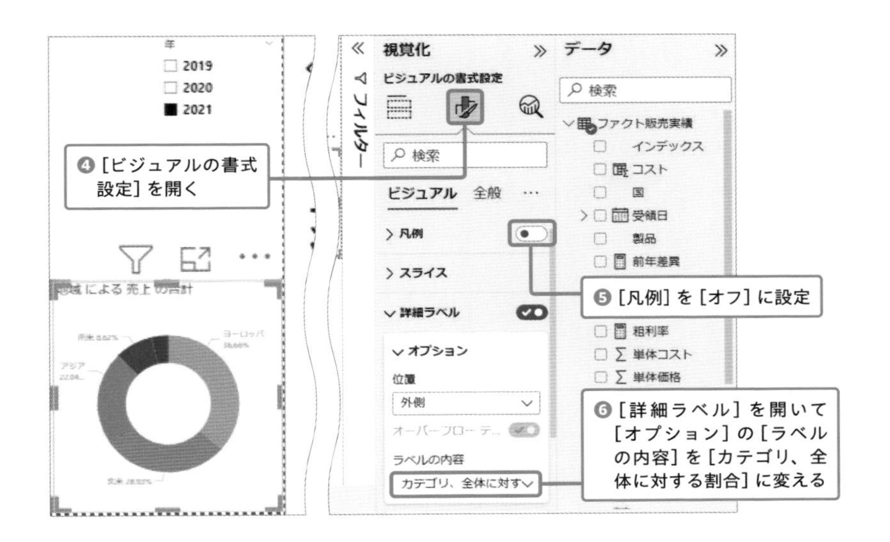

ドリルダウンでデータを詳細に表示する

ドリルダウンというのは、全体データから詳細データに切り替える機能のことだよ。例えば、年単位で表示されているデータを月別で表示したり、製品カテゴリ別に表示されている売上データを製品別に表示したりできる。

ドリルダウンの例

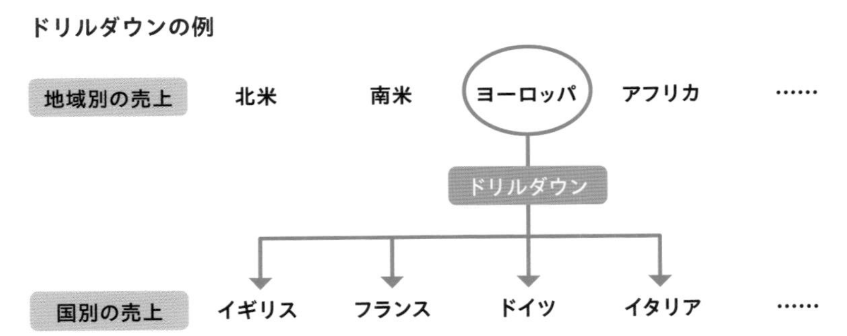

▲地域別でまとめて売上を表示している状態で、特定の地域のデータを国別に細かく確認したい、といったケースでドリルダウンを活用できる

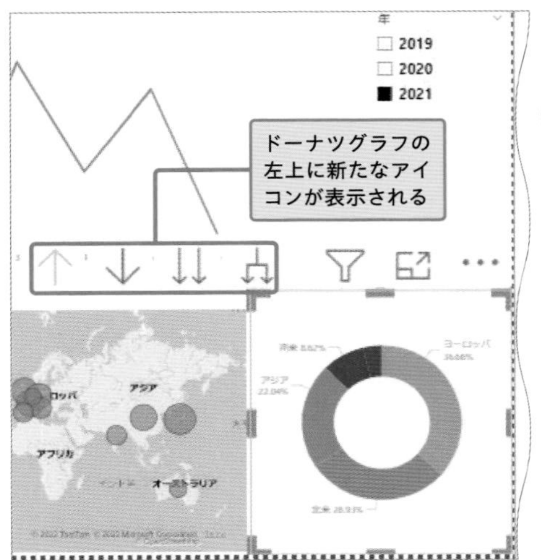
年
2019
2020
2021
ドーナツグラフの左上に新たなアイコンが表示される
アジア
アフリカ
オーストラリア

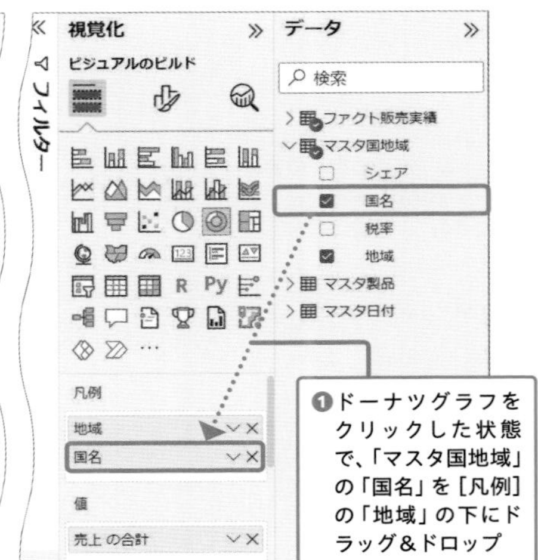
視覚化
ビジュアルのビルド
フィルター
データ
検索
ファクト販売実績
マスタ国地域
シェア
国名
税率
地域
マスタ製品
マスタ日付
凡例
地域
国名
値
売上 の合計
❶ドーナツグラフをクリックした状態で、「マスタ国地域」の「国名」を［凡例］の「地域」の下にドラッグ＆ドロップ

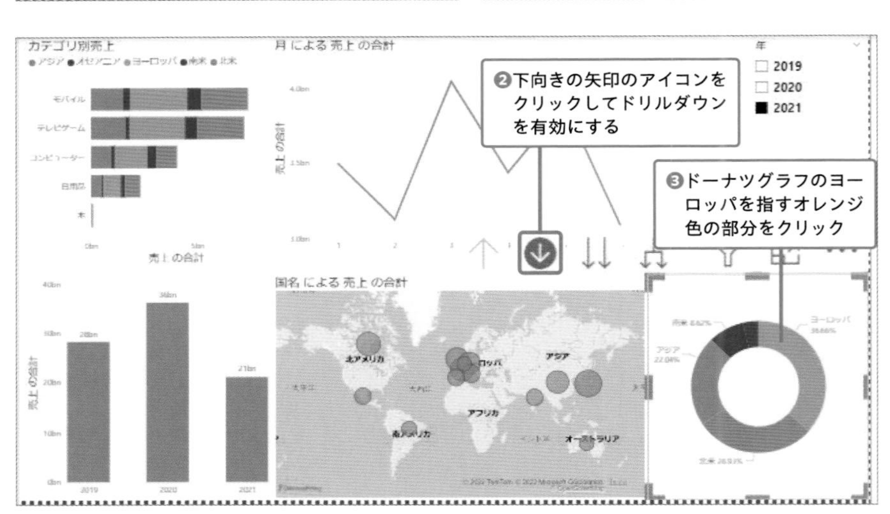
カテゴリ別売上
月 による 売上 の合計
年
2019
2020
2021
モバイル
テレビゲーム
コンピューター
日用品
売上 の合計
国名 による 売上 の合計
北アメリカ
アジア
アフリカ
南アメリカ
オーストラリア
❷下向きの矢印のアイコンをクリックしてドリルダウンを有効にする
❸ドーナツグラフのヨーロッパを指すオレンジ色の部分をクリック

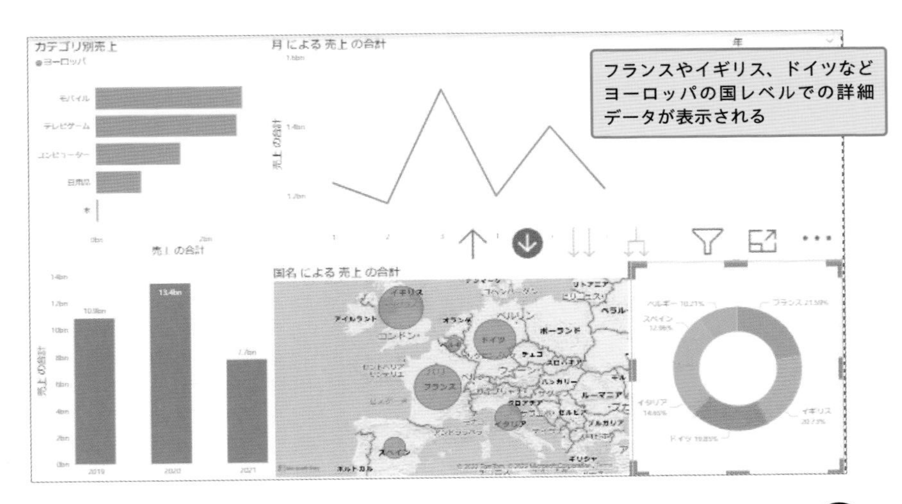

ヨーロッパの国別のデータが表示されていますね！

マップなどのその他のビジュアルも、ヨーロッパのデータだけにフィルターがかけられているよね。これがドリルダウンだ。また、すべての地域における国別のデータを表示することもできるので、これも試してみよう。

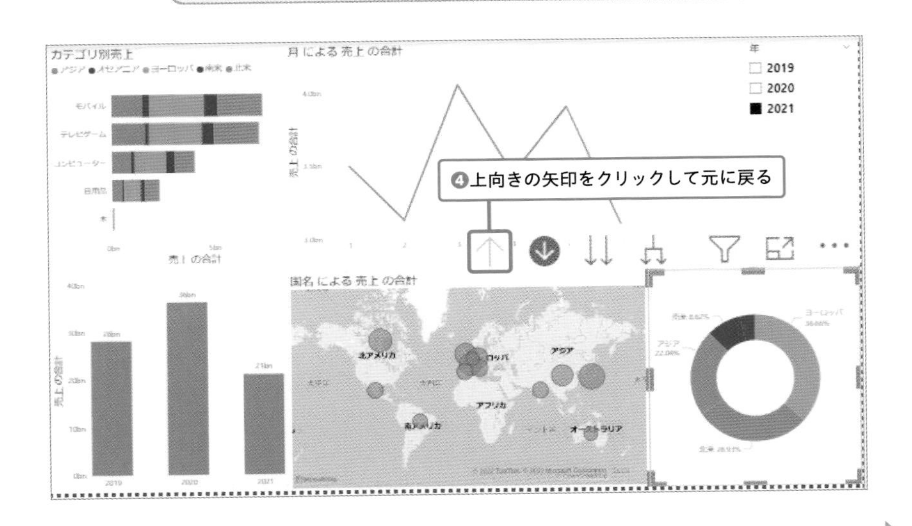

次のページに続く

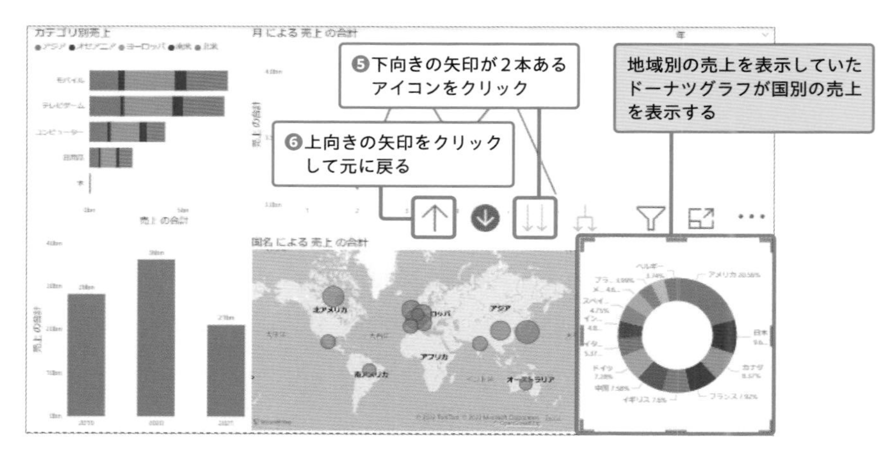

下向きの２本の矢印の右側にフォーク型のアイコンもありますが、これは何ですか？

これは、例えば「年」から「月」にドリルダウンするような場合に違いが起こるんだ。マウスを重ねると「階層内の次のレベルに移動します」と表示される下向きの２本の矢印をクリックしてドリルダウンすると、１月にはすべての年の１月のデータが表示される。この方法だと、月ごとのトレンドをつかむのに便利なんだ。対して、「階層内で１レベル下をすべて展開します」と表示されるフォーク型のアイコンをクリックすると、2019年１月〜2021年12月のように、各年と各月のデータにドリルダウンする。この方法だと過去のデータの推移をつかみやすいという利点があるよ。

ドリルダウンの２つの形式

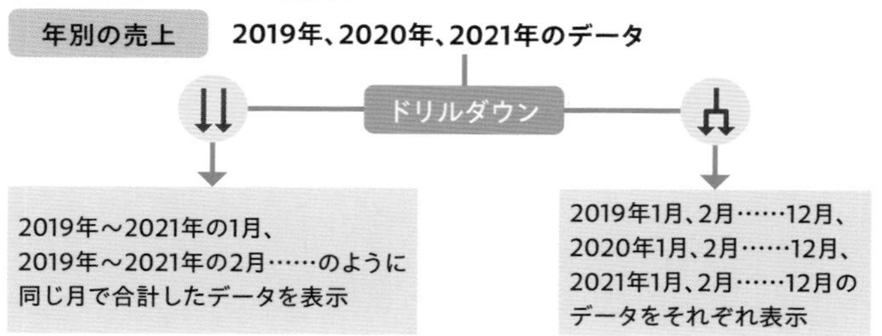

▲ドリルダウンで詳細なデータを表示する際は、その目的によって使い分ける必要がある

カードでシンプルに値を表示する

次は、カードの作成方法について説明するね。

他のビジュアルに比べて、カードって名前からは使用方法が想像しにくいのですが、どのようなときに使うんですか？

カードは全体の売上など、1つの数値を大きく表示したいときに使われるビジュアルなんだ。普通の使い方もできるんだけど、今回は、スペースの節約と、ビジュアルを重ねて使うことができる例として、ドーナツグラフの中にカードを配置して使ってみよう。

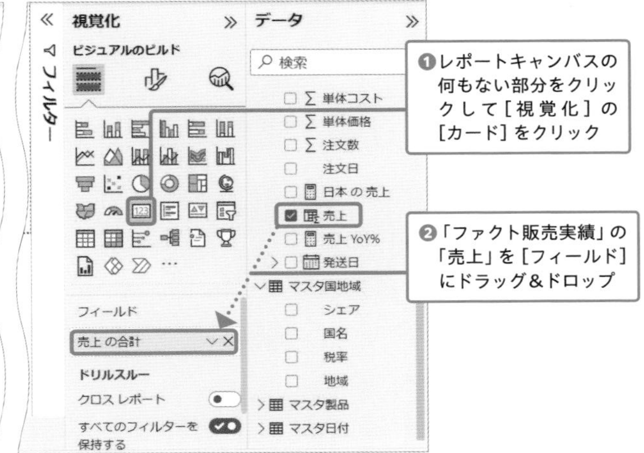

カードはこれで作成できた。簡単だよね。あとは、ドーナツグラフにこのカードを重ねて表示してみよう。

次のページに続く

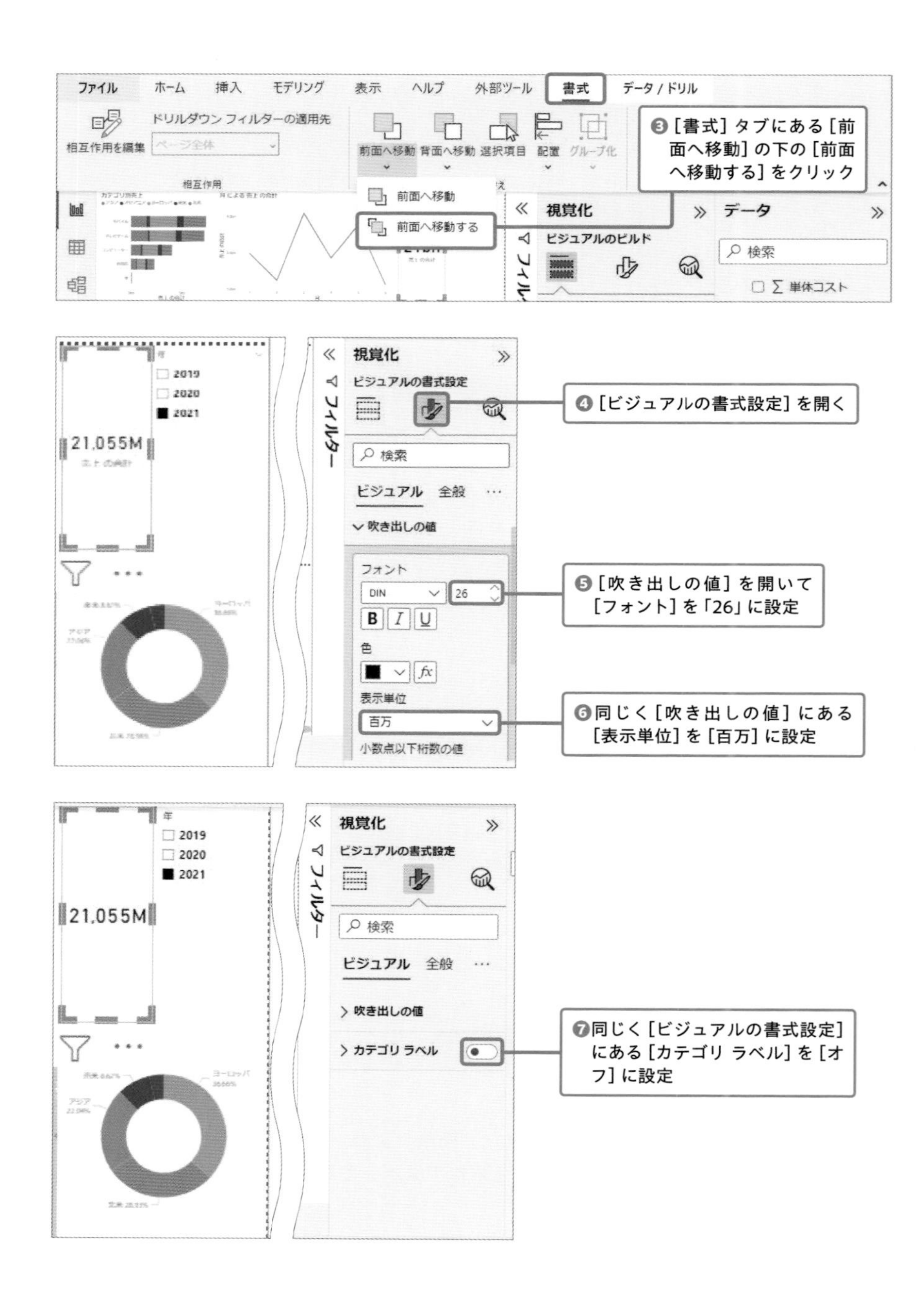

ファイル
ホーム
挿入
モデリング
表示
ヘルプ
外部ツール
書式
データ / ドリル
相互作用を編集
ドリルダウン フィルターの適用先
ページ全体
相互作用
前面へ移動
背面へ移動
選択項目
配置
グループ化
前面へ移動
前面へ移動する
❸[書式]タブにある[前面へ移動]の下の[前面へ移動する]をクリック
視覚化
データ
ビジュアルのビルド
検索
単体コスト
2019
2020
2021
21,055M
視覚化
ビジュアルの書式設定
フィルター
❹[ビジュアルの書式設定]を開く
検索
ビジュアル
全般
吹き出しの値
フォント
DIN
26
❺[吹き出しの値]を開いて[フォント]を「26」に設定
色
表示単位
百万
❻同じく[吹き出しの値]にある[表示単位]を[百万]に設定
小数点以下桁数の値
年
2019
2020
2021
21,055M
視覚化
ビジュアルの書式設定
フィルター
検索
ビジュアル
全般
吹き出しの値
カテゴリ ラベル
❼同じく[ビジュアルの書式設定]にある[カテゴリ ラベル]を[オフ]に設定

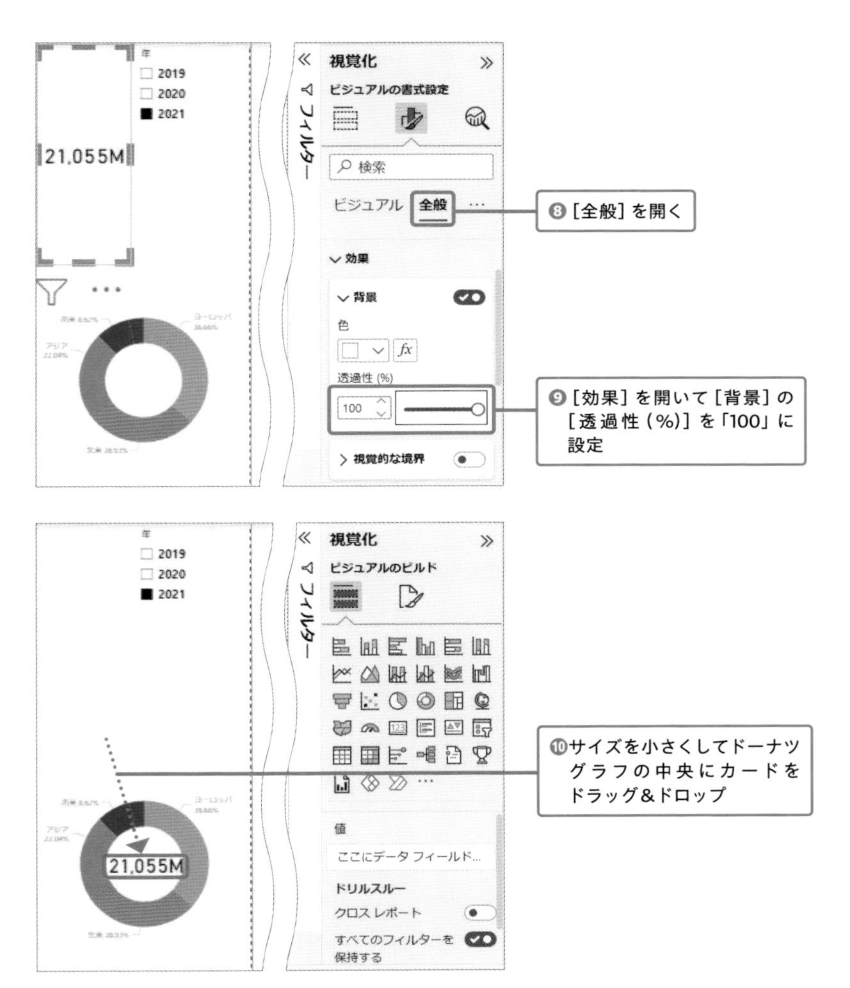

ドーナツグラフの中心に売上が表示されるようになりましたね。わかりやすい！

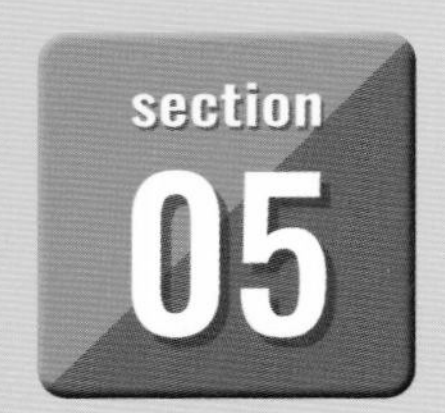

ビジュアルのロック　フォーカスモード　テーマ

ビジュアルをきれいに整えよう

伝わりやすいレポートには、見た目のきれいさも重要だ。ビジュアルを見やすくするための方法も解説していくね。

ビジュアルの配置を揃える

ところで、間違って動かしたときなど、ビジュアルの配置をうまく揃える方法ってないんですか？

よくあるよね、そんなときに使える方法を紹介しよう。例えば左上の積み上げ横棒グラフを間違って動かしてしまったと仮定しよう。

❶左上の積み上げ横棒グラフの位置をずらす

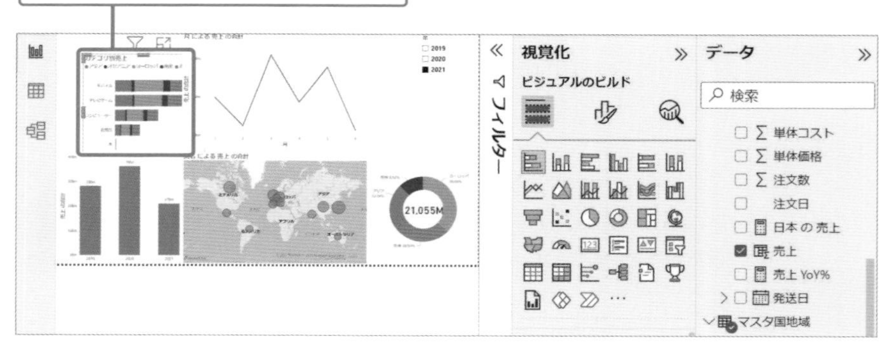

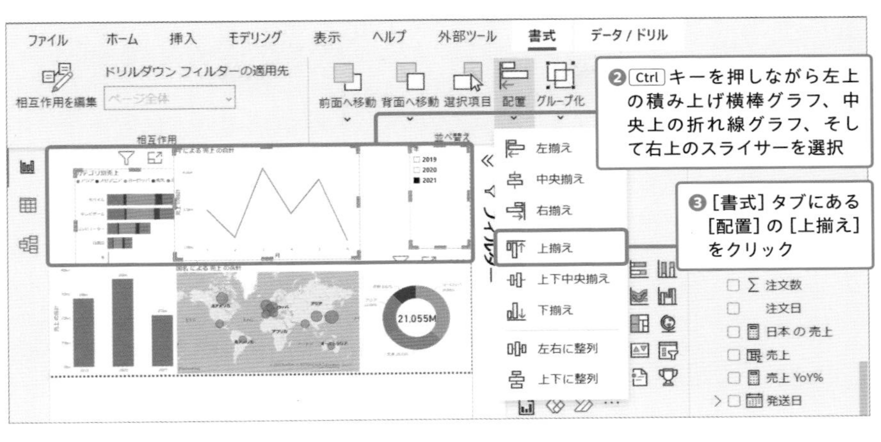
ファイル
ホーム
挿入
モデリング
表示
ヘルプ
外部ツール
書式
データ / ドリル
相互作用を編集
ドリルダウン フィルターの適用先
ページ全体
相互作用
前面へ移動
背面へ移動
選択項目
配置
グループ化
並べ替え
❷ Ctrl キーを押しながら左上の積み上げ横棒グラフ、中央上の折れ線グラフ、そして右上のスライサーを選択
左揃え
中央揃え
右揃え
上揃え
上下中央揃え
下揃え
左右に整列
上下に整列
❸［書式］タブにある［配置］の［上揃え］をクリック
注文数
注文日
日本 の 売上
売上
売上 YoY%
発送日
2019
2020
2021
21,055M
フィルター

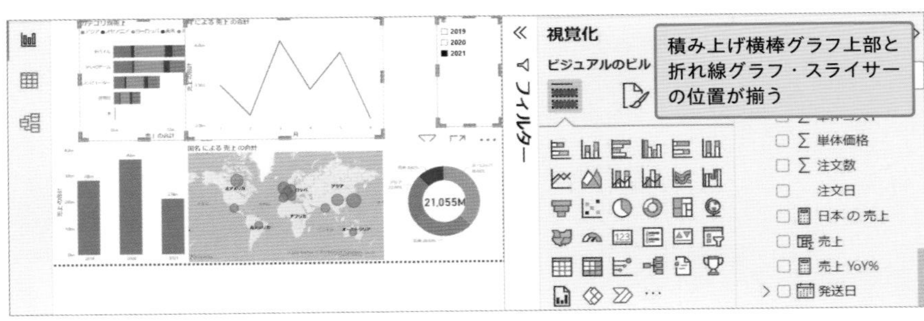
視覚化
ビジュアルのビル
積み上げ横棒グラフ上部と折れ線グラフ・スライサーの位置が揃う
単体価格
注文数
注文日
日本 の 売上
売上
売上 YoY%
発送日
2019
2020
2021
21,055M
フィルター

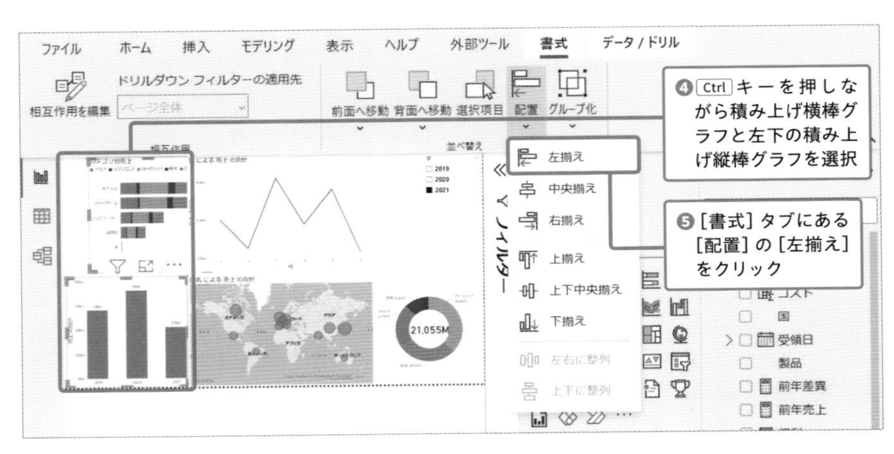
ファイル
ホーム
挿入
モデリング
表示
ヘルプ
外部ツール
書式
データ / ドリル
相互作用を編集
ドリルダウン フィルターの適用先
ページ全体
相互作用
前面へ移動
背面へ移動
選択項目
配置
グループ化
並べ替え
❹ Ctrl キーを押しながら積み上げ横棒グラフと左下の積み上げ縦棒グラフを選択
左揃え
中央揃え
右揃え
上揃え
上下中央揃え
下揃え
左右に整列
上下に整列
❺［書式］タブにある［配置］の［左揃え］をクリック
コスト
国
受領日
製品
前年差異
前年売上
2019
2020
2021
21,055M
フィルター

次のページに続く

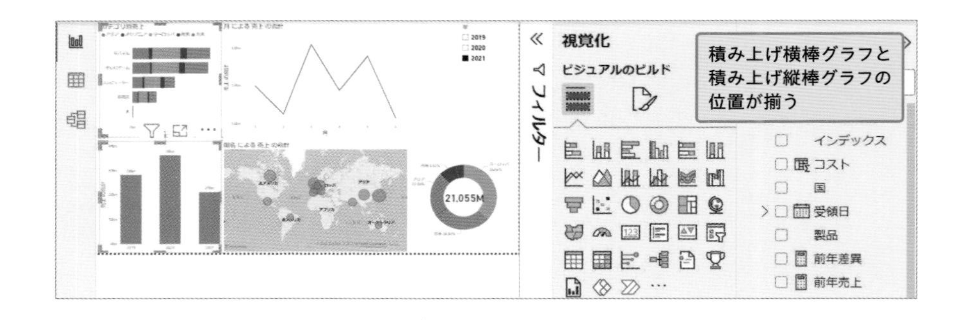

ビジュアルをロックして固定する

間違ってビジュアルを動かしてしまうことはよくある。そんなときは、ビジュアルをロックしておくと、位置を動かせなくなるんだ。

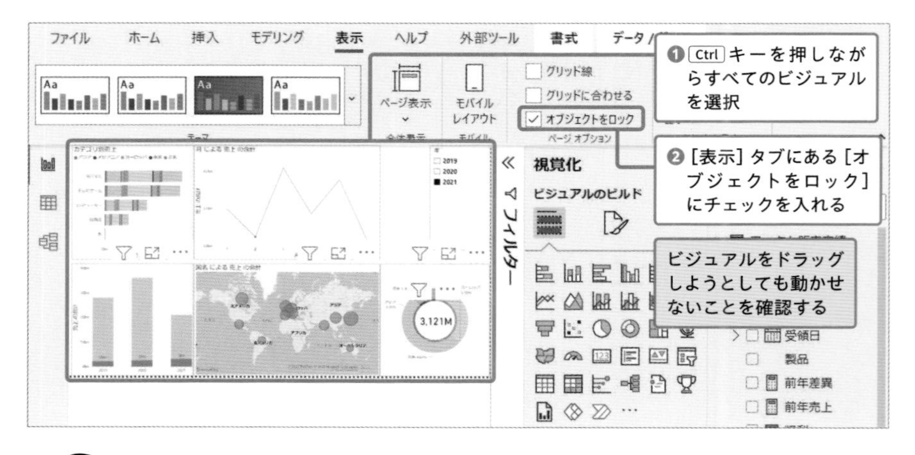

すべてのビジュアルをロックしたから、これで間違えて場所をずらしてしまうことはなくなるよ。

フォーカスモードでビジュアルを大きく表示する

1つのページにたくさんのビジュアルを作ると見にくくなりますね。

確かに。そんなときにはフォーカスモードを使うといい。

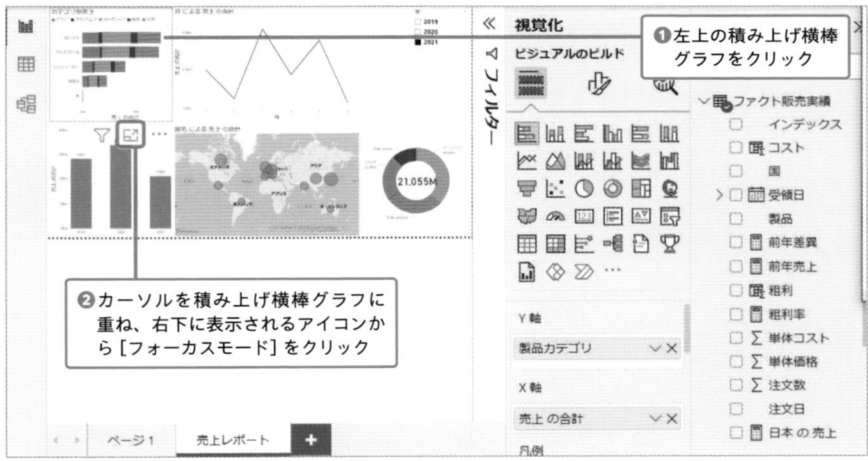

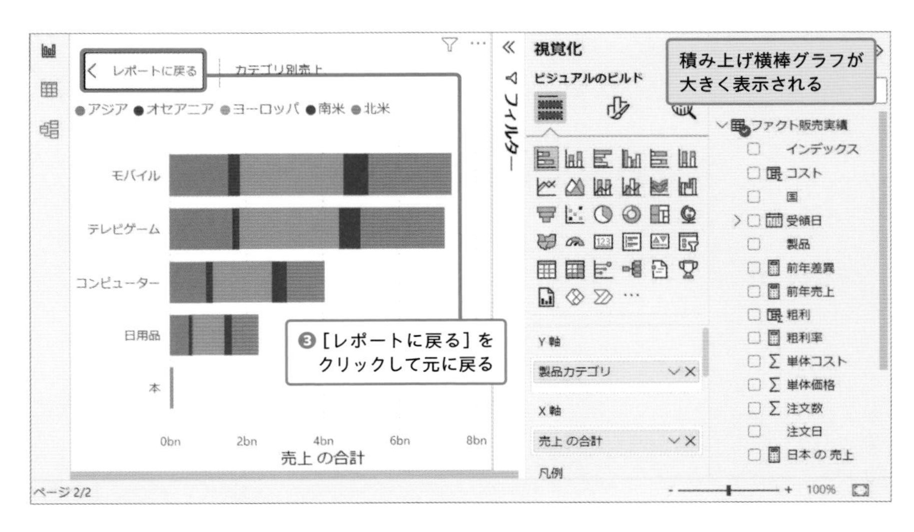

一般的に、［フォーカスモード］のアイコンは各ビジュアルの上に表示されるんだけど、この積み上げ横棒グラフのように上に空きスペースがない場合には、下に表示される場合もあるよ。

テーマでレポートの色を変更する

ビジュアルで使われる色はPower BIが自動的に選ぶのだけれど、ユーザーが変更することもできる。まずは、テーマという機能を使って色を変更してみよう。

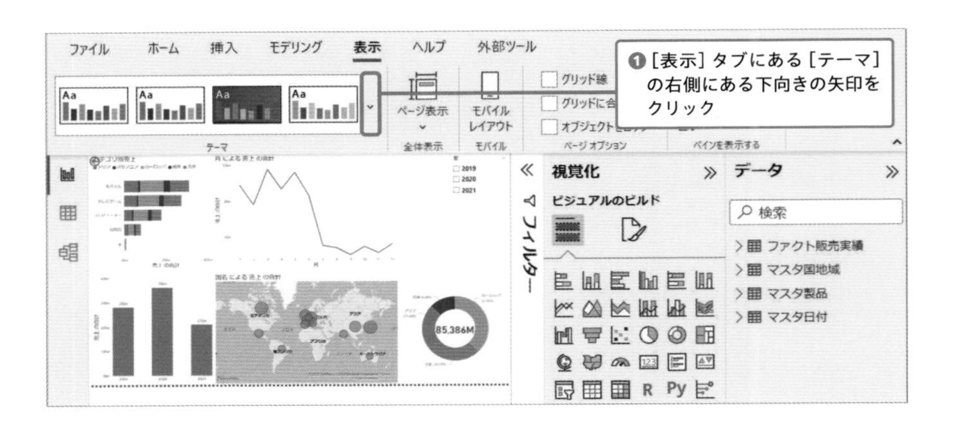

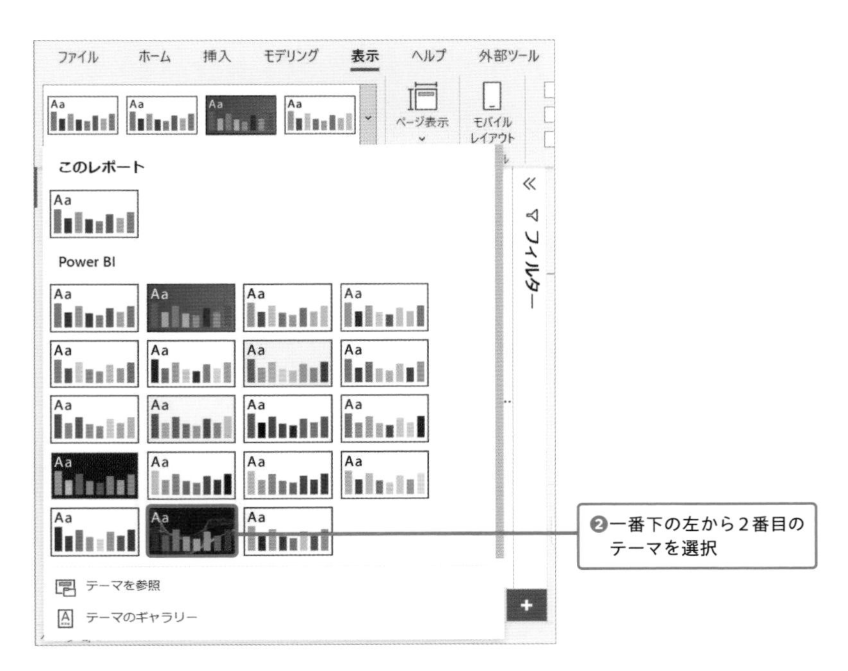
ファイル
ホーム
挿入
モデリング
表示
ヘルプ
外部ツール
ページ表示
モバイル レイアウト
このレポート
Power BI
フィルター
テーマを参照
テーマのギャラリー
❷一番下の左から2番目のテーマを選択

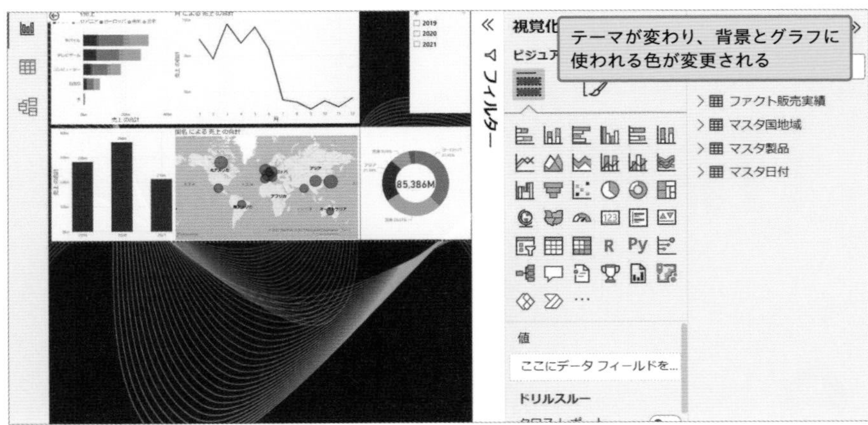
テーマが変わり、背景とグラフに使われる色が変更される
視覚化
フィルター
ファクト販売実績
マスタ国地域
マスタ製品
マスタ日付
値
ここにデータ フィールドを...
ドリルスルー
85.386M

次のページに続く

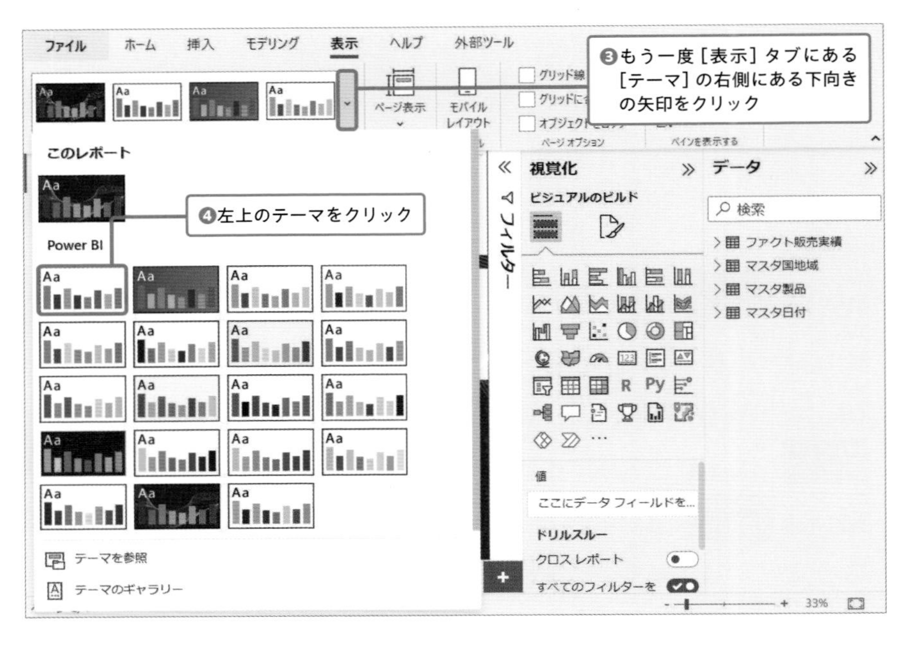

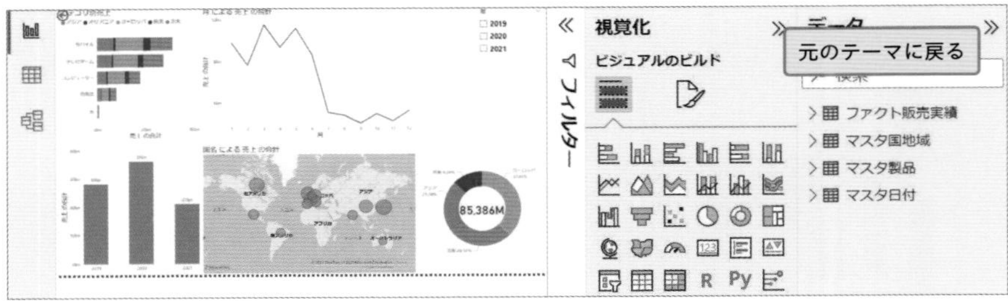

ビジュアルの色を変更する

テーマを使うとレポート全体の色が変更される。Power BIではもっと細かく、ビジュアルごとに色を変更することも可能なので試してみよう。

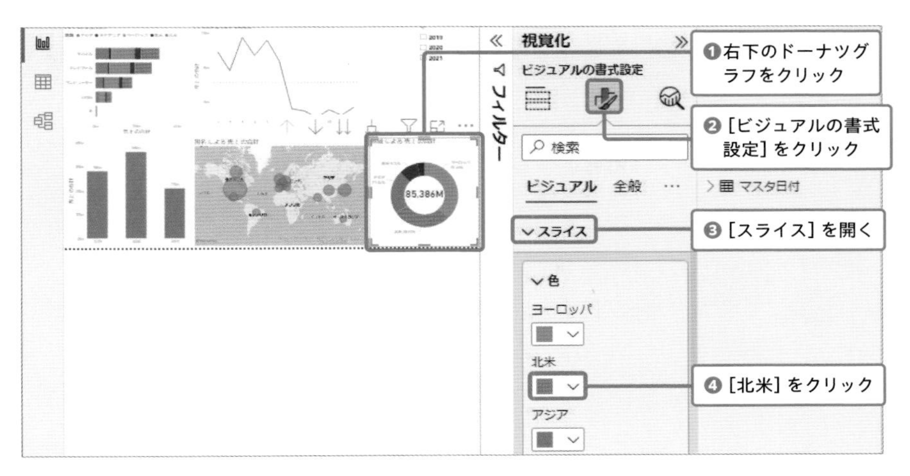

視覚化
ビジュアルの書式設定
フィルター
検索
ビジュアル
全般
マスタ日付
スライス
色
ヨーロッパ
北米
アジア
85,386M
❶右下のドーナツグラフをクリック
❷［ビジュアルの書式設定］をクリック
❸［スライス］を開く
❹［北米］をクリック

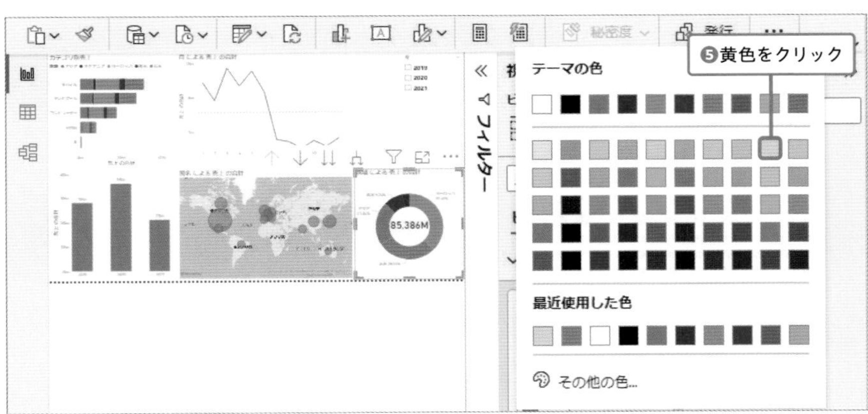

秘密度
発行
テーマの色
最近使用した色
その他の色...
フィルター
85,386M
❺黄色をクリック

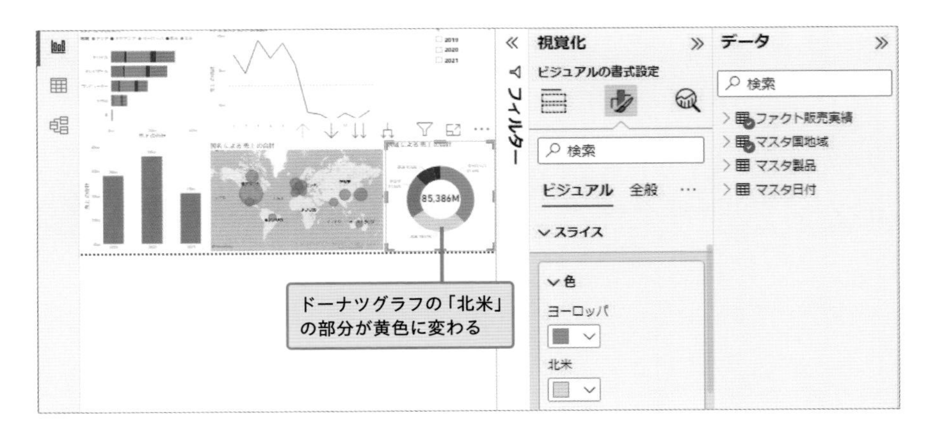

視覚化
データ
ビジュアルの書式設定
検索
ファクト販売実績
マスタ国地域
マスタ製品
マスタ日付
ビジュアル
全般
スライス
色
ヨーロッパ
北米
フィルター
85,386M
ドーナツグラフの「北米」の部分が黄色に変わる

スモールマルチプル　ドリルスルー　条件付き書式

section 06

さらに便利なレポートの作り方

Power BIには、レポート作成に便利な機能がまだまだたくさんある。使い方を覚えて、柔軟なデータ分析に役立てていこう。

スモールマルチプルで複数のビジュアルを作成する

今度はスモールマルチプルという機能を試してみよう。これは、複数の同じビジュアルを簡単に作成できる、非常に便利な機能なんだ。ここでは、「アジアでの売上のグラフ」「ヨーロッパでの売上のグラフ」などのような、それぞれの地域のグラフを作っていくよ。

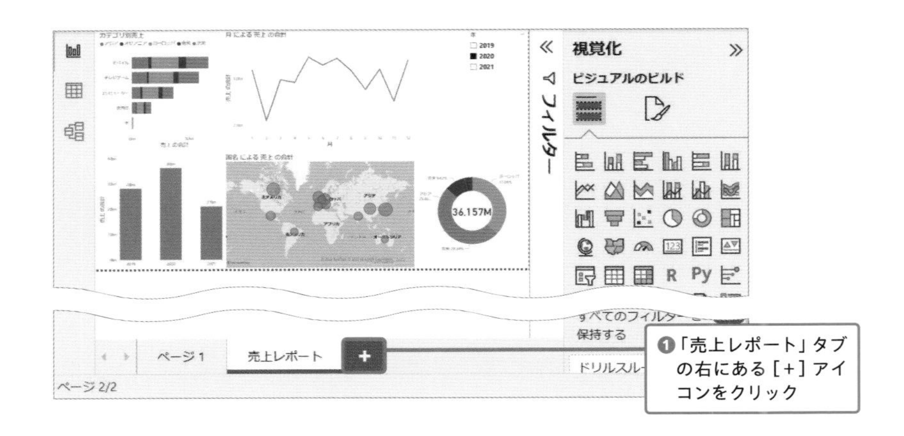

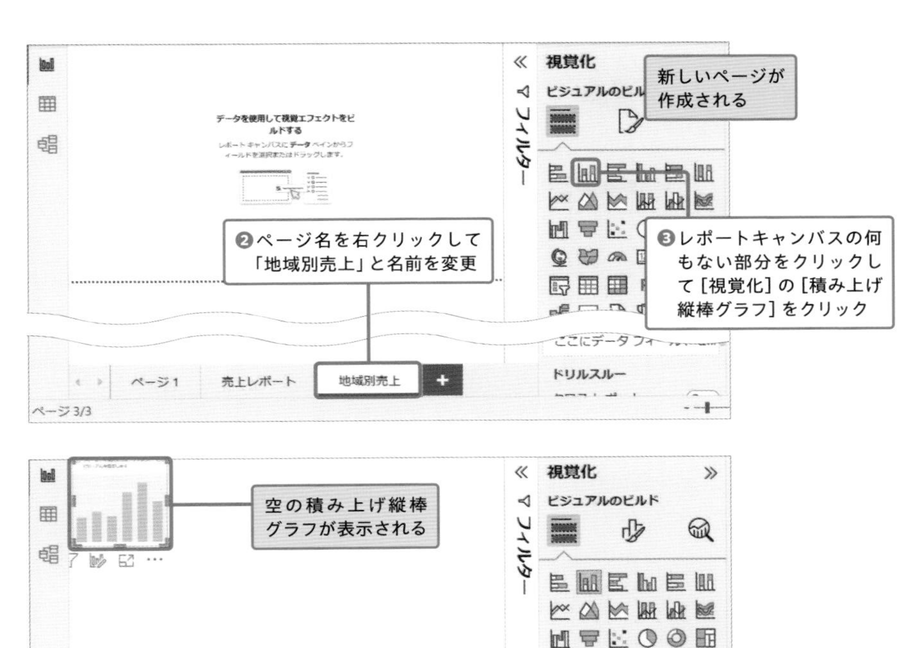

視覚化
ビジュアルのビルド
新しいページが作成される
フィルター
❷ページ名を右クリックして「地域別売上」と名前を変更
❸レポートキャンバスの何もない部分をクリックして［視覚化］の［積み上げ縦棒グラフ］をクリック
ページ 1
売上レポート
地域別売上
ドリルスルー
ページ 3/3
空の積み上げ縦棒グラフが表示される

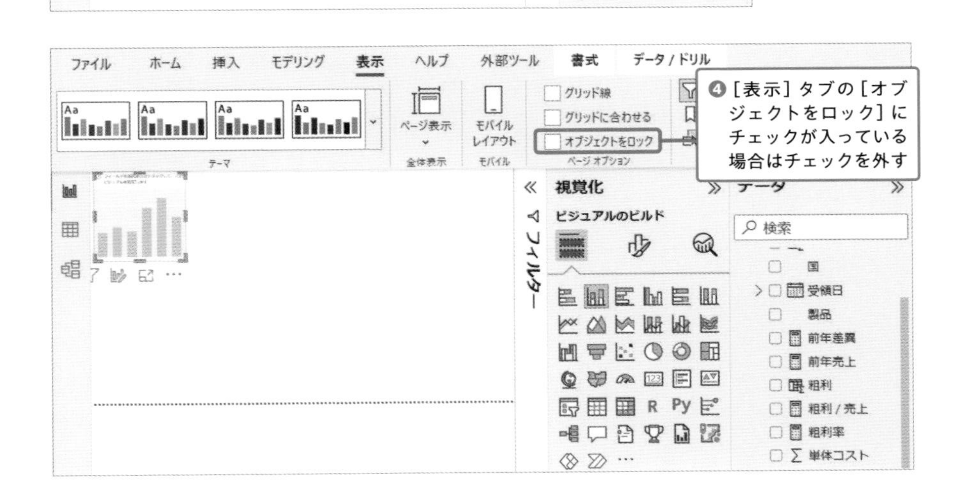

ファイル
ホーム
挿入
モデリング
表示
ヘルプ
外部ツール
書式
データ / ドリル
テーマ
ページ表示
全体表示
モバイルレイアウト
モバイル
グリッド線
グリッドに合わせる
オブジェクトをロック
ページ オプション
❹［表示］タブの［オブジェクトをロック］にチェックが入っている場合はチェックを外す
視覚化
ビジュアルのビルド
フィルター
データ
検索
国
受領日
製品
前年差異
前年売上
粗利
粗利 / 売上
粗利率
単体コスト

次のページに続く

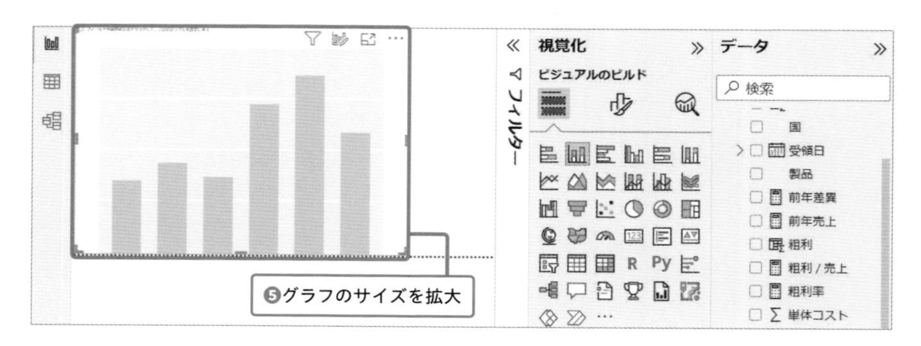

ここでグラフのサイズを大きくする理由は、スモールマルチプルを使って各地域の売上を表示するときに、大きなスペースが必要になるからだよ。

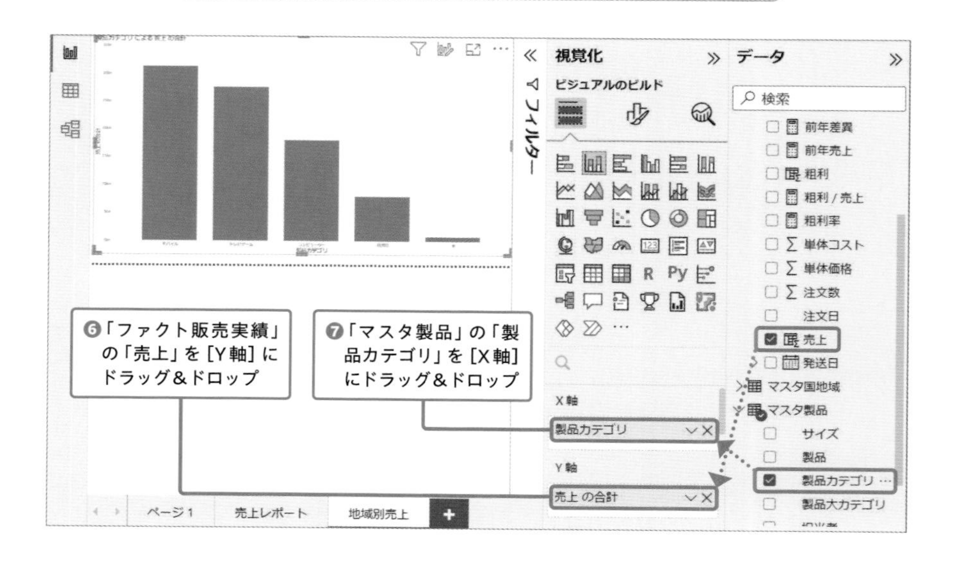

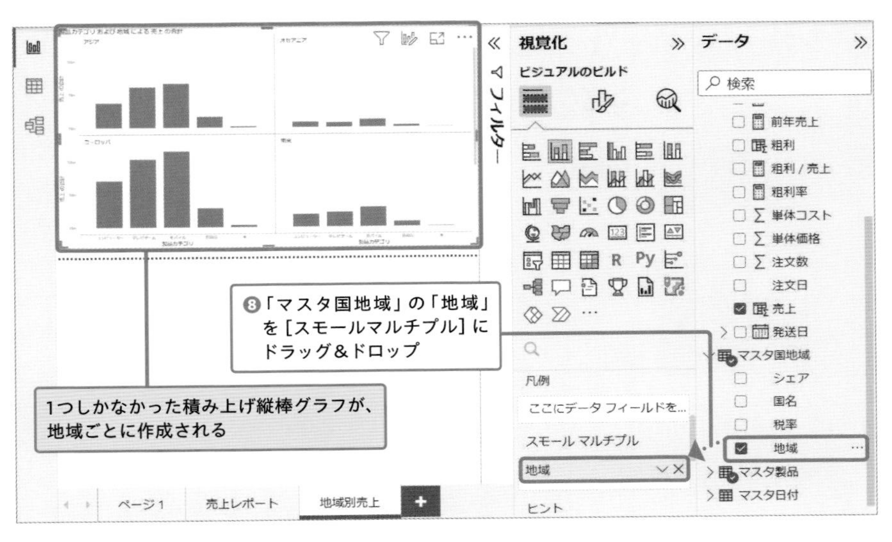

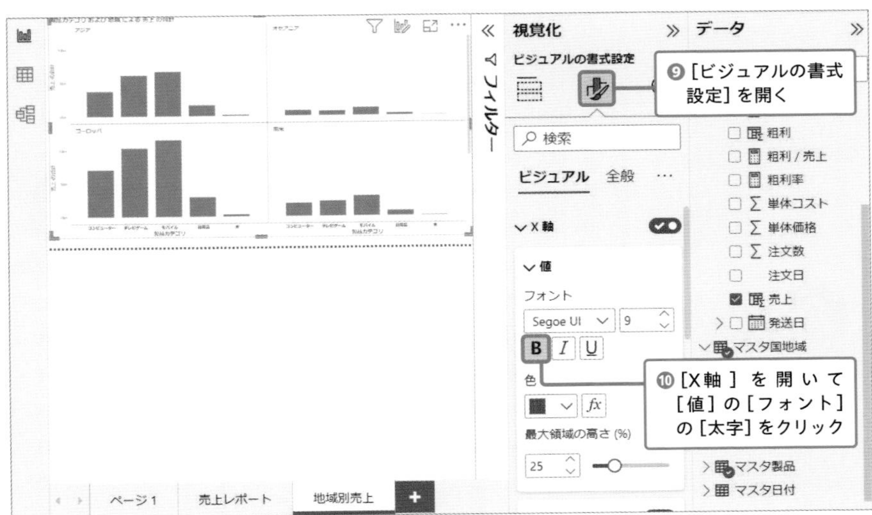

すごい！　製品カテゴリ別の売上グラフが、それぞれの地域で一気に4つ作成できましたね！

スモールマルチプルで作成したグラフの例

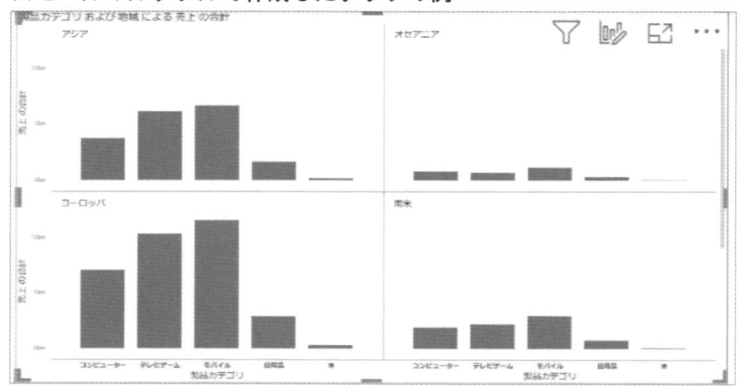

▲スモールマルチプルで作成した、それぞれの地域における製品カテゴリごとの売上のグラフ

Power BIにスモールマルチプルの機能がなかったときは、同じグラフをいくつも作って、各グラフに国や部署などのフィルターを当てはめていたんだ。作成に時間がかかるし、修正するときにはすべてのグラフで同じ修正をする必要があって面倒だった。スモールマルチプルによって、一気に作業が楽になったんだ。

スモールマルチプルを使うと、各地域でどの製品カテゴリの商品が売れているかの比較などが簡単にできますね！

円グラフなどスモールマルチプルが使用できないビジュアルもあるけど、集合棒グラフや折れ線グラフなどでは使えるので、他のビジュアルでも試してみよう。

ドリルスルーでデータの詳細に移動する

続いてドリルスルーという機能を説明しよう。ドリルダウンは同じグラフの中で詳細データを表示したけれど、ドリルスルーは1つのグラフから別のページにジャンプしてデータの詳細を確認できるんだ。まずは、詳細データを表示するテーブルを新しいページに作成しよう。

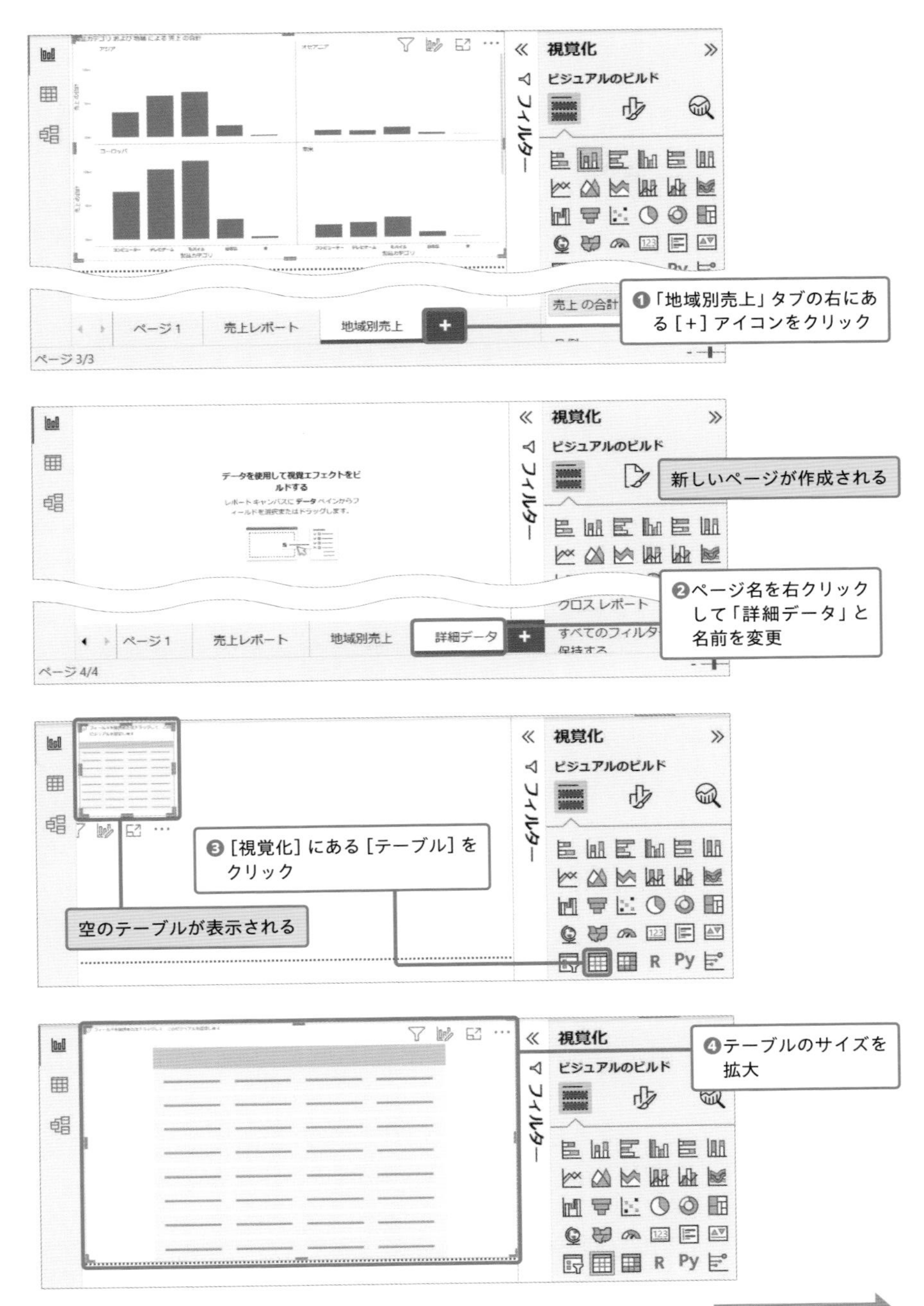

視覚化
ビジュアルのビルド
フィルター
ページ 1
売上レポート
地域別売上
ページ 3/3
売上 の合計
❶「地域別売上」タブの右にある［+］アイコンをクリック
新しいページが作成される
データを使用して視覚エフェクトをビルドする
クロス レポート
すべてのフィルターを保持する
詳細データ
ページ 4/4
❷ページ名を右クリックして「詳細データ」と名前を変更
❸［視覚化］にある［テーブル］をクリック
空のテーブルが表示される
❹テーブルのサイズを拡大

次のページに続く

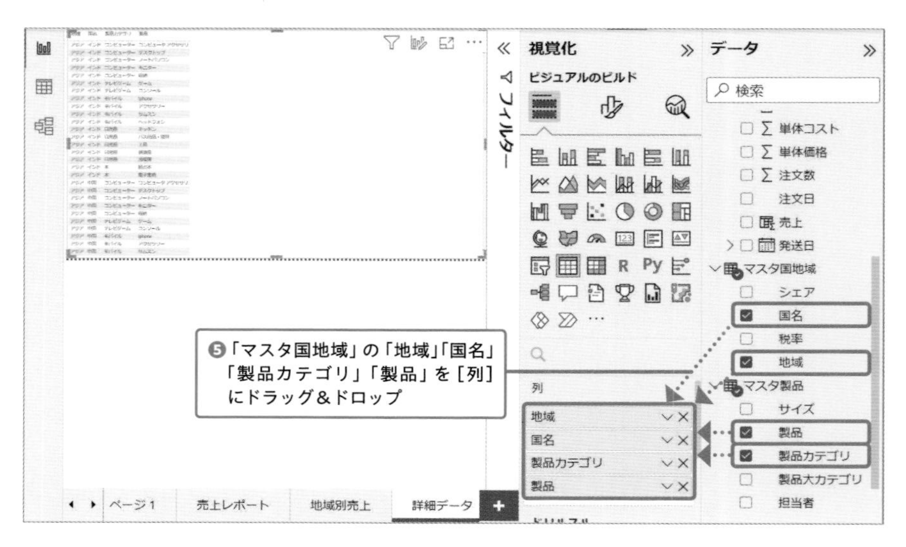

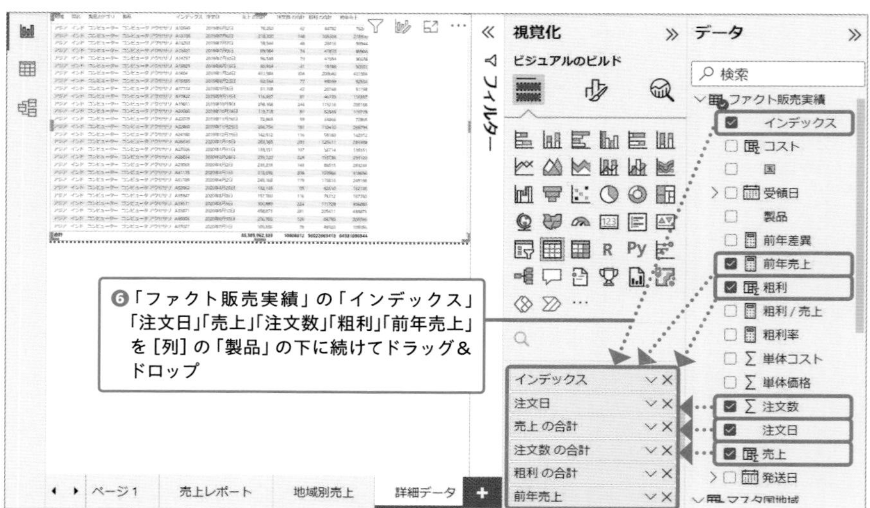

「粗利」と「前年売上」の2つのフィールドはchapter 5で作成したけど、もし作成していない場合には［列］に追加しないままでレポート作成を続けよう。

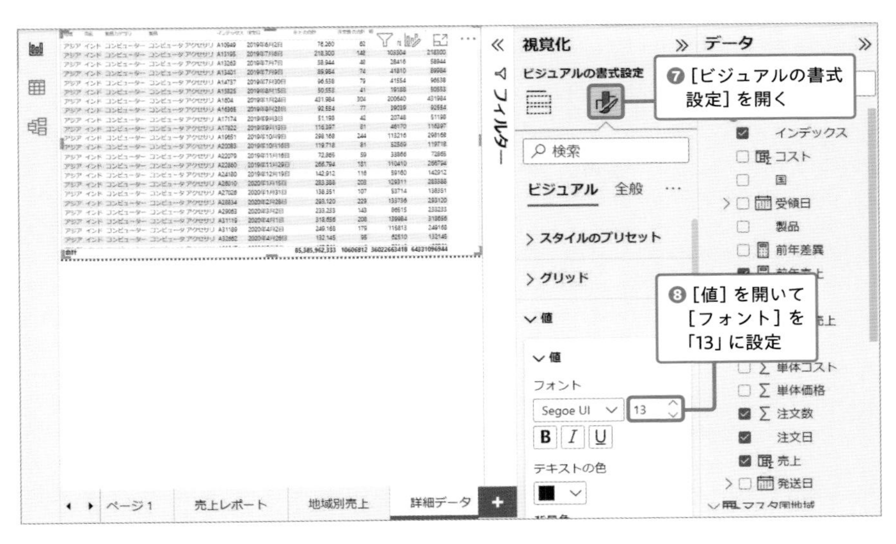

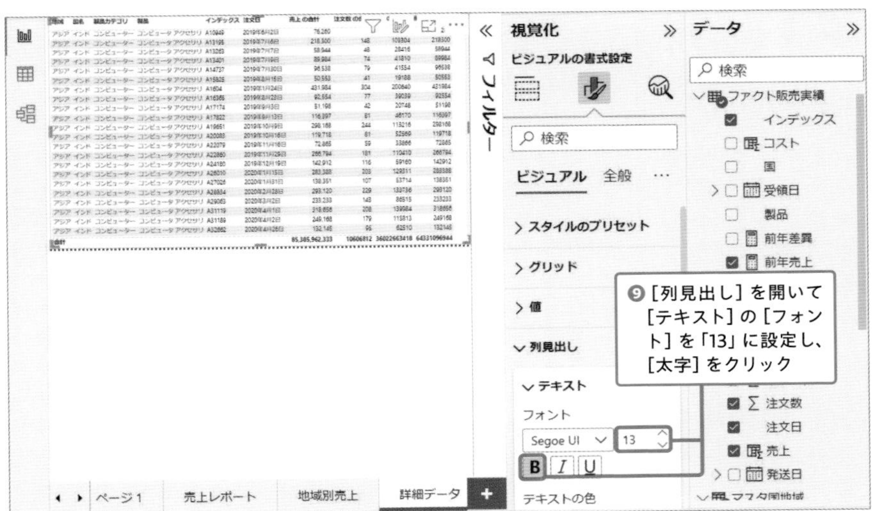

これで、詳細データを表示するテーブルが作成できた。
それではさっそく、ドリルスルーの設定をしていこう。

次のページに続く

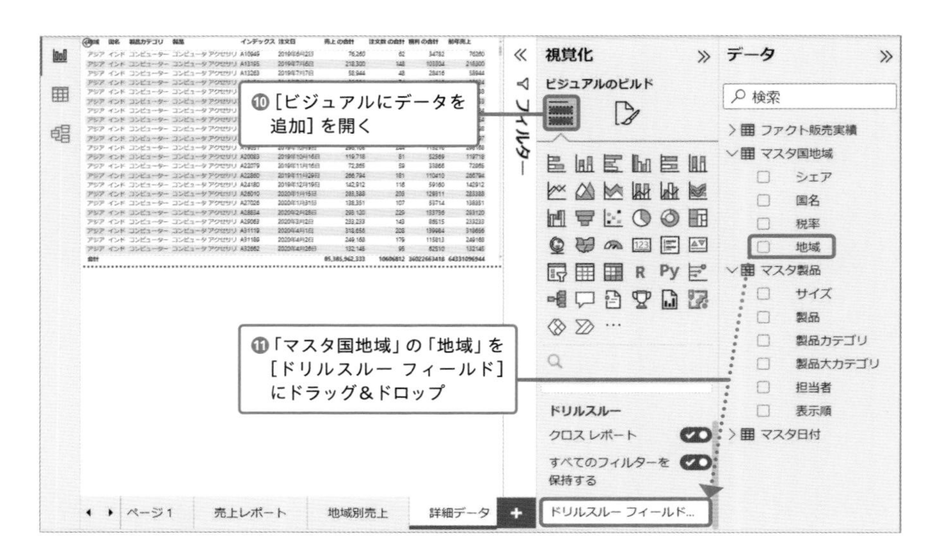

［ドリルスルー フィールド］に「地域」を設定すると、他のページで「地域」に関するデータを右クリックしたときに、このページにドリルスルーすることができるようになるんだ。実際に試してみよう。

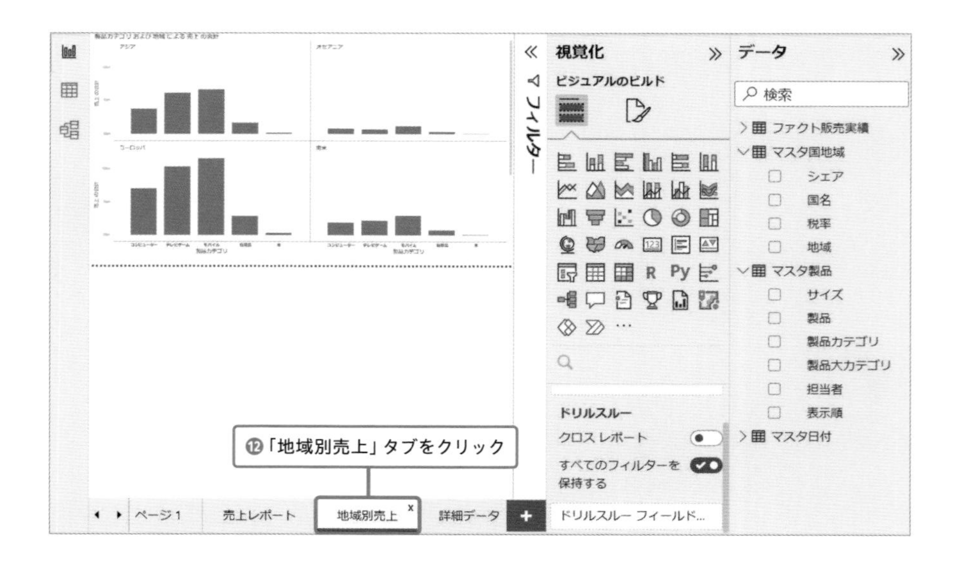

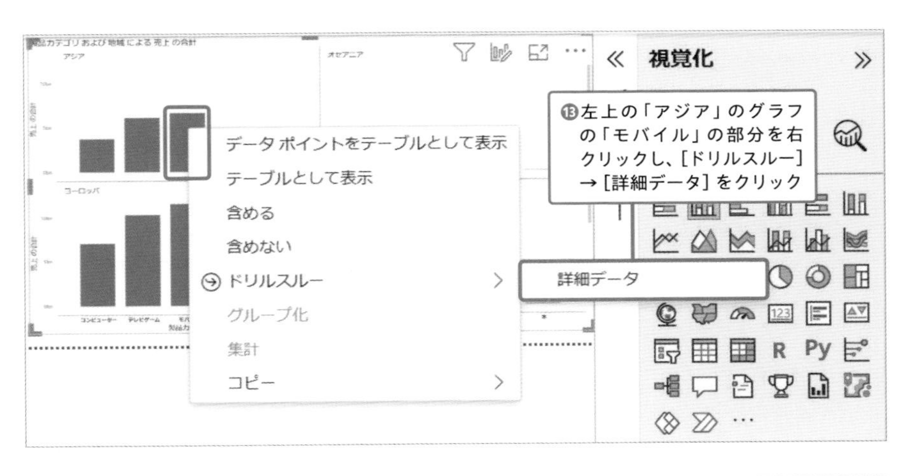

自動的に「詳細データ」に移動して、「アジア」と「モバイル」のデータの詳細が表示される

地域	国名	製品カテゴリ	製品	インデックス	注文日	売上 の合計	注文数 の		
アジア	インド	モバイル	Iphone	A13347	2019年7月9日	2,005,650			
アジア	インド	モバイル	Iphone	A13475	2019年7月11日	778,632			
アジア	インド	モバイル	Iphone	A15299	2019年8月7日	1,844,400			
アジア	インド	モバイル	Iphone	A15898	2019年8月17日	1,977,717			
アジア	インド	モバイル	Iphone	A17845	2019年9月14日	1,030,848	26	443794	1030848
アジア	インド	モバイル	Iphone	A21961	2019年11月15日	1,709,610	42	576156	1709610
アジア	インド	モバイル	Iphone	A23224	2019年12月4日	1,820,940	55	799425	1820940
アジア	インド	モバイル	Iphone	A23823	2019年12月14日	2,511,894	77	1038730	2511894
アジア	インド	モバイル	Iphone	A24377	2019年12月23日	5,672,380	62	2056230	5672380
アジア	インド	モバイル	Iphone	A25345	2020年1月6日	7,260,258	79	2878760	7260258
アジア	インド	モバイル	Iphone	A26087	2020年1月17日	1,009,792	28	400400	1009792
アジア	インド	モバイル	Iphone	A26268	2020年1月20日	1,598,095	43	620060	1598095
アジア	インド	モバイル	Iphone	A27944	2020年2月14日	5,422,218	59	2288197	5422218
アジア	インド	モバイル	Iphone	A28509	2020年2月23日	5,159,550	50	1826500	5159550
アジア	インド	モバイル	Iphone	A28753	2020年2月27日	3,405,714	94	1147740	3405714
アジア	インド	モバイル	Iphone	A29522	2020年3月8日	1,888,182	18	684468	1888182
アジア	インド	モバイル	Iphone	A29523	2020年3月8日	4,778,904	52	1651156	4778904
アジア	インド	モバイル	Iphone	A31921	2020年4月15日	2,876,636	28	1042776	2876636
アジア	インド	モバイル	Iphone	A31986	2020年4月16日	1,306,285	37	573463	1306285
アジア	インド	モバイル	Iphone	A32611	2020年4月26日	8,822,592	96	2973216	8822592
アジア	インド	モバイル	Iphone	A33748	2020年5月12日	879,296	22	318758	879296
アジア	インド	モバイル	Iphone	A33931	2020年5月15日	2,609,160	60	834960	2609160
合計						6,621,560,005	1099597	2576628015	5083748916

◀ ▶　ページ 1　売上レポート　地域別売上　詳細データ

今回は「アジア」の「モバイル」を選んだけど、別の「地域」や「製品カテゴリ」を選べばその詳細データが表示される。また、「地域別売上」だけでなく「売上レポート」のページからドリルスルーすることもできるよ。

次のページに続く

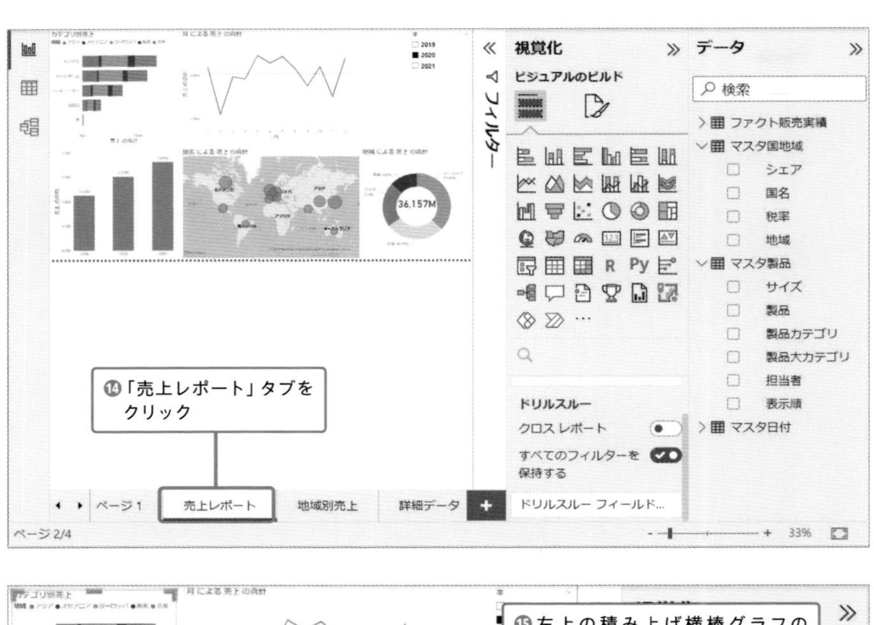
視覚化
ビジュアルのビルド
フィルター
データ
検索
ファクト販売実績
マスタ国地域
シェア
国名
税率
地域
マスタ製品
サイズ
製品
製品カテゴリ
製品大カテゴリ
担当者
表示順
マスタ日付
ドリルスルー
クロス レポート
すべてのフィルターを
保持する
ドリルスルー フィールド...
⑭「売上レポート」タブを
クリック
ページ 1
売上レポート
地域別売上
詳細データ
ページ 2/4
33%
36,157M

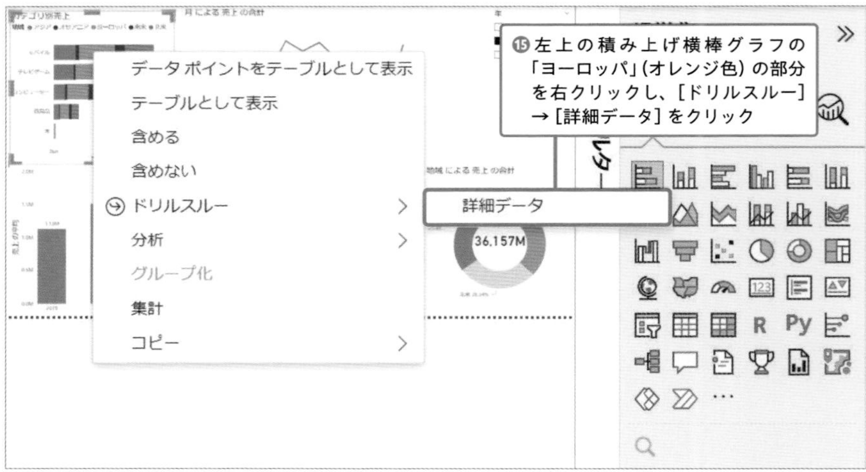
データ ポイントをテーブルとして表示
テーブルとして表示
含める
含めない
ドリルスルー
分析
グループ化
集計
コピー
詳細データ
⑮左上の積み上げ横棒グラフの
「ヨーロッパ」(オレンジ色) の部分
を右クリックし、[ドリルスルー]
→[詳細データ] をクリック
36,157M

地域	国名	製品カテゴリ	製品	インデックス	注文日	売上 の合計	注文数 の合計	粗利 の合計	前年売上
ヨーロッパ	イギリス	モバイル	Iphone	A11091	2019年6月5日				1941723
ヨーロッパ	イギリス	モバイル	Iphone	A11092	2019年6月5日				
ヨーロッパ	イギリス	モバイル	Iphone	A11774	2019年6月17日				
ヨーロッパ	イギリス	モバイル	Iphone	A12700	2019年7月1日				
ヨーロッパ	イギリス	モバイル	Iphone	A1497	2019年1月23日				
ヨーロッパ	イギリス	モバイル	Iphone	A16237	2019年8月22日				
ヨーロッパ	イギリス	モバイル	Iphone	A16512	2019年8月26日				7318244
ヨーロッパ	イギリス	モバイル	Iphone	A16584	2019年8月27日				2127620
ヨーロッパ	イギリス	モバイル	Iphone	A17438	2019年9月8日				3225552
ヨーロッパ	イギリス	モバイル	Iphone	A17972	2019年9月16日				1421352
ヨーロッパ	イギリス	モバイル	Iphone	A18707	2019年9月27日				2540016
ヨーロッパ	イギリス	モバイル	Iphone	A18890	2019年9月30日				583974
ヨーロッパ	イギリス	モバイル	Iphone	A18975	2019年10月1日				4176120
ヨーロッパ	イギリス	モバイル	Iphone	A19294	2019年10月4日				9061132
ヨーロッパ	イギリス	モバイル	Iphone	A21370	2019年11月6日				1108074
ヨーロッパ	イギリス	モバイル	Iphone	A21631	2019年11月10日				2792420
ヨーロッパ	イギリス	モバイル	Iphone	A22274	2019年11月20日				3019137
ヨーロッパ	イギリス	モバイル	Iphone	A22948	2019年12月1日				1735552
ヨーロッパ	イギリス	モバイル	Iphone	A23926	2019年12月16日				2670265
ヨーロッパ	イギリス	モバイル	Iphone	A2649	2019年2月9日				1681848
ヨーロッパ	イギリス	モバイル	Iphone	A26840	2020年1月29日	8,899,194	86	3679854	
ヨーロッパ	イギリス	モバイル	Iphone	A26841	2020年1月29日	3,234,875	35	1282645	
合計						4,829,762,269	720917	1882787403	3951848334

再び自動的に「詳細データ」に移動し、ヨーロッパのデータだけが表示される

◀ ▶	ページ1	売上レポート	地域別売上	詳細データ

今回は「地域」をドリルスルーの項目に使ったけど、複数の項目を使うことも可能だよ。各自で試してみよう。

条件付き書式でデータをわかりやすく表示する

次に条件付き書式を使ってみよう。条件付き書式とは、例えば売上金額が一定以上の場合に違う色で表示するなど、特定の条件を満たすデータだけ背景や数値の色を変えて表示する機能のことで、［テーブル］と［マトリックス］のビジュアルでのみ使用できる機能なんだ。

❶「詳細データ」にあるテーブルをクリックする
❷「売上の合計」の右にある下向きの矢印をクリック
視覚化
ビジュアルのビルド
データ
検索
フィルター
国名
製品
製品カテゴリ
インデックス
注文日
売上 の合計
注文数 の合計
粗利 の合計
国
受領日
製品
前年差異
前年売上
粗利
粗利 / 売上
粗利率
単体コスト
単体価格
注文数
注文日
売上
発送日
マスタ国地域
マスタ製品
マスタ日付
ページ 1
売上レポート
地域別売上
詳細データ

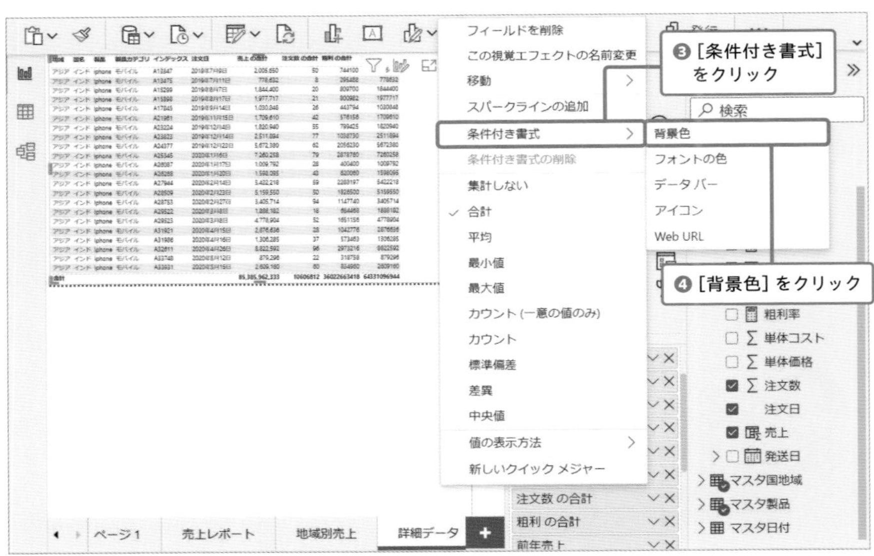
❸［条件付き書式］をクリック
❹［背景色］をクリック
フィールドを削除
この視覚エフェクトの名前変更
移動
スパークラインの追加
条件付き書式
条件付き書式の削除
集計しない
合計
平均
最小値
最大値
カウント（一意の値のみ）
カウント
標準偏差
差異
中央値
値の表示方法
新しいクイック メジャー
背景色
フォントの色
データ バー
アイコン
Web URL
検索
粗利率
単体コスト
単体価格
注文数
注文日
売上
発送日
マスタ国地域
マスタ製品
マスタ日付
注文数 の合計
粗利 の合計
ページ 1
売上レポート
地域別売上
詳細データ

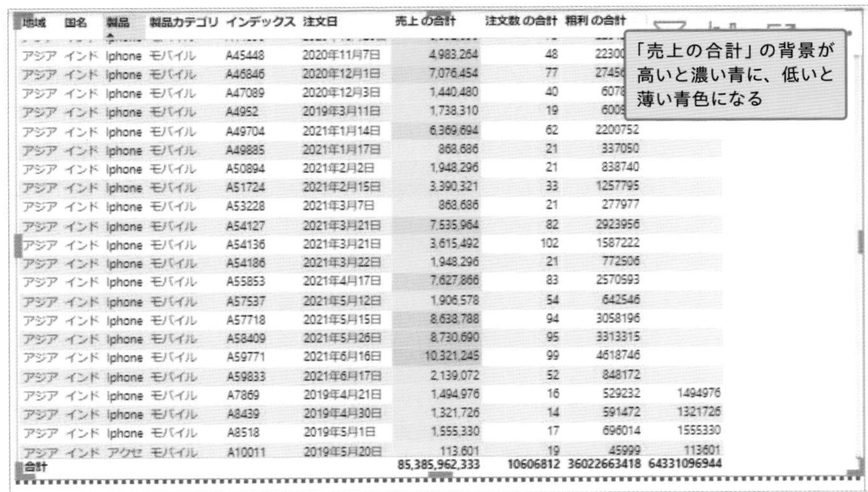

地域	国名	製品	製品カテゴリ	インデックス	注文日	売上 の合計	注文数 の合計	粗利 の合計	
アジア	インド	Iphone	モバイル	A45448	2020年11月7日	4,983,264	48	22300	
アジア	インド	Iphone	モバイル	A46846	2020年12月1日	7,076,454	77	27456	
アジア	インド	Iphone	モバイル	A47089	2020年12月3日	1,440,480	40	6078	
アジア	インド	Iphone	モバイル	A4952	2019年3月11日	1,738,310	19	6008	
アジア	インド	Iphone	モバイル	A49704	2021年1月14日	6,369,694	62	2200752	
アジア	インド	Iphone	モバイル	A49885	2021年1月17日	868,686	21	337050	
アジア	インド	Iphone	モバイル	A50894	2021年2月2日	1,948,296	21	838740	
アジア	インド	Iphone	モバイル	A51724	2021年2月15日	3,390,321	33	1257795	
アジア	インド	Iphone	モバイル	A53228	2021年3月7日	868,686	21	277977	
アジア	インド	Iphone	モバイル	A54127	2021年3月21日	7,535,964	82	2923956	
アジア	インド	Iphone	モバイル	A54136	2021年3月21日	3,615,492	102	1587222	
アジア	インド	Iphone	モバイル	A54186	2021年3月22日	1,948,296	21	772506	
アジア	インド	Iphone	モバイル	A55853	2021年4月17日	7,627,866	83	2570593	
アジア	インド	Iphone	モバイル	A57537	2021年5月12日	1,906,578	54	642546	
アジア	インド	Iphone	モバイル	A57718	2021年5月15日	8,638,788	94	3058196	
アジア	インド	Iphone	モバイル	A58409	2021年5月26日	8,730,690	95	3313315	
アジア	インド	Iphone	モバイル	A59771	2021年6月16日	10,321,245	99	4618746	
アジア	インド	Iphone	モバイル	A59833	2021年6月17日	2,139,072	52	848172	
アジア	インド	Iphone	モバイル	A7869	2019年4月21日	1,494,976	16	529232	1494976
アジア	インド	Iphone	モバイル	A8439	2019年4月30日	1,321,726	14	591472	1321726
アジア	インド	Iphone	モバイル	A8518	2019年5月1日	1,555,330	17	696014	1555330
アジア	インド	アクセ	モバイル	A10011	2019年5月20日	113,601	19	45999	113601
合計						85,385,962,333	10606812	36022663418	64331096944

条件付き書式を使うと、数値だけのデータを並べるのに比べて、視覚的に数値の大小を表すことができる。とても便利な機能なんだ。

サードパーティーのビジュアルを使用する

Power BIには多くのビジュアルが用意されていますが、それでも必要なグラフなどがない場合にはどうすればいいんですか？

その場合は、サードパーティー（第三者）が作成したビジュアルをダウンロードして使うことができるんだ。ここではText Filterというビジュアルを使ってみよう。

Text Filterってどんなときに使うビジュアルなんですか？

基本的にはスライサーのように、データのフィルターに使うんだ。ただ、スライサーは既存のデータから選択してフィルターするのに対して、Text Filterは値を直接入力してフィルターできる。例えば、アンケートの結果などから特定のキーワードが入っているデータだけ抽出したいときに便利なんだ。それではまず、Text Filterをダウンロードしてみよう。

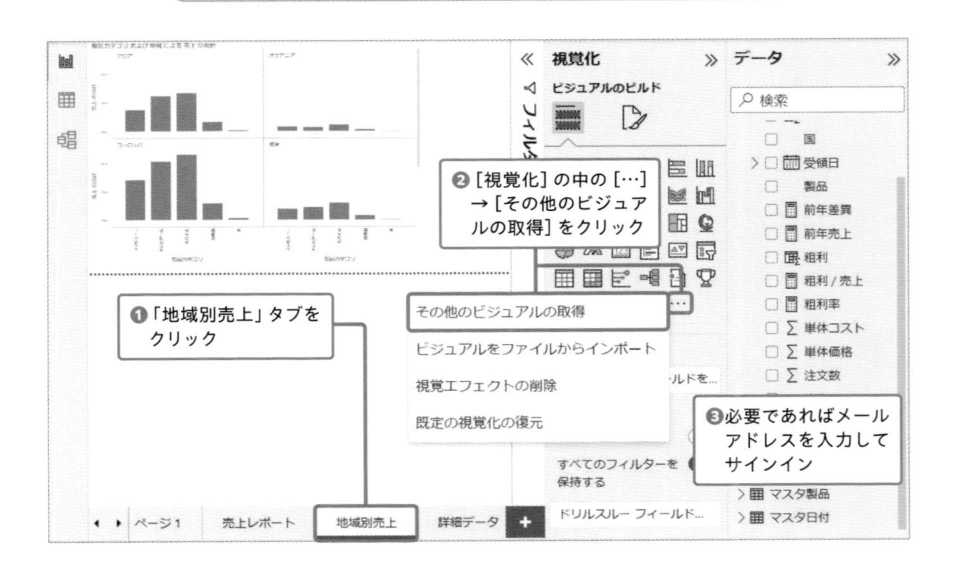

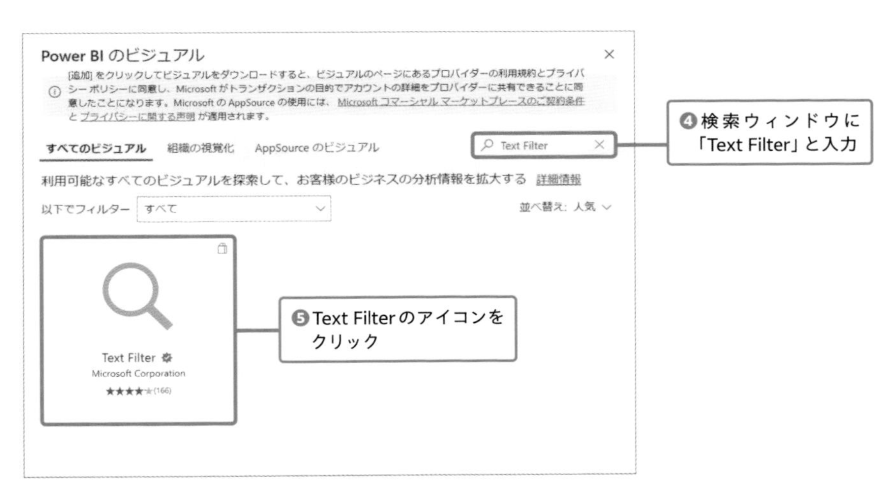

Power BI のビジュアル
すべてのビジュアル
組織の視覚化
AppSource のビジュアル
Text Filter
利用可能なすべてのビジュアルを探索して、お客様のビジネスの分析情報を拡大する 詳細情報
以下でフィルター すべて
並べ替え: 人気
Text Filter
Microsoft Corporation
❹検索ウィンドウに「Text Filter」と入力
❺Text Filterのアイコンをクリック

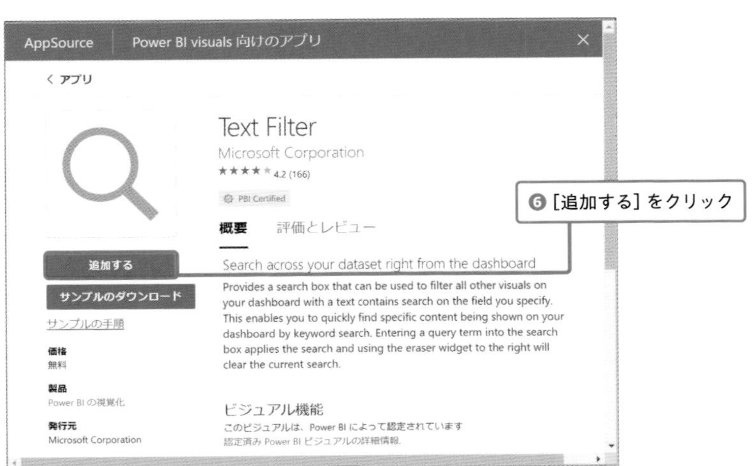

AppSource
Power BI visuals 向けのアプリ
アプリ
Text Filter
Microsoft Corporation
4.2 (166)
PBI Certified
概要
評価とレビュー
追加する
サンプルのダウンロード
サンプルの手順
Search across your dataset right from the dashboard
Provides a search box that can be used to filter all other visuals on your dashboard with a text contains search on the field you specify. This enables you to quickly find specific content being shown on your dashboard by keyword search. Entering a query term into the search box applies the search and using the eraser widget to the right will clear the current search.
ビジュアル機能
❻［追加する］をクリック

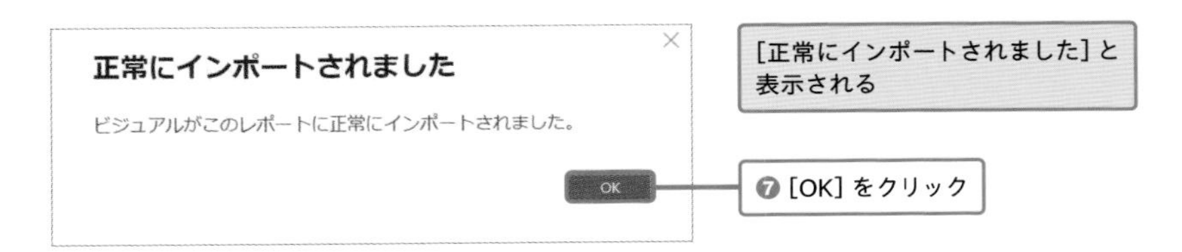

正常にインポートされました
ビジュアルがこのレポートに正常にインポートされました。
OK
［正常にインポートされました］と表示される
❼［OK］をクリック

次のページに続く

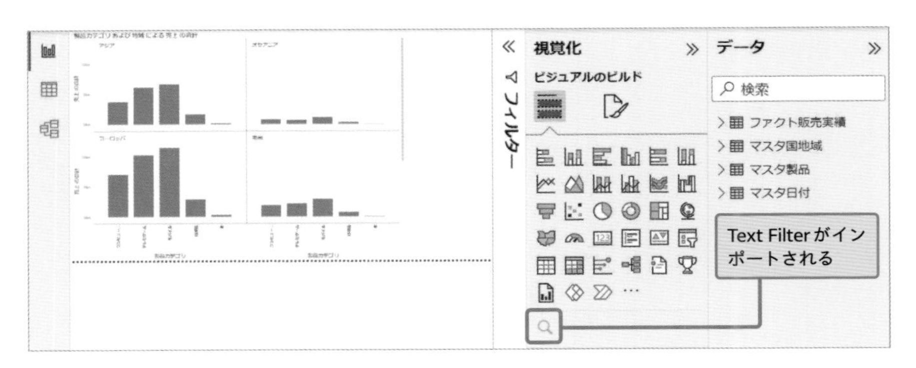
視覚化
ビジュアルのビルド
フィルター
データ
検索
ファクト販売実績
マスタ国地域
マスタ製品
マスタ日付
Text Filterがインポートされる

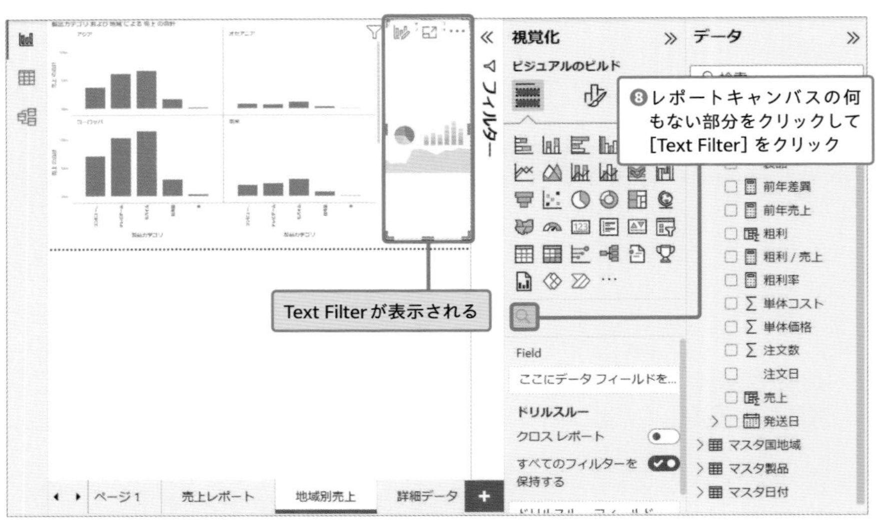
視覚化
ビジュアルのビルド
フィルター
データ
❽レポートキャンバスの何もない部分をクリックして[Text Filter]をクリック
Text Filterが表示される
Field
ここにデータ フィールドを...
ドリルスルー
クロス レポート
すべてのフィルターを保持する
前年差異
前年売上
粗利
粗利 / 売上
粗利率
単体コスト
単体価格
注文数
注文日
売上
発送日
マスタ国地域
マスタ製品
マスタ日付
ページ 1
売上レポート
地域別売上
詳細データ

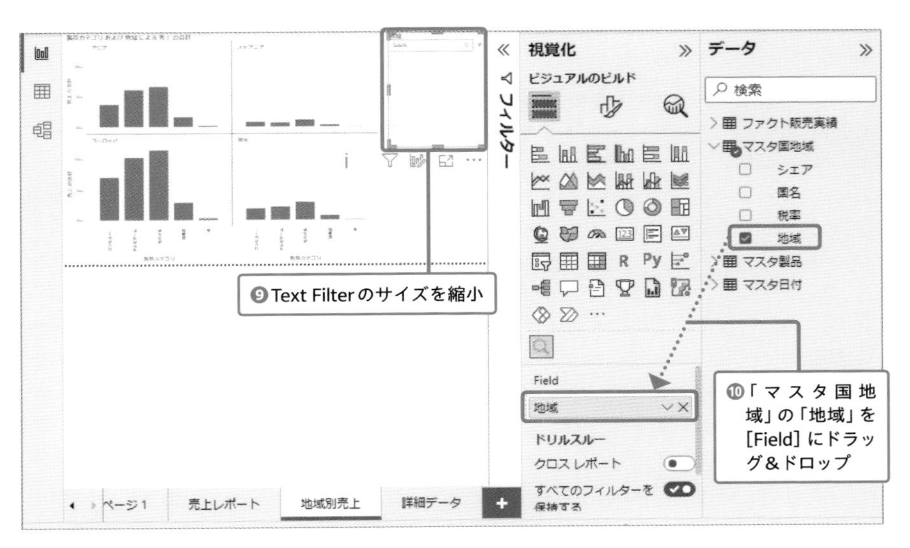

視覚化
ビジュアルのビルド
データ
検索
ファクト販売実績
マスタ国地域
シェア
国名
税率
地域
マスタ製品
マスタ日付
フィルター
Field
地域
ドリルスルー
クロス レポート
すべてのフィルターを保持する
ページ 1
売上レポート
地域別売上
詳細データ
❾Text Filterのサイズを縮小
❿「マスタ国地域」の「地域」を[Field]にドラッグ&ドロップ

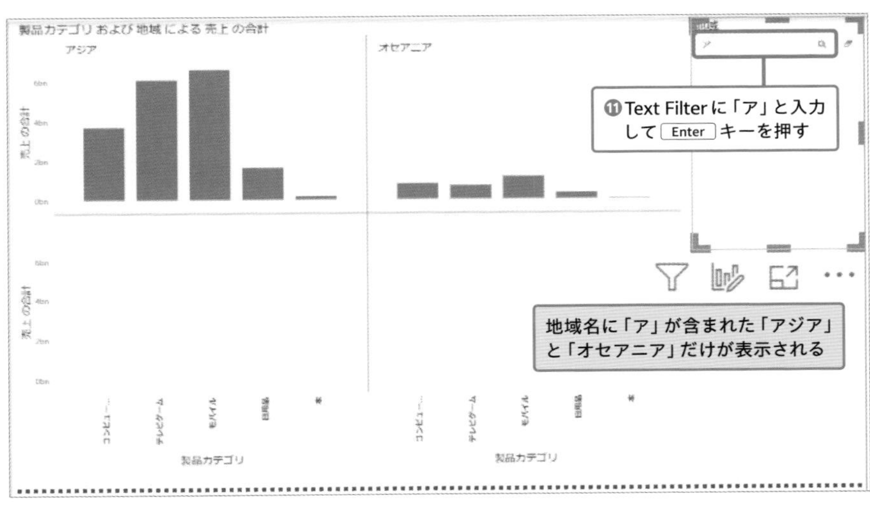

製品カテゴリ および 地域 による 売上 の合計
アジア
オセアニア
売上 の合計
製品カテゴリ
⓫Text Filterに「ア」と入力して Enter キーを押す
地域名に「ア」が含まれた「アジア」と「オセアニア」だけが表示される

データの更新　データソース

データを更新しよう

ところで、レポートで使用しているデータは、自動的に最新のものに更新されるんですか？

いや、ExcelやCSVファイルなどを使う場合は、はじめに読み込み（インポート）したデータをPower BIのファイルで保持している。そのため、データソースであるExcelやCSVファイルのデータが更新されたとしても、Power BIのデータが自動的に更新されるわけではないんだ。データを最新に保つための、更新方法について説明するね。

データモデル全体のデータを更新する

まずは、読み込んだデータをすべて更新する方法について説明しよう。といっても、方法はとても簡単だ。

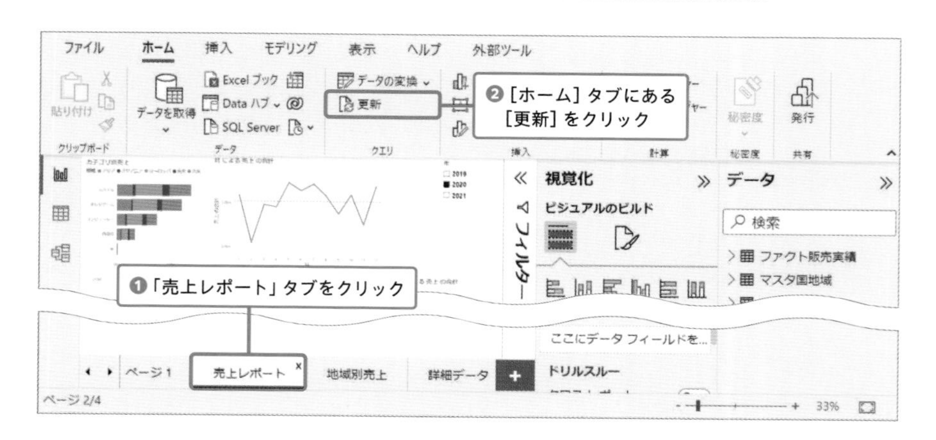

❸データ更新が始まる

[最新の情報に更新] 画面が自動的に閉じてデータ更新が完了する

データを部分的に更新する

すべてのテーブルのデータを更新するのは時間がかかりすぎる場合、必要なテーブルだけ更新することも可能なので、その方法も紹介しよう。ここでは「マスタ製品」テーブルだけデータを更新したいと仮定しよう。

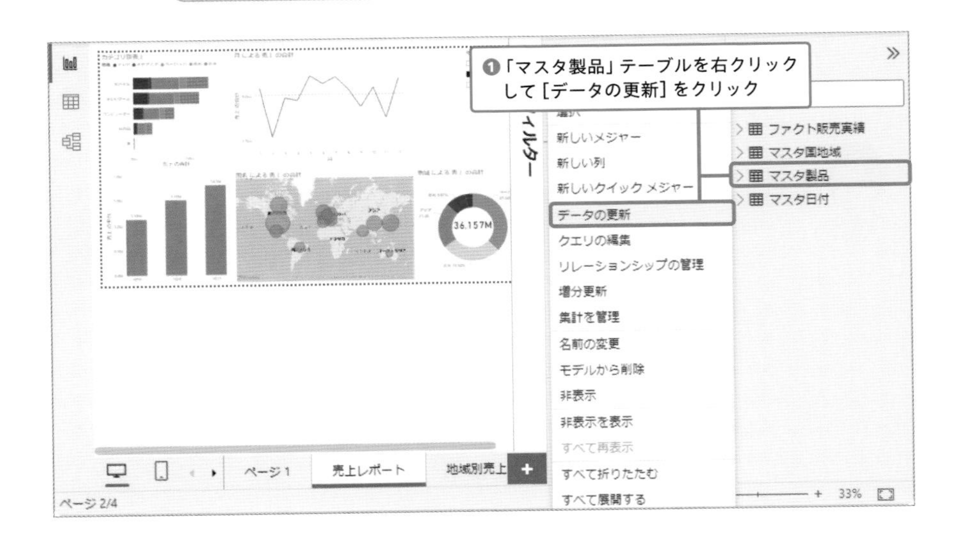

次のページに続く

最新の情報に更新

マスタ製品
18 行読み込まれました。

キャンセル

❷データ更新が始まる

[最新の情報に更新] 画面が自動的に閉じてデータ更新が完了する

COLUMN

データソースがデータベースの場合

SQL Serverなどのデータベースをデータソースにする場合、インポート以外にもDirect Queryというオプションがあります。この場合、データはデータベース側で保存されるため、データの更新は必要なくなります。レポートファイルのサイズも大きくならずにすむなどの利点もありますが、一方でインポートでは使えるいくつかの機能が使えなくなるという欠点もあります。利点と欠点を理解した上で、どちらの方法を使うかを決定しましょう。

データソースの場所や名前を変更する

レポートを作成し始めた後で、データソースのExcelの場所を変更したり、名前変更したりするときなどはどうすればいいんですか？

よくあることだよね。例えば、個人のPCに保存してあるExcelをデータソースにしてPower BIのレポートを作り始めたけど、後からソースの保存場所を共有フォルダーに変更する場合などが考えられると思う。そのような場合の対処方法も説明しておこう。ここでは、データソースとして使っている「SampleData101.xlsx」をいったん他のフォルダーにコピーするなどして、元々の場所からは削除した状態だとして説明していくね。

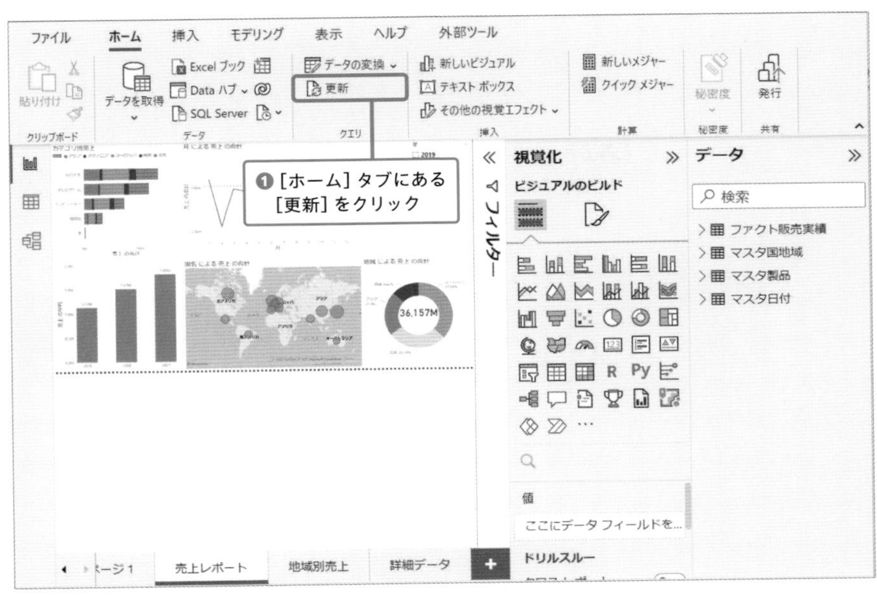
ファイル
ホーム
挿入
モデリング
表示
ヘルプ
外部ツール
貼り付け
データを取得
Excel ブック
Data ハブ
SQL Server
データの変換
更新
新しいビジュアル
テキスト ボックス
その他の視覚エフェクト
新しいメジャー
クイック メジャー
秘密度
発行
クリップボード
データ
クエリ
挿入
計算
秘密度
共有
❶［ホーム］タブにある［更新］をクリック
フィルター
視覚化
ビジュアルのビルド
データ
検索
ファクト販売実績
マスタ国地域
マスタ製品
マスタ日付
36.157M
値
ここにデータ フィールドを...
ドリルスルー
ページ 1
売上レポート
地域別売上
詳細データ

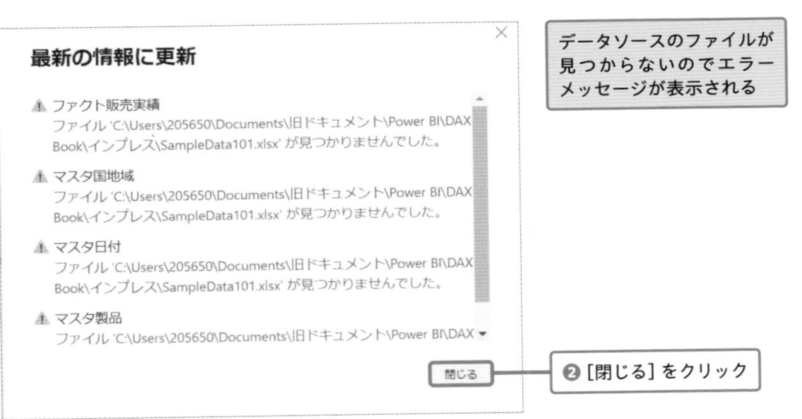
最新の情報に更新
ファクト販売実績
ファイル 'C:\Users\205650\Documents\旧ドキュメント\Power BI\DAX Book\インプレス\SampleData101.xlsx' が見つかりませんでした。
マスタ国地域
ファイル 'C:\Users\205650\Documents\旧ドキュメント\Power BI\DAX Book\インプレス\SampleData101.xlsx' が見つかりませんでした。
マスタ日付
ファイル 'C:\Users\205650\Documents\旧ドキュメント\Power BI\DAX Book\インプレス\SampleData101.xlsx' が見つかりませんでした。
マスタ製品
ファイル 'C:\Users\205650\Documents\旧ドキュメント\Power BI\DAX
閉じる
データソースのファイルが見つからないのでエラーメッセージが表示される
❷［閉じる］をクリック

次のページに続く

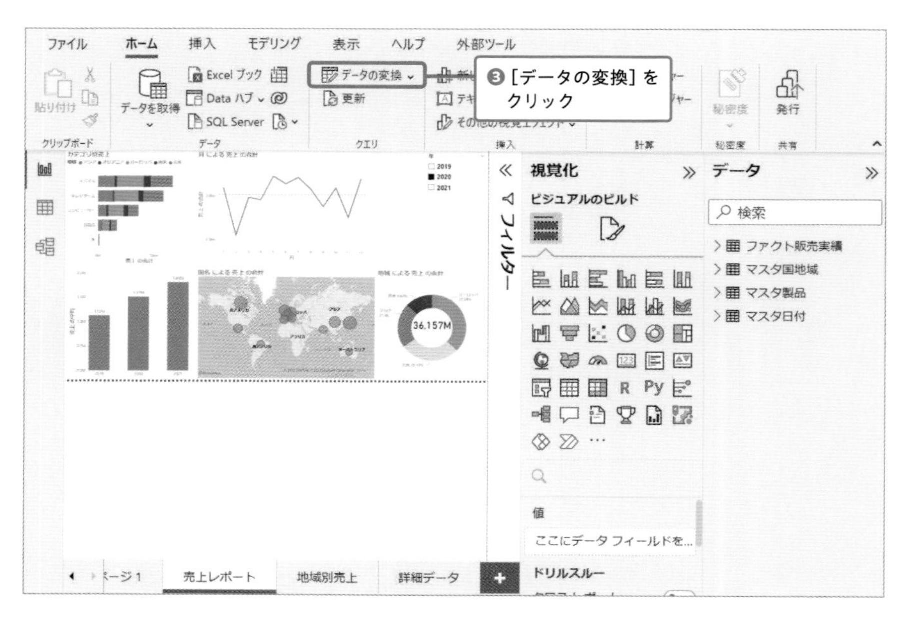
❸［データの変換］をクリック
ファイル
ホーム
挿入
モデリング
表示
ヘルプ
外部ツール
貼り付け
データを取得
Excel ブック
Data ハブ
SQL Server
データの変換
更新
クリップボード
データ
クエリ
挿入
計算
秘密度
共有
発行
視覚化
ビジュアルのビルド
データ
検索
ファクト販売実績
マスタ国地域
マスタ製品
マスタ日付
フィルター
値
ここにデータ フィールドを...
ドリルスルー
ページ 1
売上レポート
地域別売上
詳細データ

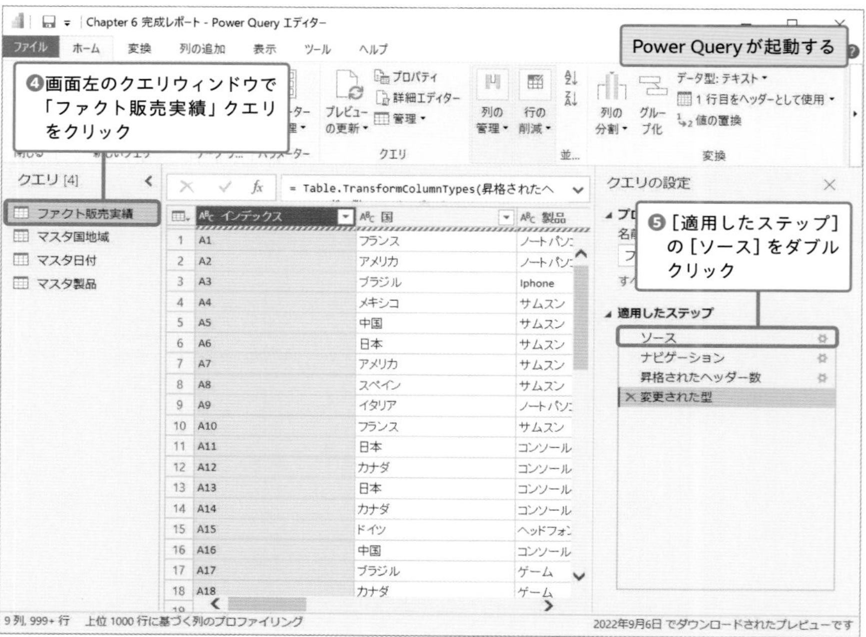
Chapter 6 完成レポート - Power Query エディター
Power Queryが起動する
❹画面左のクエリウィンドウで「ファクト販売実績」クエリをクリック
❺［適用したステップ］の［ソース］をダブルクリック
ファイル
ホーム
変換
列の追加
表示
ツール
ヘルプ
プロパティ
詳細エディター
管理
プレビューの更新
クエリ
列の管理
行の削減
列の分割
グループ化
データ型: テキスト
1 行目をヘッダーとして使用
値の置換
変換
クエリ [4]
ファクト販売実績
マスタ国地域
マスタ日付
マスタ製品
= Table.TransformColumnTypes(昇格されたヘ
インデックス
国
製品
クエリの設定
適用したステップ
ソース
ナビゲーション
昇格されたヘッダー数
変更された型
9 列, 999+ 行　上位 1000 行に基づく列のプロファイリング
2022年9月6日 でダウンロードされたプレビューです

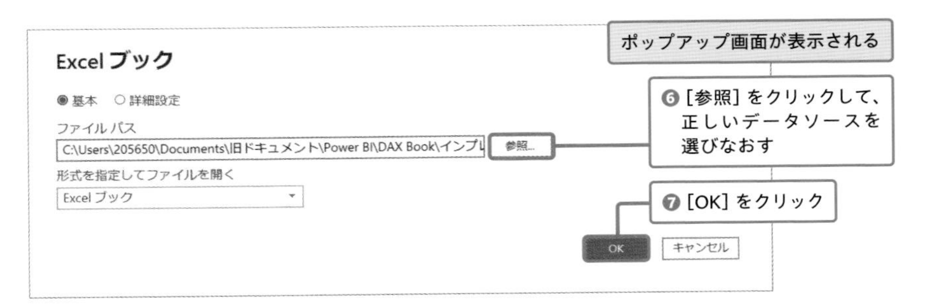
Excel ブック
基本　詳細設定
ファイル パス
C:\Users\205650\Documents\旧ドキュメント\Power BI\DAX Book\インプレ
参照...
形式を指定してファイルを開く
Excel ブック
OK
キャンセル
ポップアップ画面が表示される
❻[参照]をクリックして、正しいデータソースを選びなおす
❼[OK]をクリック

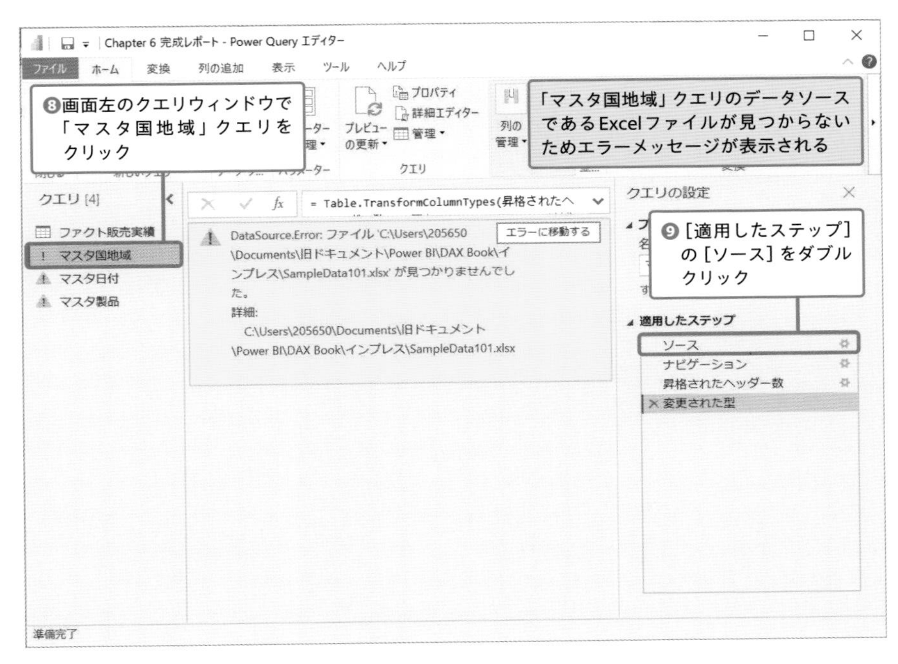
Chapter 6 完成レポート - Power Query エディター
ファイル　ホーム　変換　列の追加　表示　ツール　ヘルプ
プロパティ
詳細エディター
管理
プレビューの更新
クエリ
列の管理
❽画面左のクエリウィンドウで「マスタ国地域」クエリをクリック
「マスタ国地域」クエリのデータソースであるExcelファイルが見つからないためエラーメッセージが表示される
クエリ [4]
ファクト販売実績
マスタ国地域
マスタ日付
マスタ製品
= Table.TransformColumnTypes(昇格されたヘ
DataSource.Error: ファイル 'C:\Users\205650\Documents\旧ドキュメント\Power BI\DAX Book\インプレス\SampleData101.xlsx' が見つかりませんでした。
詳細:
C:\Users\205650\Documents\旧ドキュメント\Power BI\DAX Book\インプレス\SampleData101.xlsx
エラーに移動する
クエリの設定
❾[適用したステップ]の[ソース]をダブルクリック
適用したステップ
ソース
ナビゲーション
昇格されたヘッダー数
変更された型
準備完了

次のページに続く

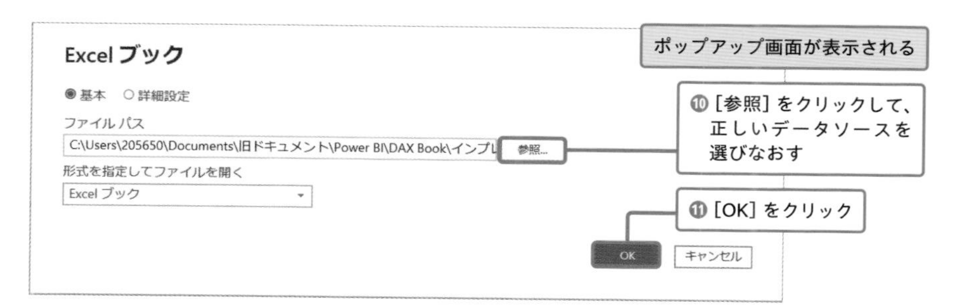

同様にして、「マスタ日付」クエリと「マスタ製品」クエリもデータソースの場所を選びなおそう。

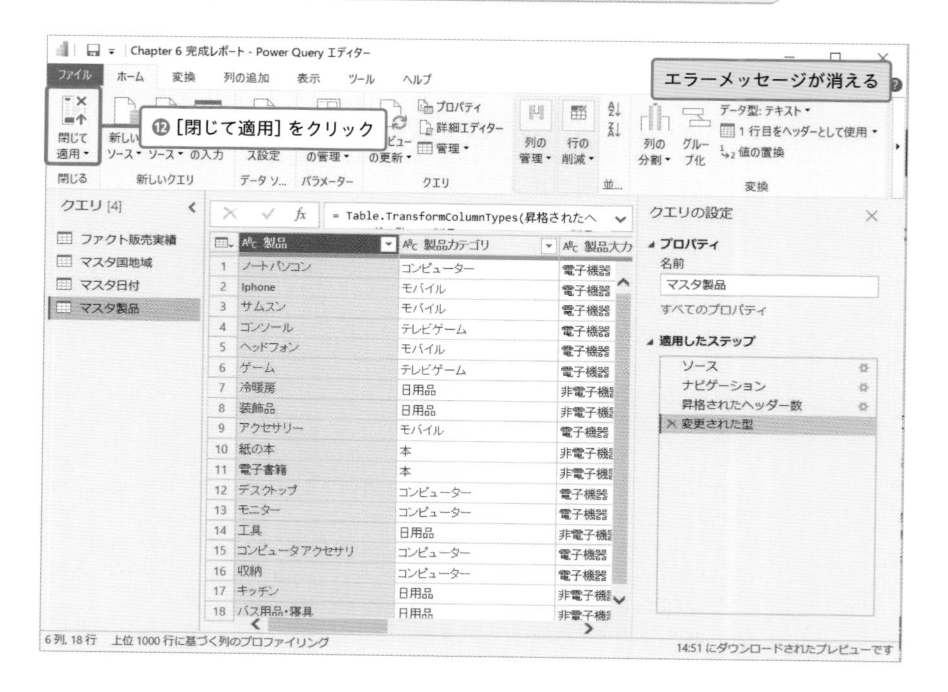

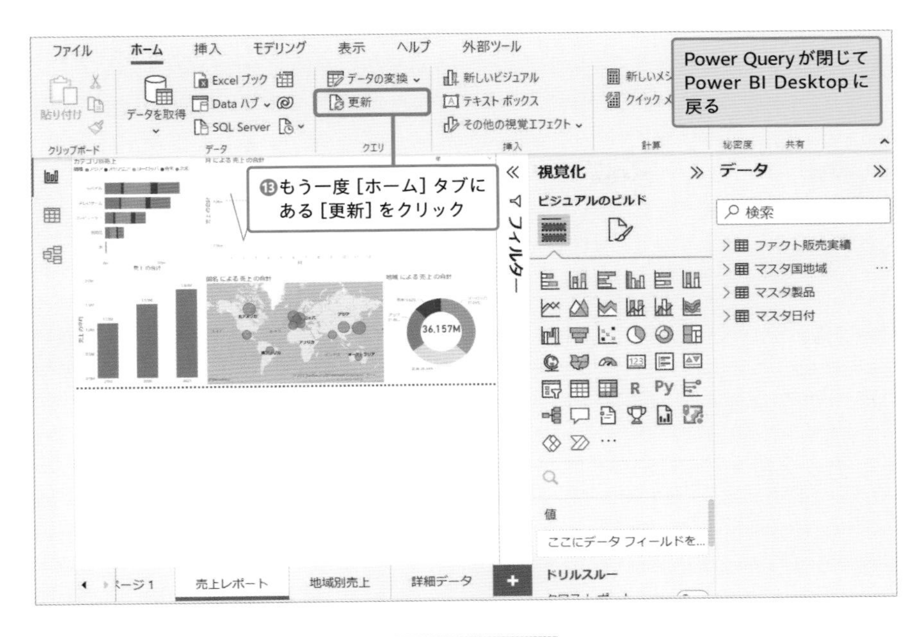

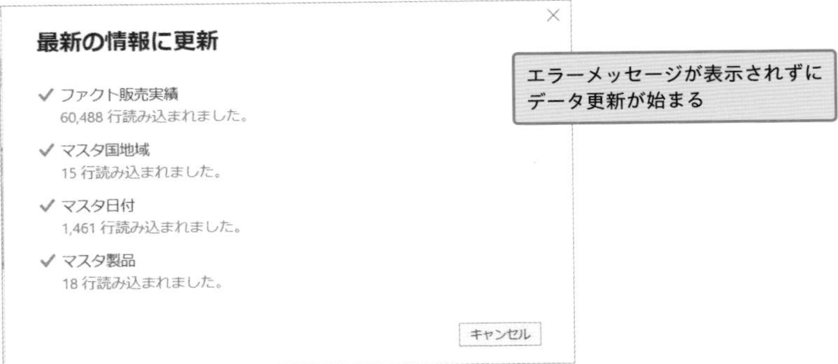

ここまでお疲れ様！　長かったけれど、このchapterでとりあえず基本的なレポートを作成する知識は身についたと思う。売上の分析をテーマにグラフの事例を紹介してきたけれど、他のケースでも同じようにグラフを作成してみよう。例えば四半期ごとのグラフや前期比といった分析をする場合などでも、どのグラフなら自分が分析したいデータを表現できるか、好みのビジュアルを使ってレポートを作成してみてね。

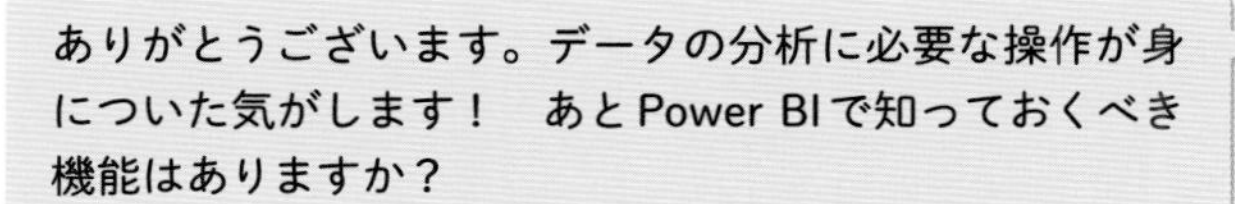

それでは最後に、作成したレポートを他のユーザーと共有する方法を勉強しよう！

chapter 7

Power BIサービスで
レポートを共有しよう

Power BIサービス　Power BI Pro

Power BIサービスとは

売上を分析するレポートができました！　早速このレポートを上司に送りたいんですけど、どうするのがいいんでしょうか……？

それじゃあ最後に、Power BIサービスについて説明していくね。Power BIサービスはWebブラウザで使えるクラウド版のPower BIなんだ。

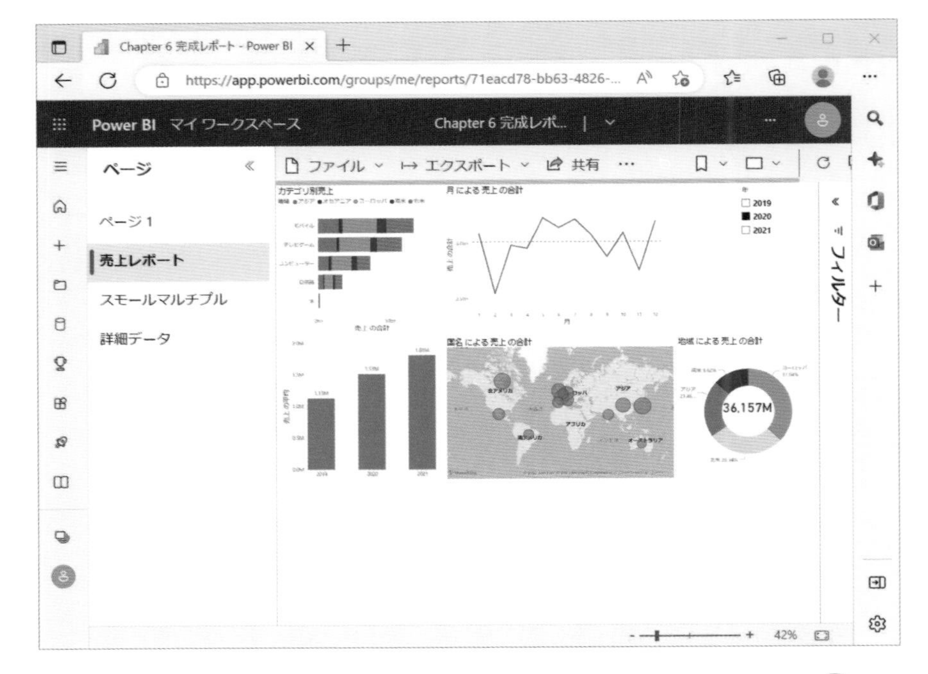

Webブラウザでもレポートが確認できるのは便利ですね！

また、Power BIサービスでは、レポートの確認や作成のほかに、他のユーザーとレポートを共有することも可能だよ。

共有……作成したレポートを共有フォルダーなどに置いて共有するのはダメなんですか？

そのような方法も可能だけど、Power BIサービスにはレポートの共有以外にも数多くの便利な機能がある。例えば、レポートの中から自分が確認したいビジュアルだけを集めた画面を作成できる、ダッシュボードという機能もあるので、説明していくね。
なお、このchapterで扱う機能にはPower BI Proライセンスが必要なものもある。どの機能にProライセンスが必要か、またライセンスの料金などについては、Microsoftの公式サイトで確認してほしい。
https://learn.microsoft.com/ja-jp/power-bi/fundamentals/service-features-license-type

chapter 7で学ぶこと

- レポートの発行や共有方法
- ダッシュボードの作成方法
- ビジュアルのカスタマイズ
- ブックマーク
- データのエクスポート
- ゲートウェイを使ったデータの自動更新方法

レポートの発行　ワークスペース　レポートの共有

レポートを他のユーザーと共有する

Power BIサービスを使う上で最も基本といえるレポートの発行を試してみよう。

レポートの発行って何ですか？

今まではPower BI Desktopでレポートを作成してきたよね。このレポートを発行することで、Webブラウザ上で閲覧したり、他のユーザーと共有したりすることができるんだ。

［ビジュアルのカスタマイズ］の機能を有効にする

ここでは、chapter 6で作成したレポートを例に、レポートの発行を試していきます。ただその前に、後でPower BIサービスで使用する［ビジュアルのカスタマイズ］の機能を有効にします。この機能は、発行したレポートを閲覧する人がそれぞれ見やすいようにカスタマイズできる機能です。詳しくはP.229で解説します。

❶［ファイル］タブをクリック

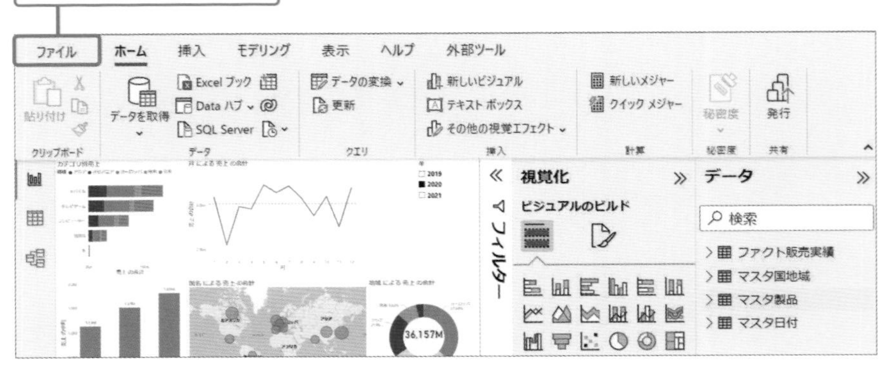

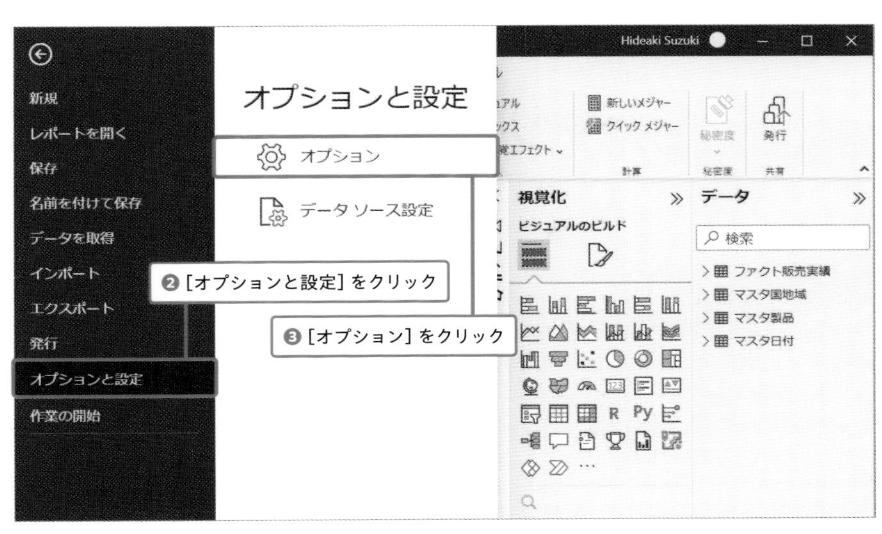

オプションと設定
新規
レポートを開く
保存
名前を付けて保存
データを取得
インポート
エクスポート
発行
オプションと設定
作業の開始
オプション
データ ソース設定
❷［オプションと設定］をクリック
❸［オプション］をクリック
Hideaki Suzuki
新しいメジャー
クイック メジャー
秘密度
発行
計算
共有
視覚化
ビジュアルのビルド
データ
検索
ファクト販売実績
マスタ国地域
マスタ製品
マスタ日付

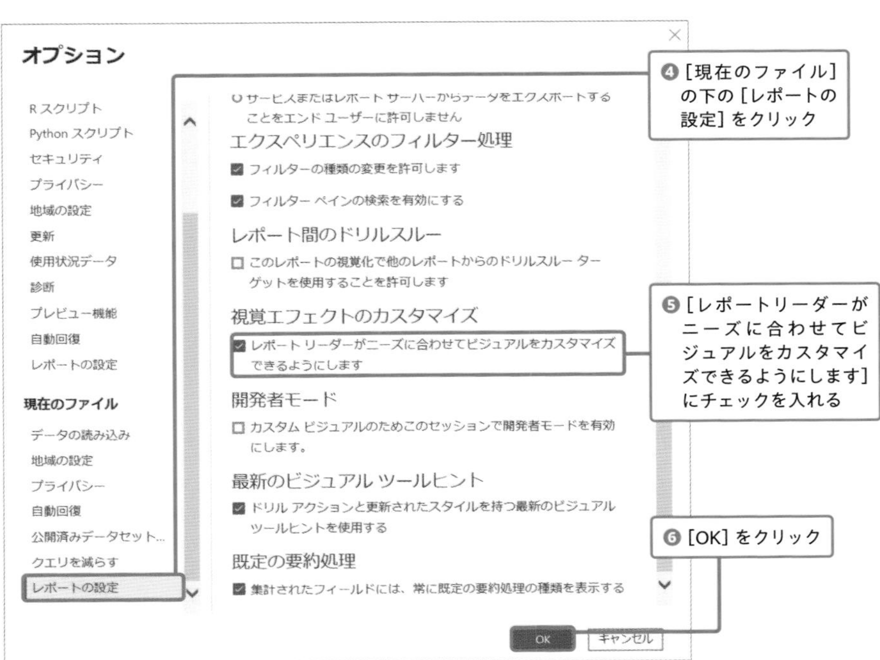

オプション
Rスクリプト
Python スクリプト
セキュリティ
プライバシー
地域の設定
更新
使用状況データ
診断
プレビュー機能
自動回復
レポートの設定
現在のファイル
データの読み込み
地域の設定
プライバシー
自動回復
公開済みデータセット...
クエリを減らす
レポートの設定
エクスペリエンスのフィルター処理
フィルターの種類の変更を許可します
フィルター ペインの検索を有効にする
レポート間のドリルスルー
このレポートの視覚化で他のレポートからのドリルスルー ターゲットを使用することを許可します
視覚エフェクトのカスタマイズ
レポート リーダーがニーズに合わせてビジュアルをカスタマイズできるようにします
開発者モード
カスタム ビジュアルのためこのセッションで開発者モードを有効にします。
最新のビジュアル ツールヒント
ドリル アクションと更新されたスタイルを持つ最新のビジュアル ツールヒントを使用する
既定の要約処理
集計されたフィールドには、常に既定の要約処理の種類を表示する
OK
キャンセル
❹［現在のファイル］の下の［レポートの設定］をクリック
❺［レポートリーダーがニーズに合わせてビジュアルをカスタマイズできるようにします］にチェックを入れる
❻［OK］をクリック

[レポートの設定] は2つある

[オプション] には [レポートの設定] が2つあるので気をつけましょう。ここで設定しているのは、[現在のファイル] にある、一番下の [レポートの設定] です。

レポートを発行する

それではレポートを発行していきます。レポートを発行するためにはサインインする必要があるので、所属する会社・組織などのメールアドレスなどを使ってサインインしておきましょう。

❶ [サインイン] をクリックし、必要な情報を入力してMicrosoftアカウントにサインイン

❷ [ホーム] タブの [発行] をクリック

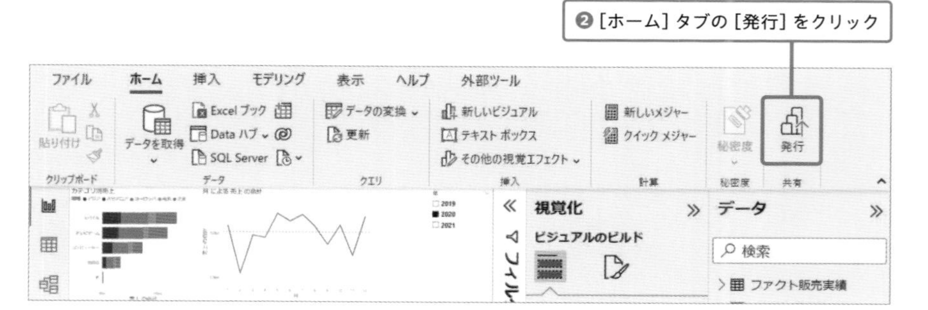

❸ [保存] をクリック

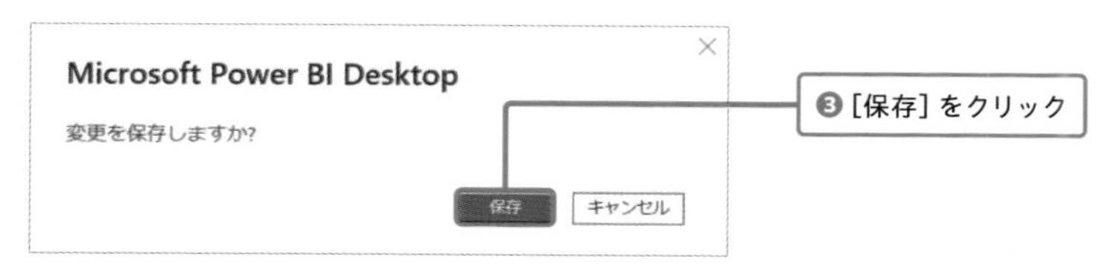

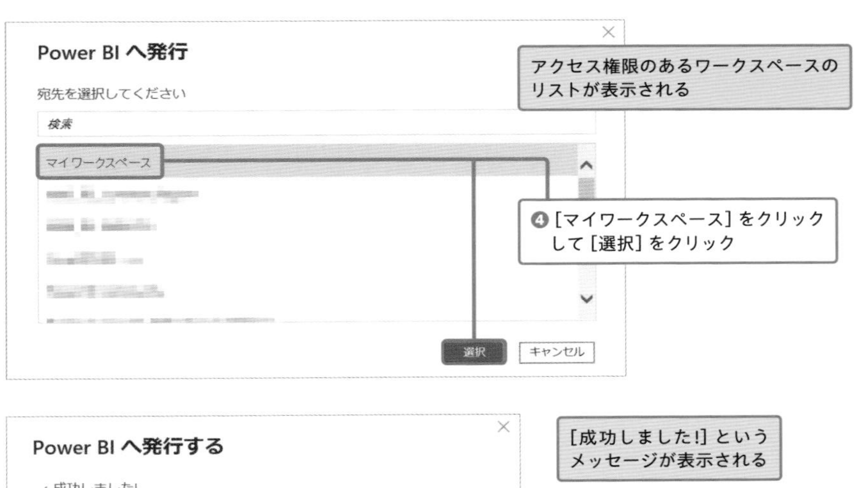

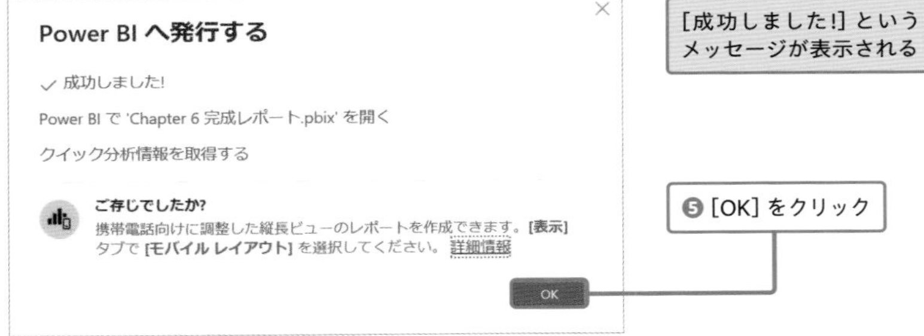

Power BIサービスにおける**ワークスペース**とは、発行したレポートを所属する組織内のユーザーと共有するために使う、フォルダーのようなものです。組織に何百人もユーザーがいる場合、各ユーザーが作成したレポートを逐一すべてのユーザーと共有するのは現実的ではありません。そこで、1つの部署やグループごとにワークスペースを作ることで、レポートの共有を効率よく行うことができます。

また、ワークスペースに所属するユーザーに権限を与えることも可能です。レポートの編集が可能な**メンバー**や閲覧だけ許可される**ビューアー**などの権限を指定できるため、セキュリティの面でも便利です。

手順❹で選択したマイワークスペースは、すべてのユーザーに与えられる個人用のワークスペースだよ。

同じ名前のレポートを発行する

同じ名前のレポートを同じワークスペースに発行すると、データセットの置換をするか聞かれます。［置換］をクリックすると、現在の状態でレポートを上書きします。

同じ名前のレポートを同じワークスペースに発行したときの表示

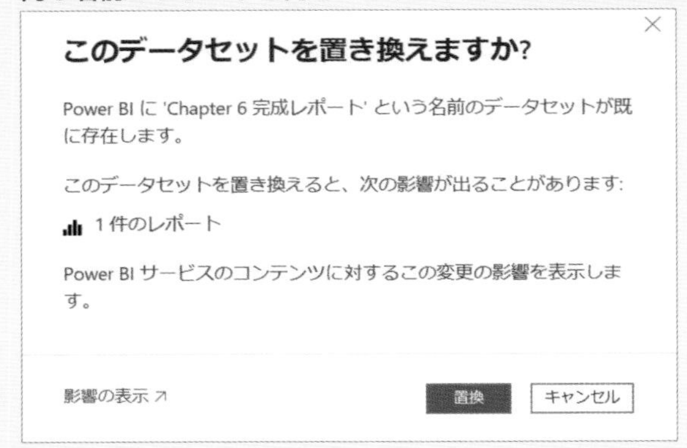

▲データセットを置き換えるかどうかのメッセージが表示される。［置換］をクリックすると、現在のレポートの状態で再度発行することが可能

発行したレポートを確認する

発行したレポートを、Power BI サービスで確認していきましょう。

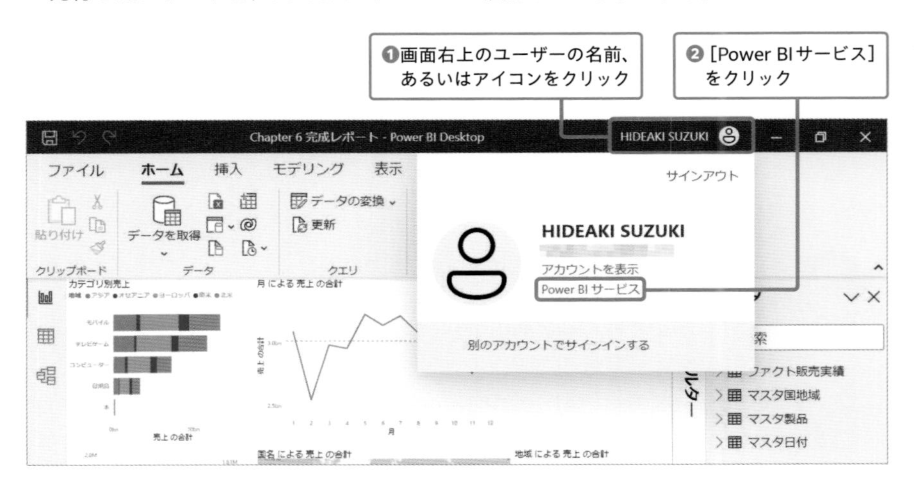

Power BI
https://app.powerbi.com/home
Webブラウザが開き、Power BIサービスの画面が表示される
Power BI　ホーム
こんにちは, Hideaki
＋ 新しいレポート
データドリブンな決定を行うために、アクションにつながる分析情報を検索して共有する
おすすめ
頻繁にこれを開いています
これをお気に入りに登録済みです
Hideaki
❸画面左側に並んでいるアイコンの一番下にある[マイワークスペース]をクリック
TestApp1
2018 October Update
Security

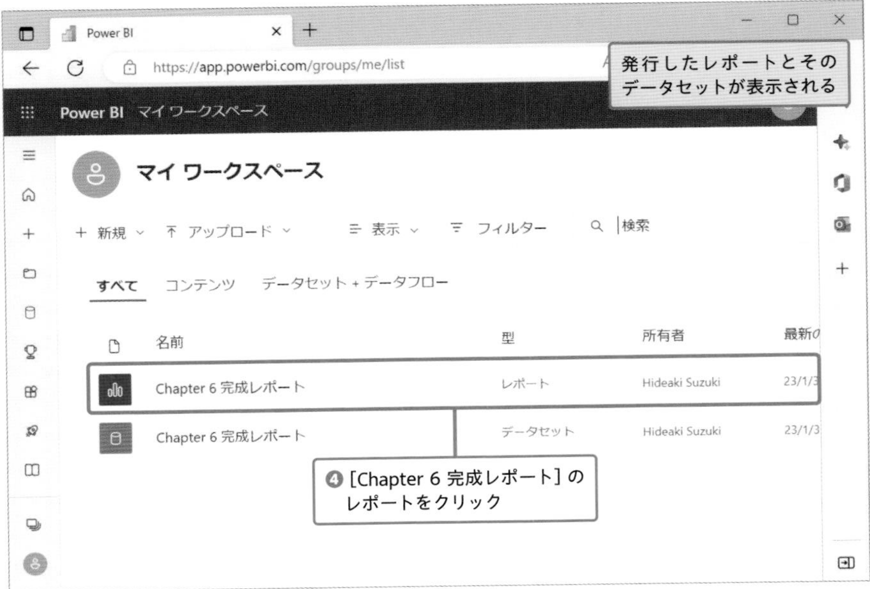

Power BI
https://app.powerbi.com/groups/me/list
発行したレポートとそのデータセットが表示される
Power BI　マイ ワークスペース
マイ ワークスペース
＋ 新規
アップロード
表示
フィルター
検索
すべて
コンテンツ
データセット + データフロー
名前
型
所有者
Chapter 6 完成レポート
レポート
Hideaki Suzuki
23/1/3
Chapter 6 完成レポート
データセット
Hideaki Suzuki
23/1/3
❹[Chapter 6 完成レポート]のレポートをクリック

次のページに続く

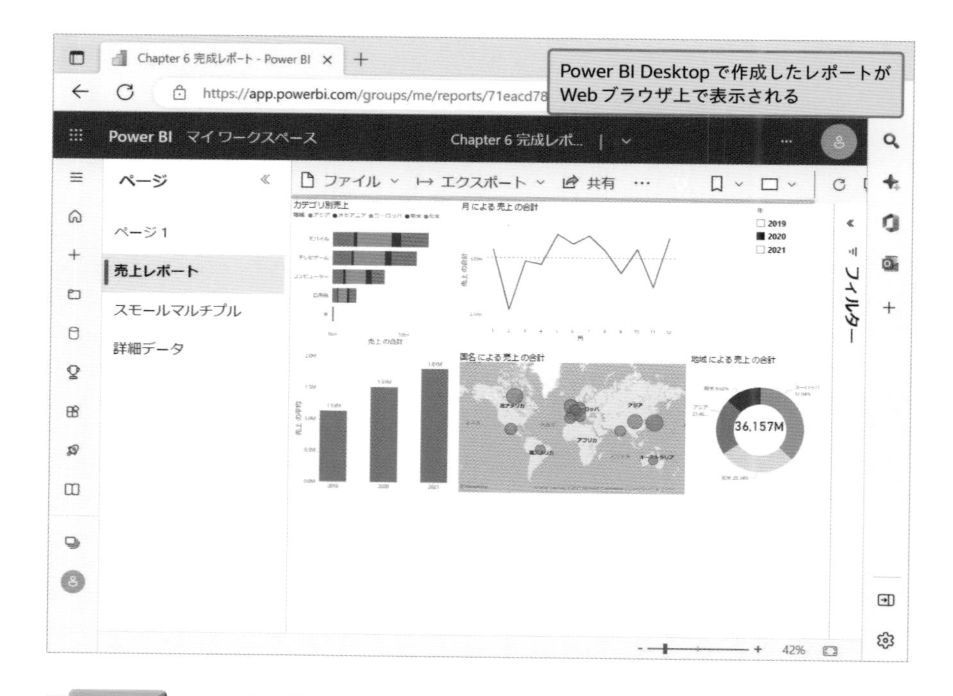

COLUMN データセット

データセットとは、レポートを作成した基になるデータのことです。このデータセットを使って、別のレポートを作成することも可能です。また、レポートを最新のデータに更新するということは、このデータセットを更新することを意味します。

なお、Power BIサービス上でレポートを確認した際、マップ部分が表示されずにエラーとなる場合がある。そのような場合は、画面右上の［設定］をクリックして［管理ポータル］を開き、［地図と塗り分け地図の画像］の設定を変更しよう。

Power BIサービスでマップを表示するための設定

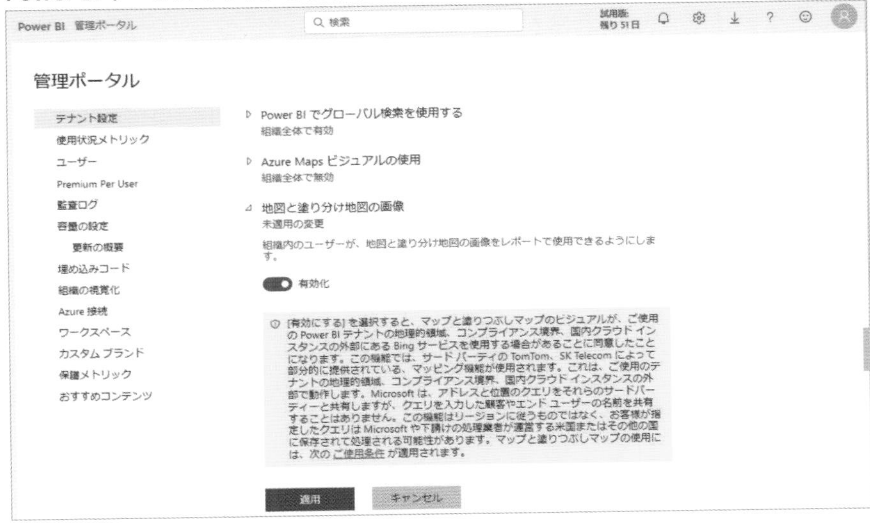

▲［テナント設定］の中の［地図と塗り分け地図の画像］をクリックして開いてから、スイッチをクリックして有効化し、［適用］をクリックする

発行したレポートを共有する

レポートをPower BIサービスに発行して、Webブラウザ上で閲覧できることを確認しましたが、これで他のユーザーもこのレポートを見ることができるんですか？

いや、この段階ではレポートを発行した本人しかレポートを閲覧することはできない。誰と共有したいのかを指定する必要があるんだ。

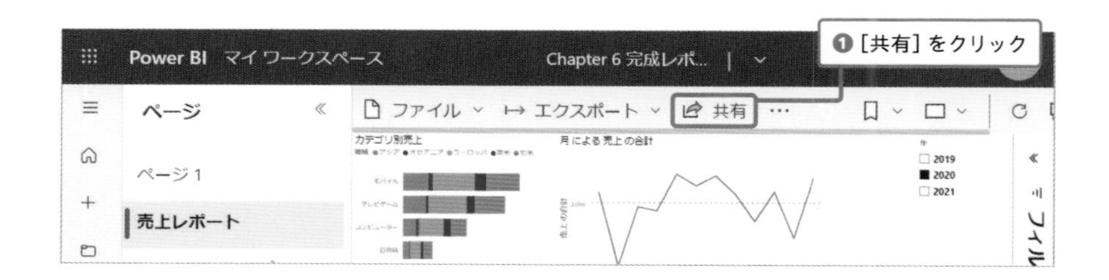
❶［共有］をクリック
Power BI マイ ワークスペース
Chapter 6 完成レポ...
ページ
ファイル
エクスポート
共有
ページ 1
売上レポート

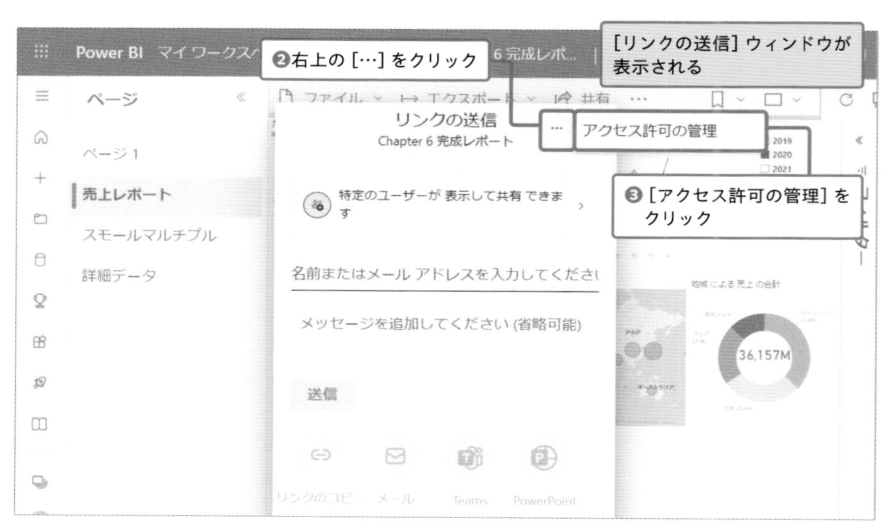
❷右上の［…］をクリック
［リンクの送信］ウィンドウが表示される
❸［アクセス許可の管理］をクリック
リンクの送信
Chapter 6 完成レポート
アクセス許可の管理
特定のユーザーが 表示して共有 できます
名前またはメール アドレスを入力してください
メッセージを追加してください (省略可能)
送信
ページ
ページ 1
売上レポート
スモールマルチプル
詳細データ
36,157M

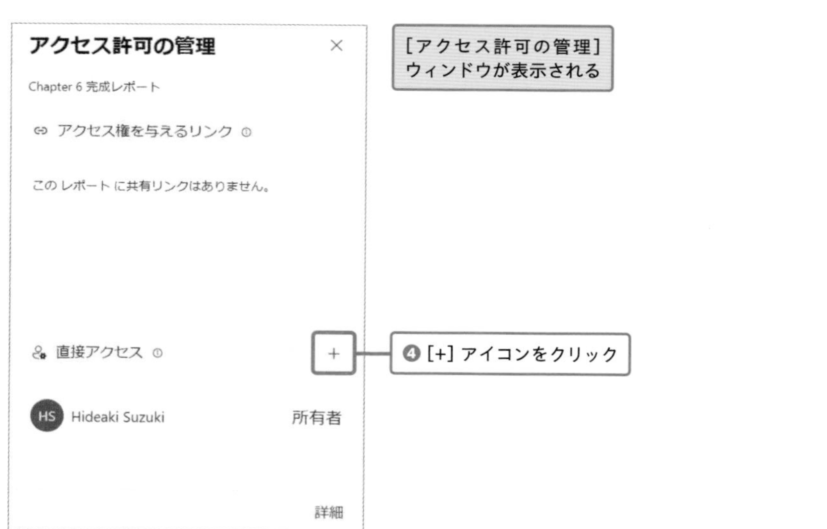
アクセス許可の管理
Chapter 6 完成レポート
アクセス権を与えるリンク
この レポート に共有リンクはありません。
直接アクセス
Hideaki Suzuki
所有者
詳細
［アクセス許可の管理］ウィンドウが表示される
❹［+］アイコンをクリック

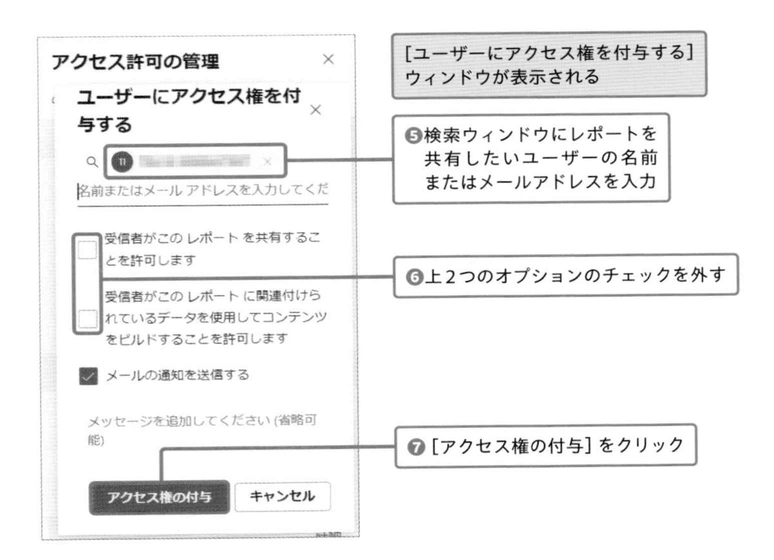

上2つのオプションのチェックを外さない場合、共有された相手が別のユーザーにレポートを共有したり、データセットを使って別のレポートを作成したりする権限が与えられます。自由に利用させたくない場合はチェックを外してください。

また、共有するユーザーのメールアドレスを入力する場所ではグループメールアドレスも使用が可能です。ただしその場合、メールでの通知が送信されないことがあります。

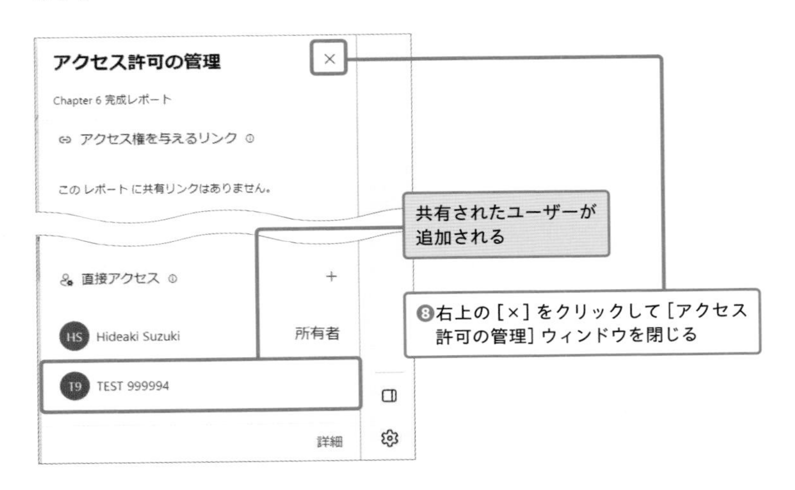

これで、共有されたユーザーにはメールが送信される。メールに記載されたリンクをクリックすると、レポートが確認できるよ。共有が必要なくなった場合はリンクを削除しておこう。また、社外の人とレポートを共有する場合は、組織のPower BIの管理者に設定を確認してみよう。

Power BI Premiumとワークスペース

Power BIには、会社や組織単位で利用できる**Power BI Premium**というライセンスがあります。所属している会社や組織がPower BI Premiumを使用している場合は、ワークスペースをPremium容量という特別な環境に割り当てることができます。Premium容量に割り当てられたワークスペースにレポートを発行すると、そのワークスペースに所属しているユーザーには、自動的にレポートが共有されます。このとき、共有される側のユーザーにPower BI Proライセンスは必要ありません。なお、レポートが発行されたワークスペースがPremium容量に割り当てられていない場合は、レポートを共有する側も共有される側もPower BI Proライセンスが必要になります。

Premium環境で作成されたワークスペース

▲ワークスペースの右横にダイヤモンドのアイコンがある場合、そのワークスペースがPremiumで作成されていることを表している

ダッシュボード　ビジュアルのカスタマイズ　ブックマーク

Power BIサービスでレポートを閲覧する

Power BIサービスには、レポートを閲覧するのに便利な機能が用意されている。ぜひ活用しよう。

ダッシュボードで必要な情報をまとめる

レポートが増えてくると、すべてのグラフを確認するのは大変ですね……。

そんなユーザーのために、Power BIサービスに用意されているのが、ダッシュボードという機能だよ。

ダッシュボード……？　どんな機能なんでしょうか？

ダッシュボードは、複数のレポートから自分に必要なビジュアルだけをまとめることができる画面だよ。

おお！　それは便利ですね！

ダッシュボードの例

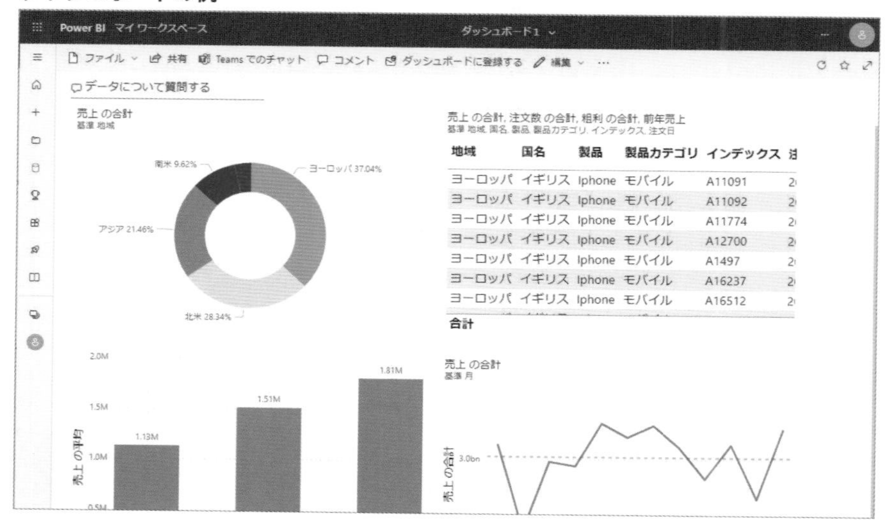

▲レポートの中から、自分に必要なビジュアルだけをまとめることができるため、データの確認がしやすくなる

ここでは、「売上レポート」の積み上げ縦棒グラフ、折れ線グラフとドーナツグラフ、そして「詳細データ」のテーブルをダッシュボードに加えてみよう。

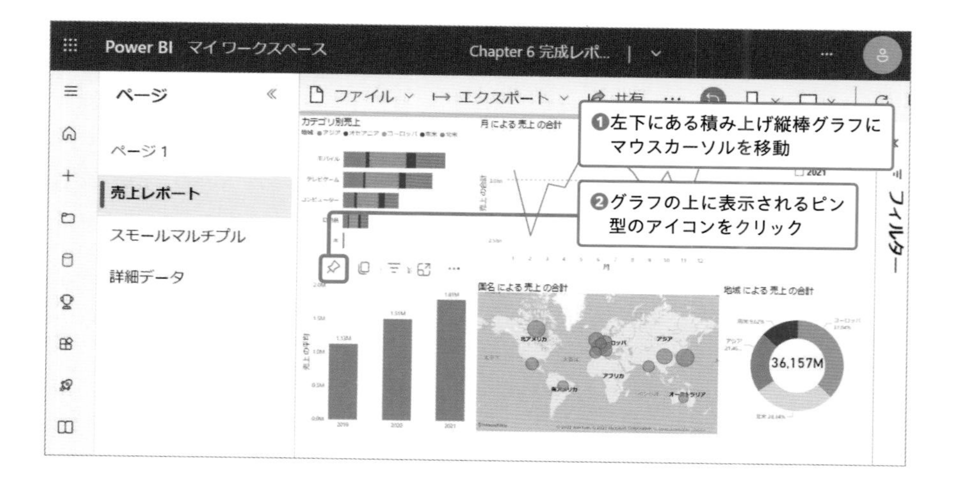

同様に、他のビジュアルもダッシュボードに追加しよう。

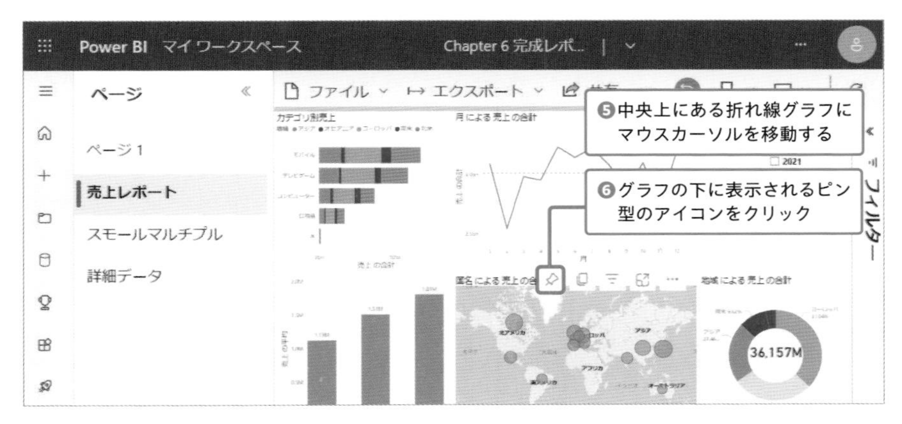

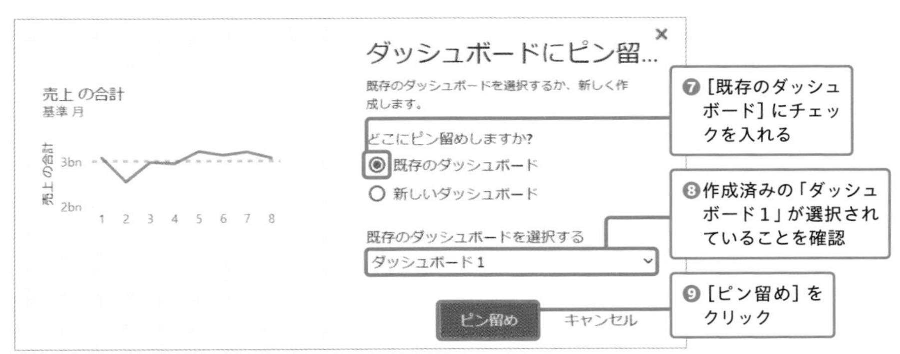

次のページに続く

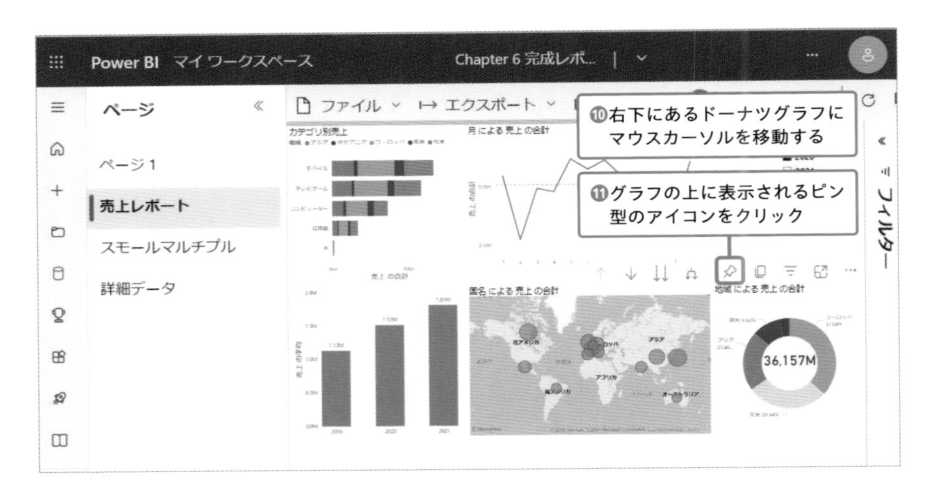

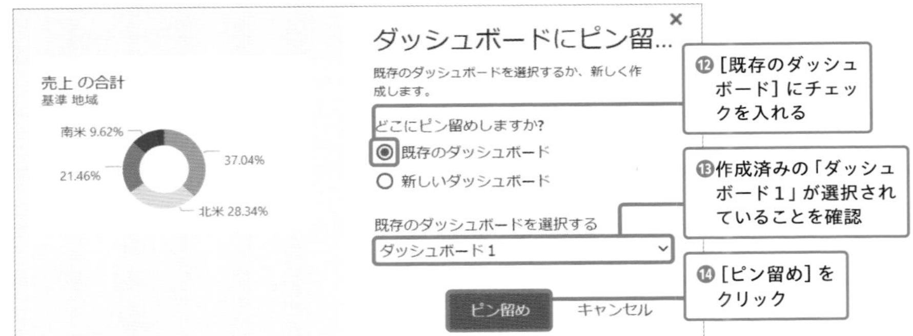

P.189で「詳細データ」ページに作成したテーブルもダッシュボードに追加してみよう。ダッシュボードは、複数のページのビジュアルを1つにまとめることができるんだ。

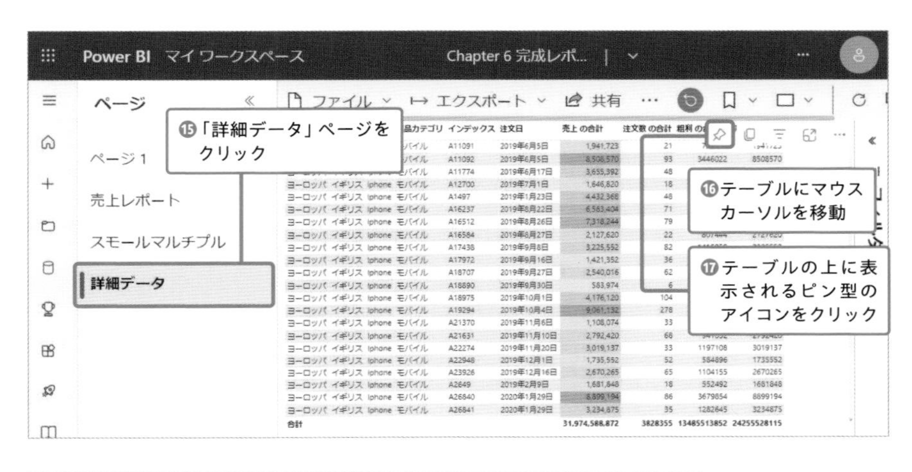

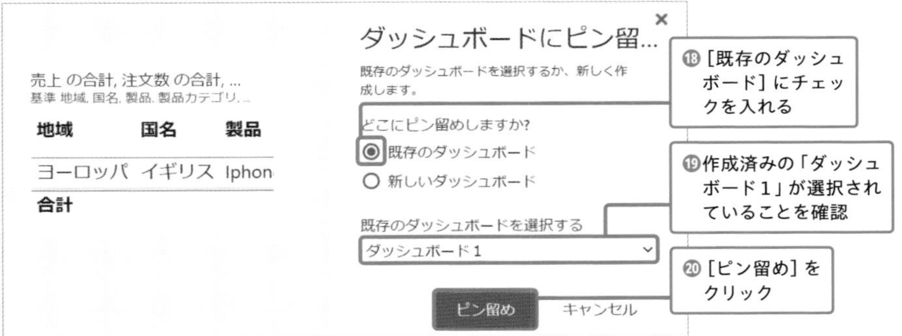

これで、ダッシュボードに4つのビジュアルをまとめることができたよ。実際に確認してみよう。

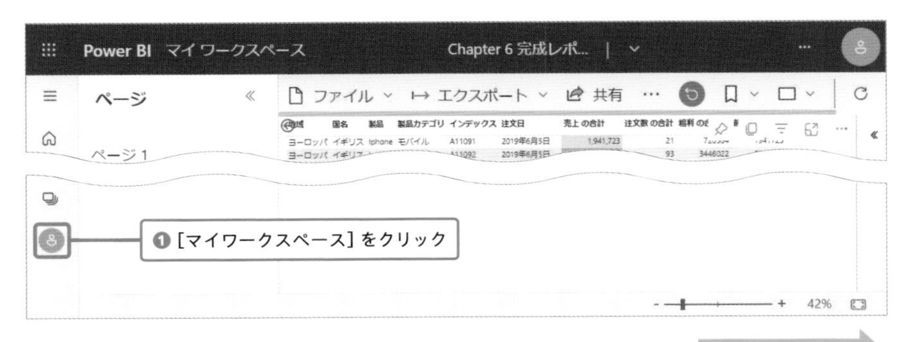

次のページに続く

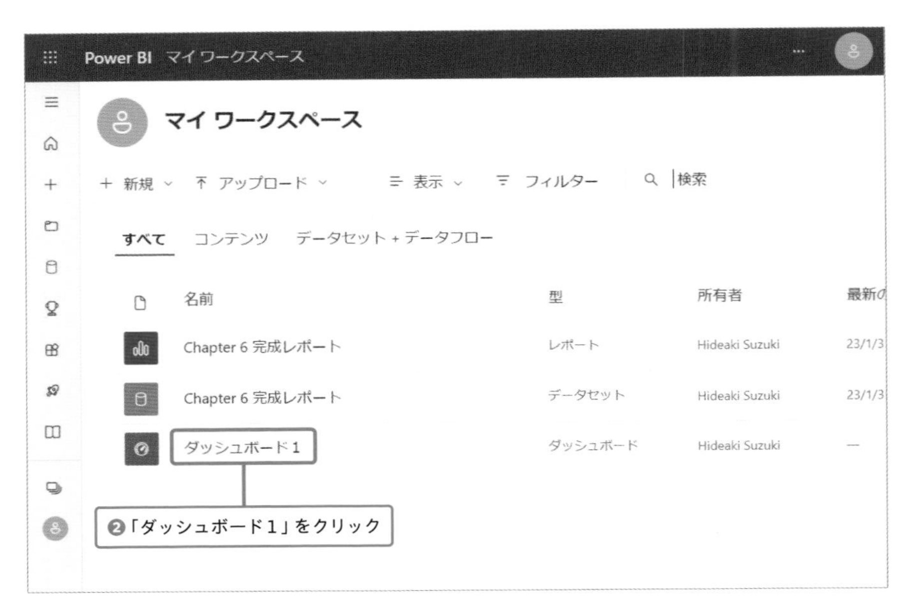
Power BI マイ ワークスペース
マイ ワークスペース
＋ 新規
アップロード
表示
フィルター
検索
すべて
コンテンツ
データセット + データフロー
名前
型
所有者
Chapter 6 完成レポート
レポート
Hideaki Suzuki
23/1/3
Chapter 6 完成レポート
データセット
Hideaki Suzuki
23/1/3
ダッシュボード1
ダッシュボード
Hideaki Suzuki
❷「ダッシュボード1」をクリック

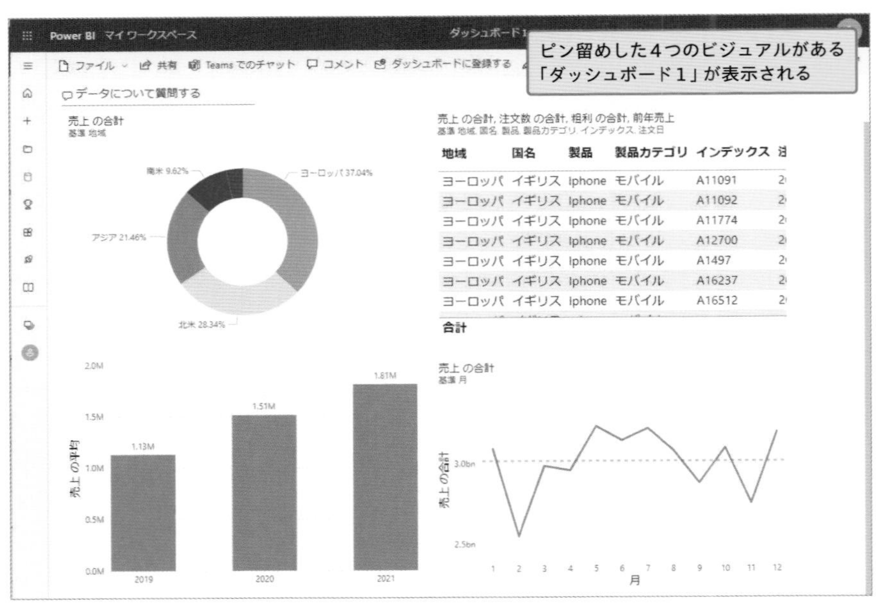
Power BI マイ ワークスペース
ダッシュボード1
ピン留めした4つのビジュアルがある
「ダッシュボード1」が表示される
ファイル
共有
Teams でのチャット
コメント
ダッシュボードに登録する
データについて質問する
売上 の合計
基準 地域
南米 9.62%
ヨーロッパ 37.04%
アジア 21.46%
北米 28.34%
売上 の合計, 注文数 の合計, 粗利 の合計, 前年売上
地域
国名
製品
製品カテゴリ
インデックス
ヨーロッパ イギリス Iphone モバイル A11091
ヨーロッパ イギリス Iphone モバイル A11092
ヨーロッパ イギリス Iphone モバイル A11774
ヨーロッパ イギリス Iphone モバイル A12700
ヨーロッパ イギリス Iphone モバイル A1497
ヨーロッパ イギリス Iphone モバイル A16237
ヨーロッパ イギリス Iphone モバイル A16512
合計
売上 の平均
1.13M
1.51M
1.81M
2019
2020
2021
売上 の合計
基準 月
売上 の合計
3.0bn
2.5bn
月

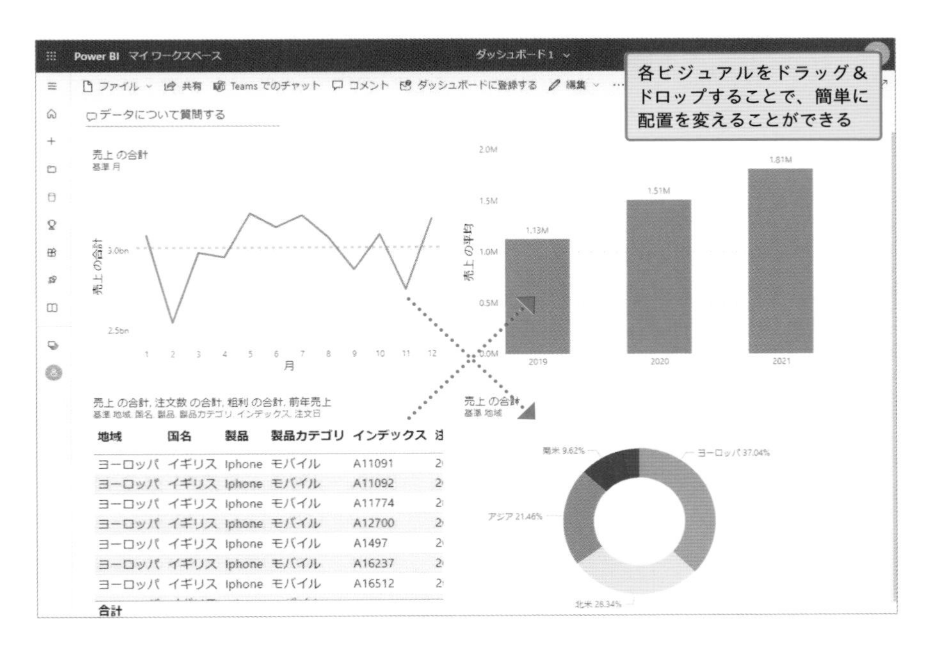

ビジュアルを自分好みにカスタマイズする

共有されたレポートを、自分が見やすいように変更したい場合もあると思う。そんなときに便利なのが、ビジュアルのカスタマイズという機能だ。この機能を使うと、積み上げ縦棒グラフを積み上げ横棒グラフや折れ線グラフに変えるなど、ユーザーのニーズや好みによってレポートの外観を変更できるんだ。

でも、共有されたレポートの見た目を勝手に変更したら、他の人にも影響してしまうんじゃないでしょうか……？

大丈夫。この機能を使ってビジュアルを変更しても、変更したユーザーにのみ反映されるので、他のユーザーへの影響を心配する必要がないんだ。自分の使いやすいようにビジュアルをカスタマイズできるよ。

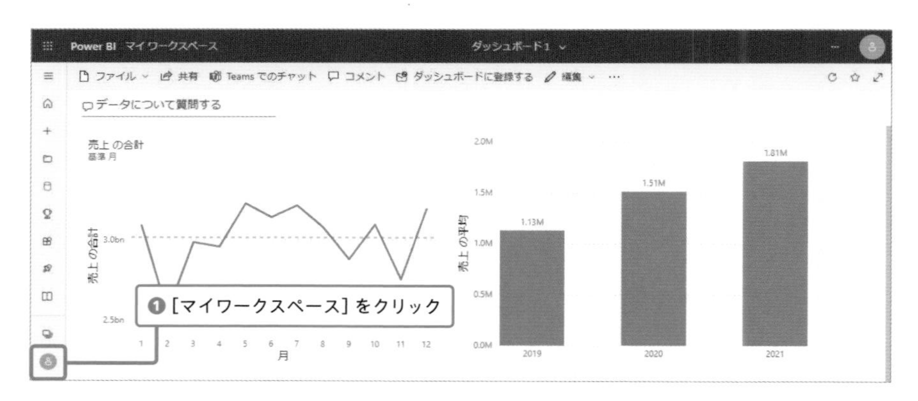

❶［マイワークスペース］をクリック

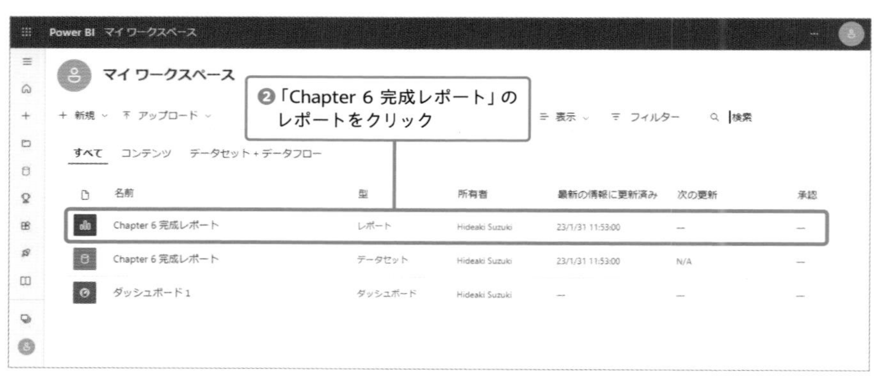

❷「Chapter 6 完成レポート」のレポートをクリック

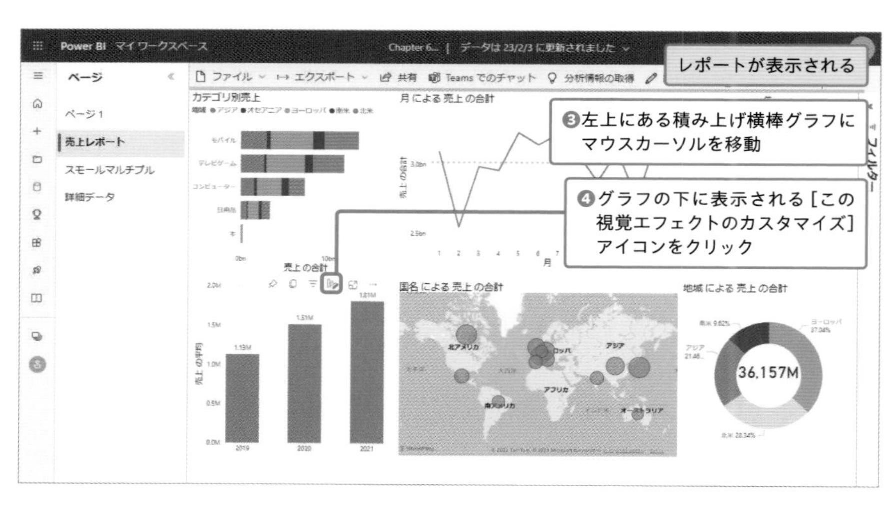

レポートが表示される
❸左上にある積み上げ横棒グラフにマウスカーソルを移動
❹グラフの下に表示される［この視覚エフェクトのカスタマイズ］アイコンをクリック

ここで［この視覚エフェクトのカスタマイズ］アイコンが出てこない場合は、P.213のオプションの設定を行っているか確認しよう。

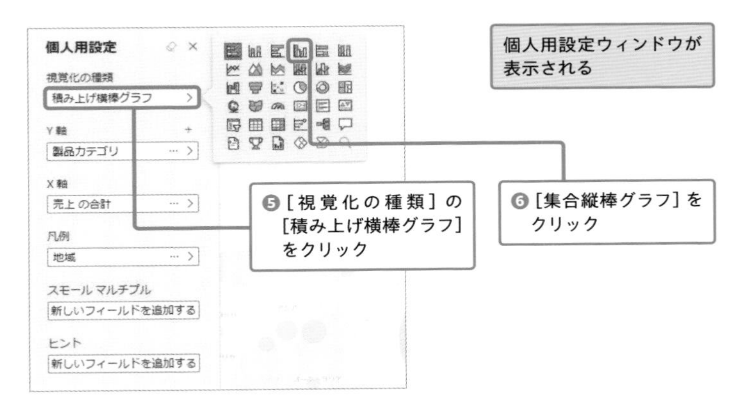

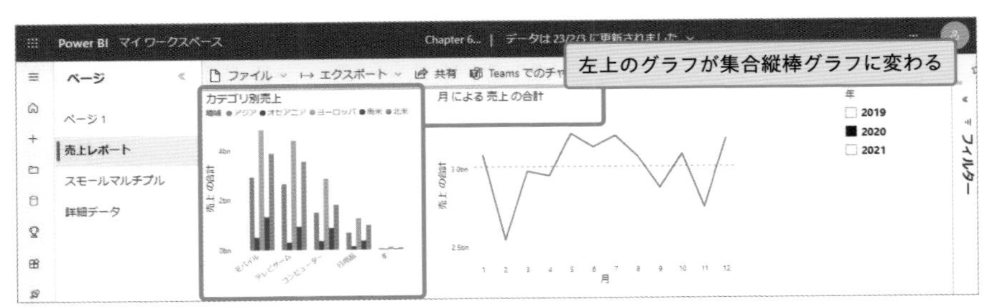

ブックマークでビジュアルの変更を保存する

ビジュアルのカスタマイズは便利だけど、レポートを閉じるとビジュアルは元に戻るので、再度開くときには同じことをする必要があるんだ。

それは少し面倒ですね……。

でも大丈夫。そのためにブックマークという機能がある。ブックマークを使うと、カスタマイズしたビジュアルやスライサーの選択値の状態を保存することができるんだ。先ほどのビジュアルをカスタマイズした状態で、さらにスライサーの値を変更してからブックマークを作成してみよう。

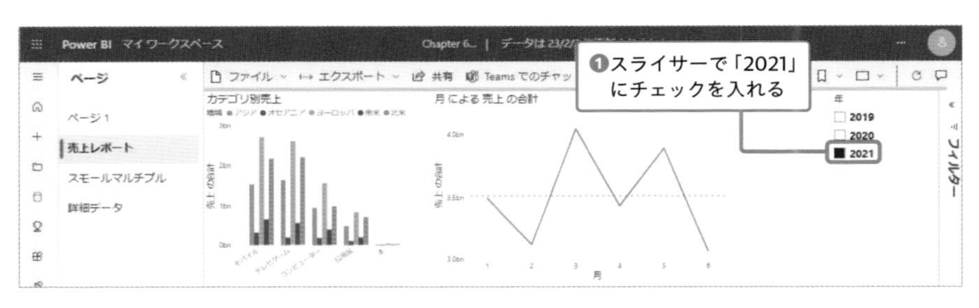

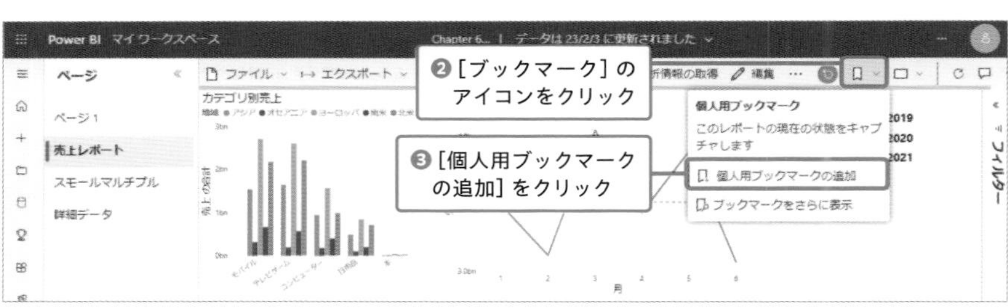

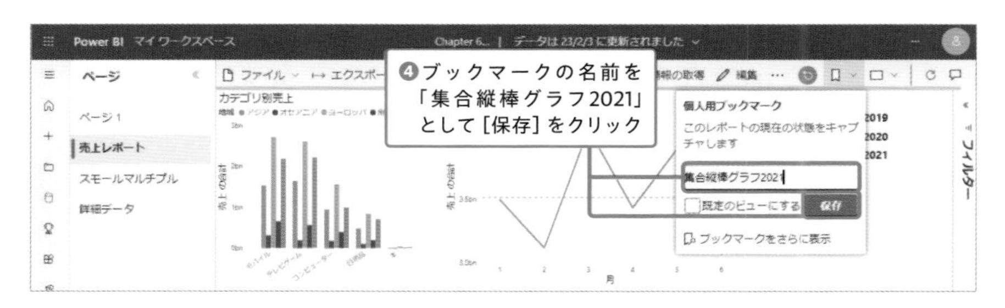

これで、左上のグラフをカテゴリ別売上の集合縦棒グラフにした状態で、2021年のデータを表示するブックマークができたよ。次は、ブックマークを実際に使って、ビジュアルが変わることを確かめてみよう。

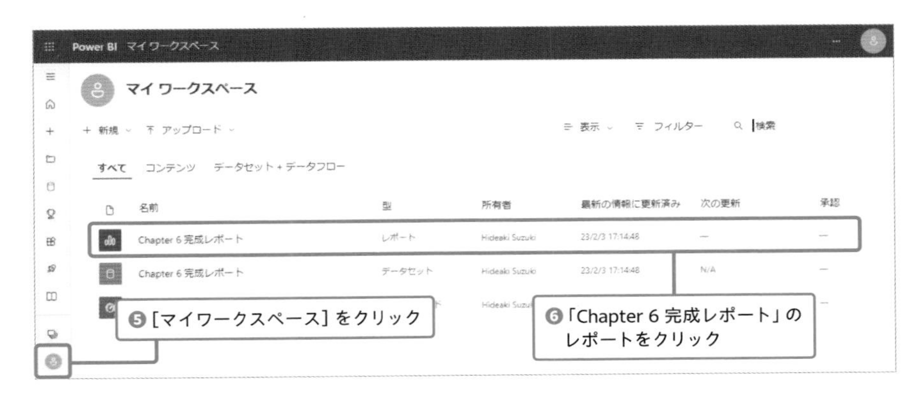

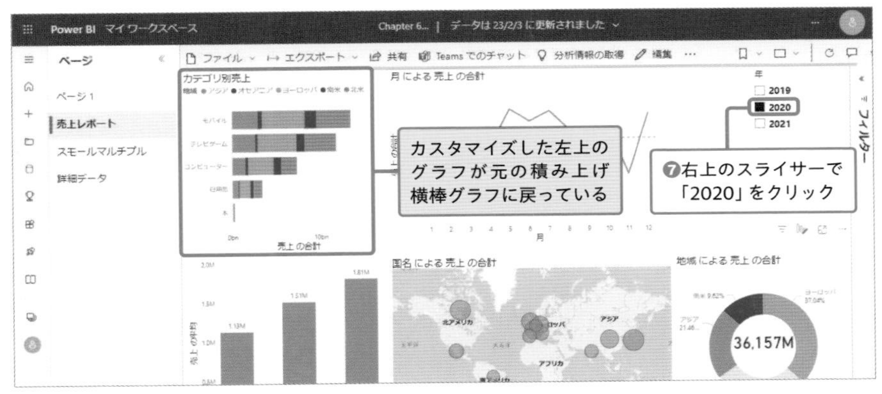

ブックマークを使ってスライサーの選択値が変わることを確かめるために、スライサーを「2020」にセットしておこう。

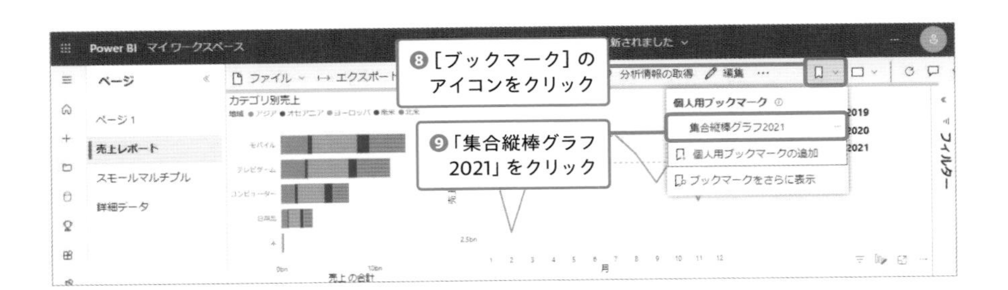

次のページに続く

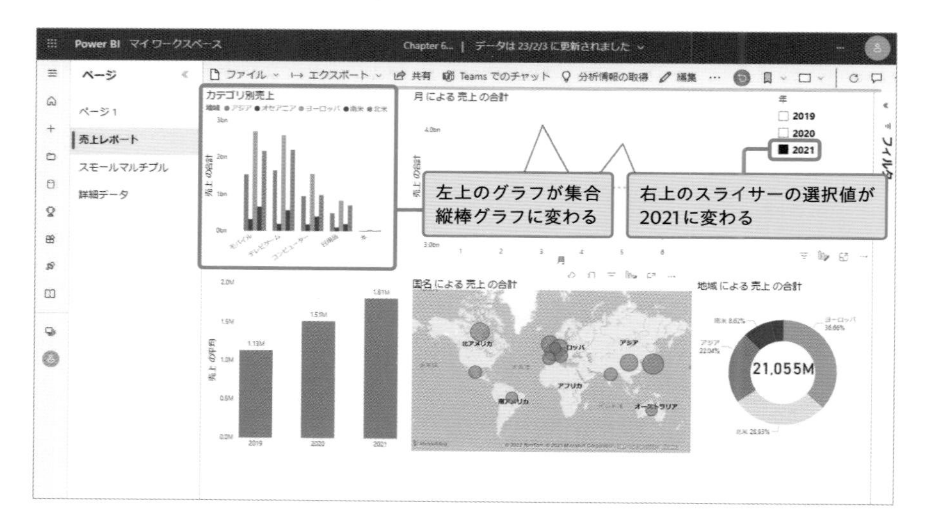

おお！　ブックマークで保存した状態のビジュアルに変更されましたね！

ブックマークを使うと、カスタマイズしたビジュアルやスライサーの選択値をスナップショットのように保存することができるんだ。スライサーが多くあり、決まった組み合わせのデータをよく見るユーザーなどには、非常に便利な機能だよ。

データのエクスポート　ゲートウェイ

データを更新・活用する

Power BIサービスで共有したレポートのデータは、各自Excel形式などでダウンロードできる。また、一度共有したレポートのデータを、自動で更新することも可能だ。Power BIサービスの活用方法について解説していこう。

グラフの元データをエクスポートする

レポート内のビジュアルに使われている元データをダウンロードしたい場合、何か方法はありますか？

そのような場合にはデータのエクスポートができるよ。ビジュアルのデータがExcel形式でダウンロード可能だ。

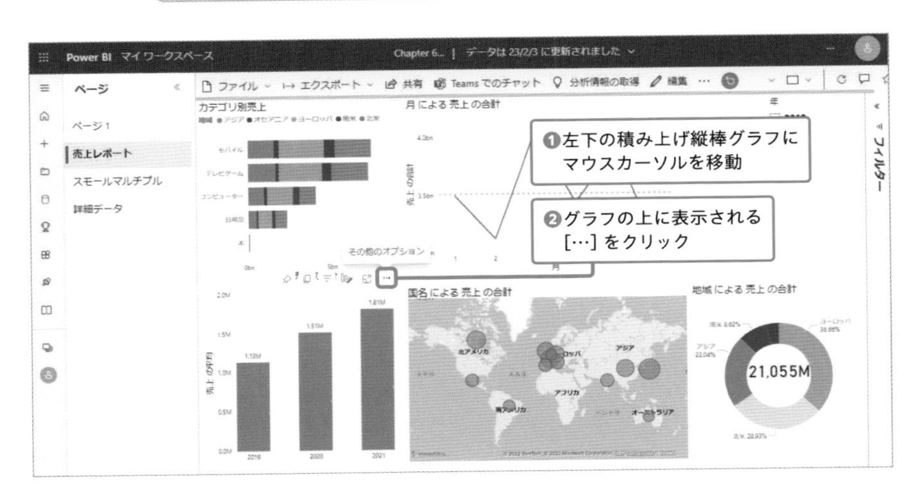

次のページに続く

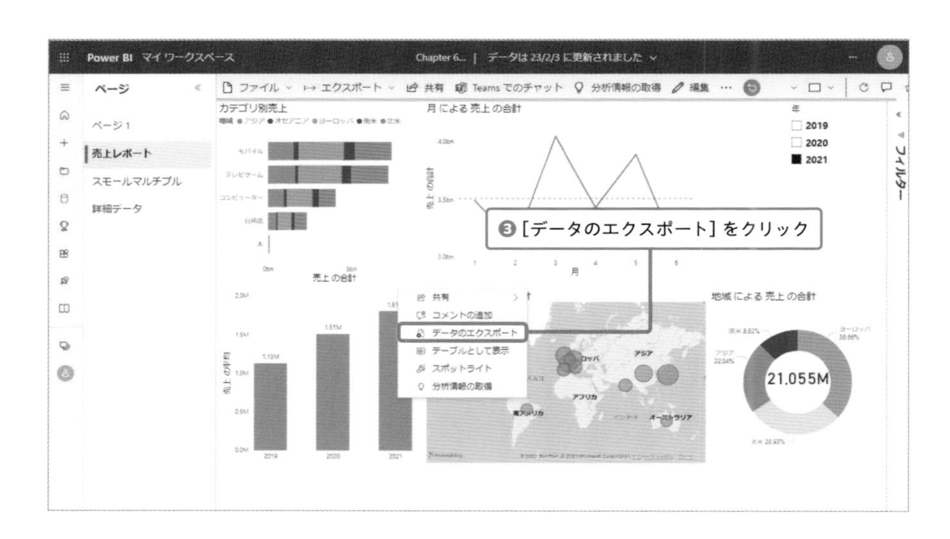

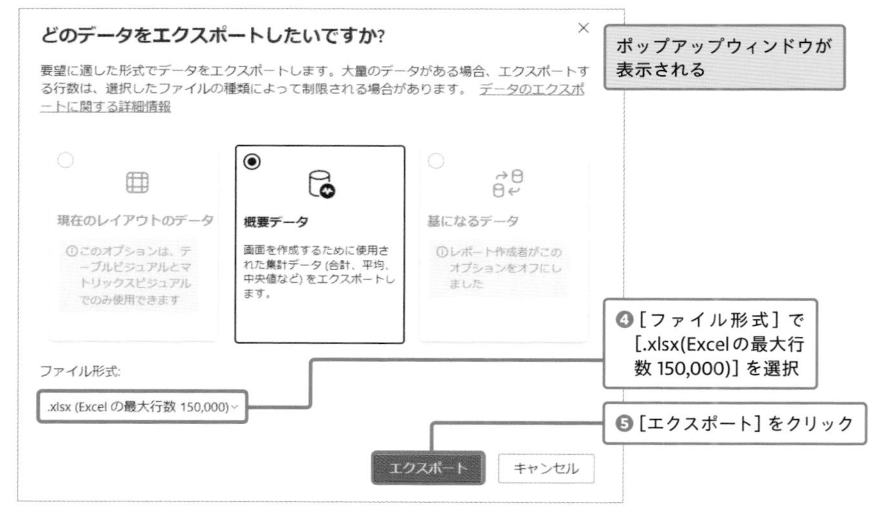

エクスポートしたら、そのExcelファイルを開いて確認してみよう。

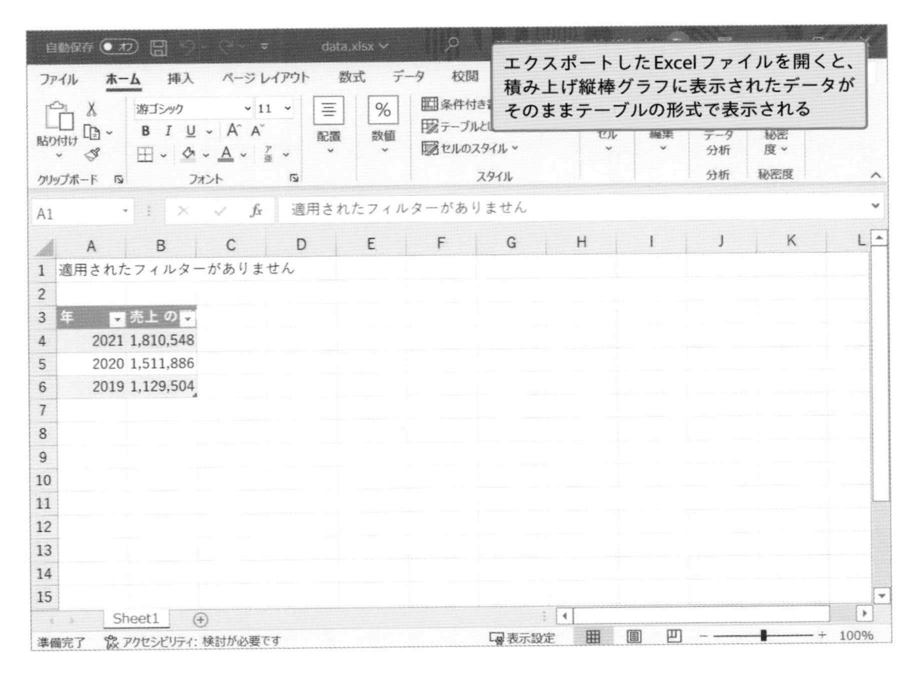

集計前の元データをエクスポートする

積み上げ縦棒グラフは、年ごとに集計された売上の合計を表したグラフでしたよね。このグラフのままのデータではなく、集計される前の売上の元データをエクスポートすることはできますか？

もちろん可能だよ。エクスポートする際の設定を変更する必要があるから、その方法も説明するね。

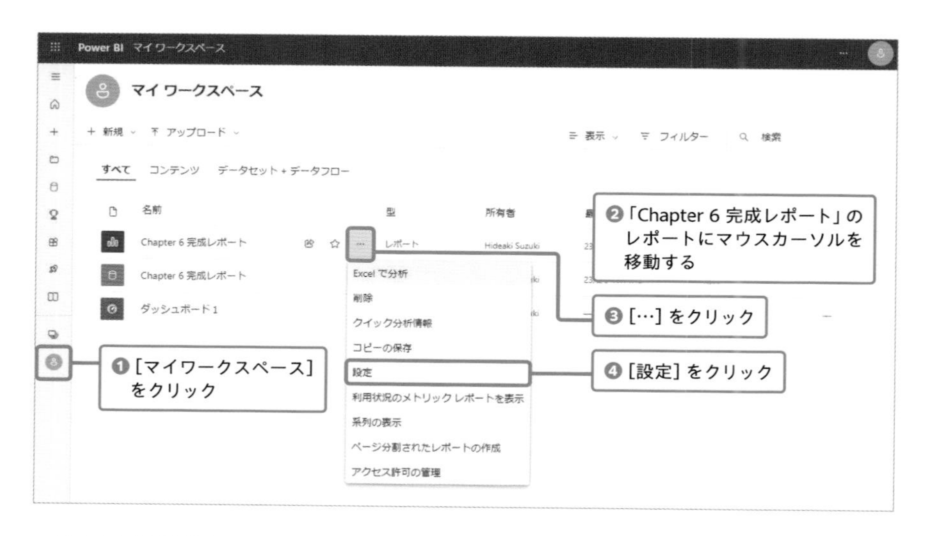

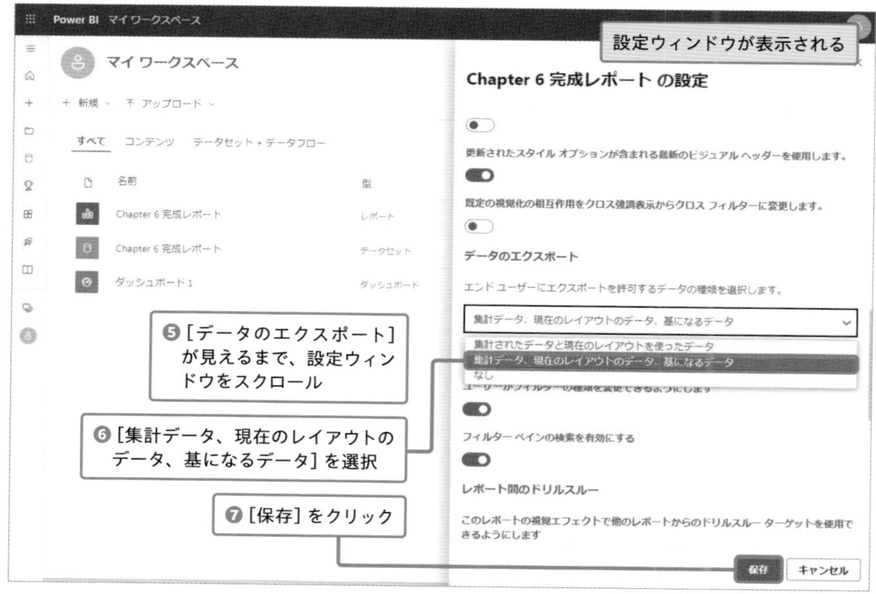

ここで選択している［データのエクスポート］には3つのオプションがあります。［集計されたデータと現在のレイアウトを使ったデータ］はグラフ上に表示されている集計されたデータ、［集計データ、現在のレイアウトのデータ、基になるデータ］は基になる詳細なデータがエクスポートされます。［なし］はユーザーにデータのエクスポート

を許可しないという設定になります。ここでは、集計前の元データをエクスポートしたいので、[集計データ、現在のレイアウトのデータ、基になるデータ] を選択しています。セキュリティ上、データをエクスポートさせたくない場合は、[なし] を選択しましょう。

これで設定が変更できたから、レポートから詳細な元データをエクスポートしてみよう。

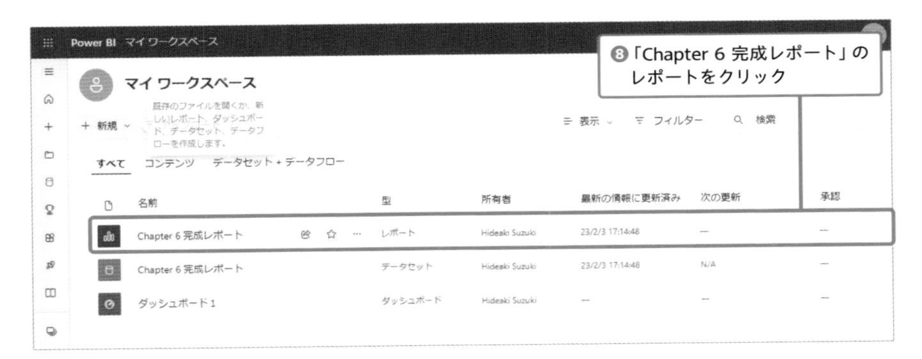

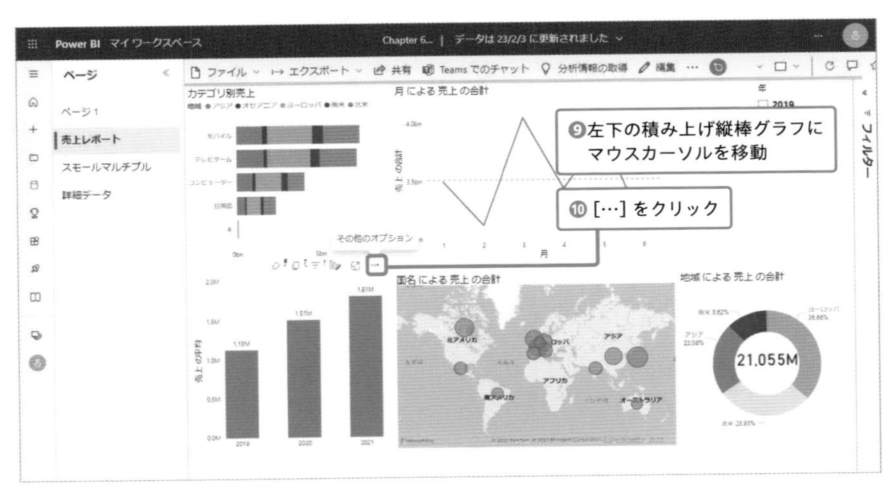

次のページに続く

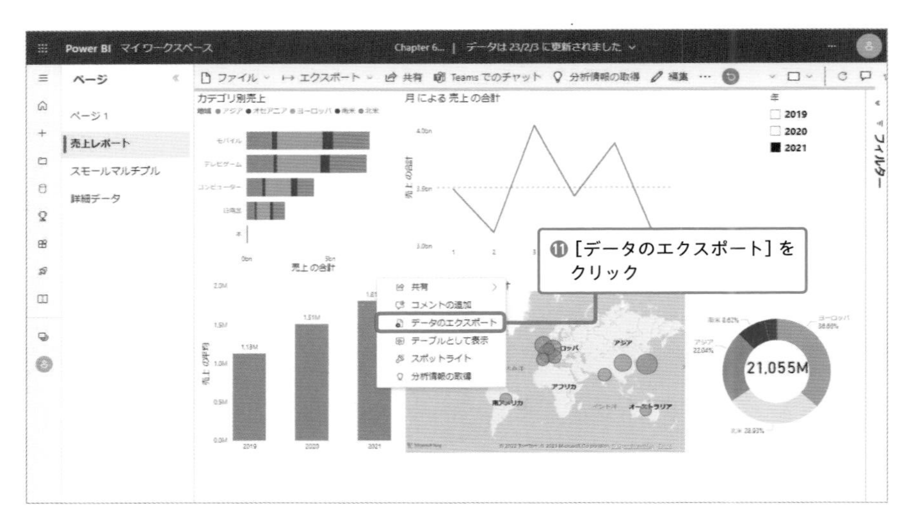
⓫［データのエクスポート］を
クリック
共有
コメントの追加
データのエクスポート
テーブルとして表示
スポットライト
分析情報の取得

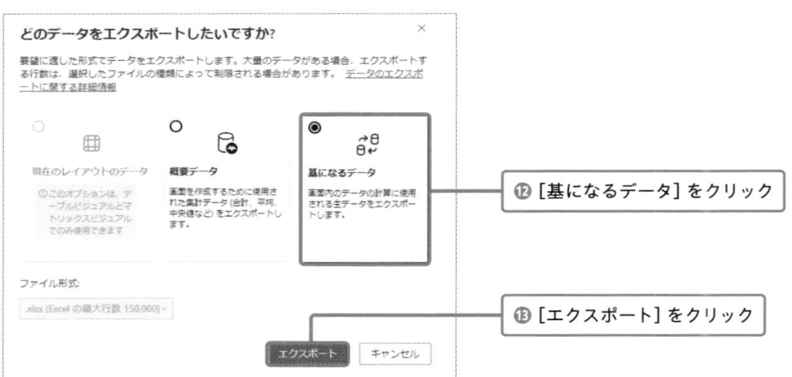
どのデータをエクスポートしたいですか?
現在のレイアウトのデータ
概要データ
基になるデータ
⓬［基になるデータ］をクリック
ファイル形式:
エクスポート
キャンセル
⓭［エクスポート］をクリック

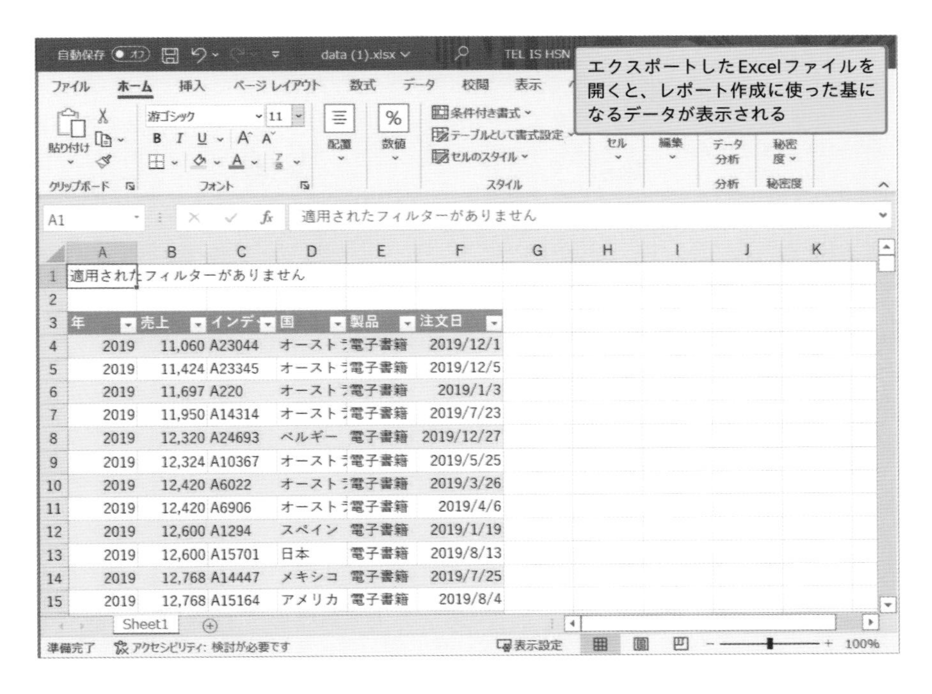

年	売上	インデ	国	製品	注文日
2019	11,060	A23044	オーストラ	電子書籍	2019/12/1
2019	11,424	A23345	オーストラ	電子書籍	2019/12/5
2019	11,697	A220	オーストラ	電子書籍	2019/1/3
2019	11,950	A14314	オーストラ	電子書籍	2019/7/23
2019	12,320	A24693	ベルギー	電子書籍	2019/12/27
2019	12,324	A10367	オーストラ	電子書籍	2019/5/25
2019	12,420	A6022	オーストラ	電子書籍	2019/3/26
2019	12,420	A6906	オーストラ	電子書籍	2019/4/6
2019	12,600	A1294	スペイン	電子書籍	2019/1/19
2019	12,600	A15701	日本	電子書籍	2019/8/13
2019	12,768	A14447	メキシコ	電子書籍	2019/7/25
2019	12,768	A15164	アメリカ	電子書籍	2019/8/4

ゲートウェイをインストールする

ところで、いったんPower BIサービス上に発行したレポートって、どうやってデータ更新するんですか？

簡単な方法は、Power BI Desktopでデータ更新をしたレポートを再発行することだね。データ更新の頻度が少ない場合は、この方法で更新するユーザーも少なくない。

なるほど……。ただ、毎週や毎日更新するとなると、結構面倒ですね。

そうだね。そこで、ゲートウェイを使うとデータ更新を自動化することができるんだ。実際に使ってみよう。

ゲートウェイはPCやサーバーにインストールして使用するツールで、**Power BIサービスに発行したレポートのデータを自動で更新する**ようにできます。

Power BIサービスに発行されたレポートは、Microsoft社が管理するクラウド上に保存されます。しかし、個人のPCやPower BIを使用している組織のサーバーにあるデータに対して、Microsoft社のクラウド上から自由にアクセスしてデータを更新することは、セキュリティの観点からできません。そこで両者の橋渡しをするのが、ゲートウェイの役目です。

Power BIサービスとPCのデータをつなぐゲートウェイ

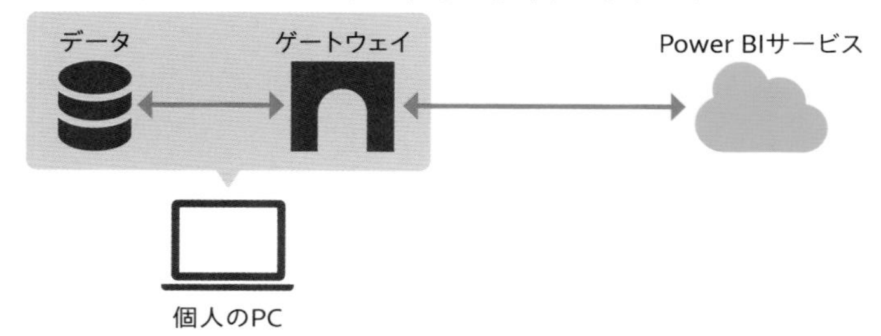

▲個人のPCや組織のサーバーに保存されているデータにPower BIサービスを接続するには、ゲートウェイを介する必要がある

それではまず、ゲートウェイをPCにインストールしよう。

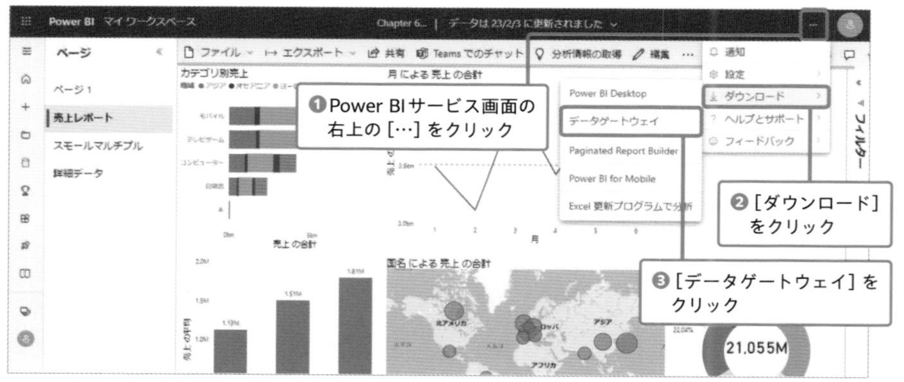

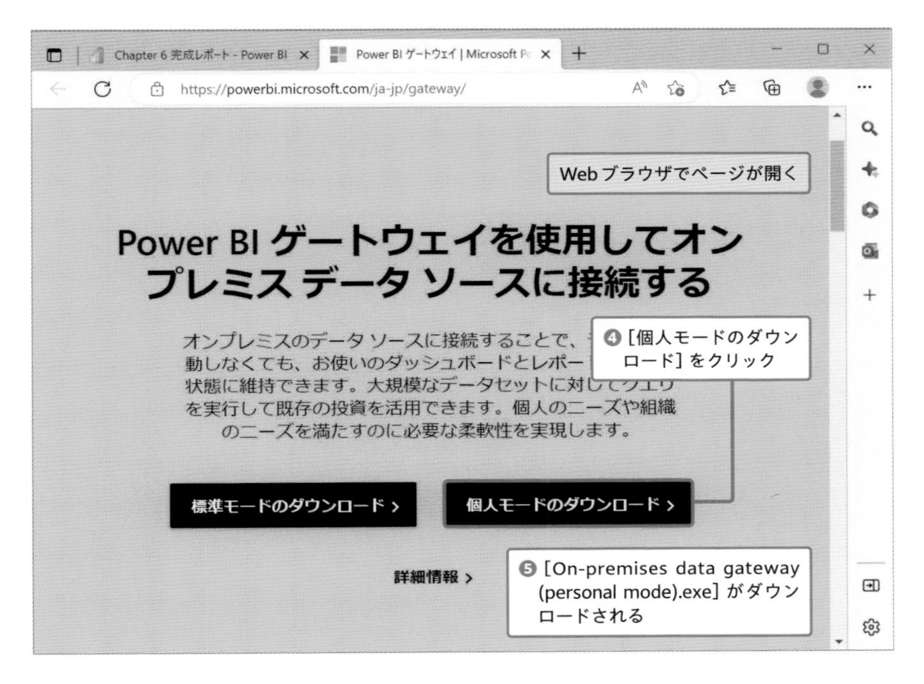

2種類のゲートウェイ

標準モードのゲートウェイは、複数のユーザーが使用できるなどの利点があります。ただし、インストールするには個人用のPCではなくWindows Serverが推奨とされているため、本書では個人モードのゲートウェイを使用します。

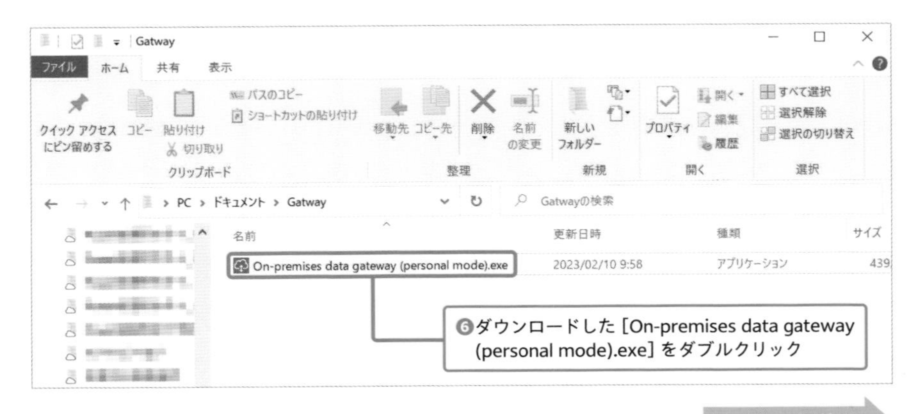

次のページに続く

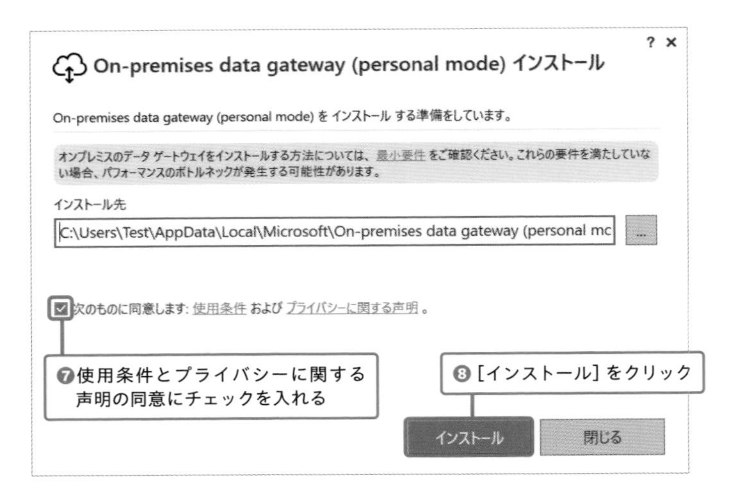

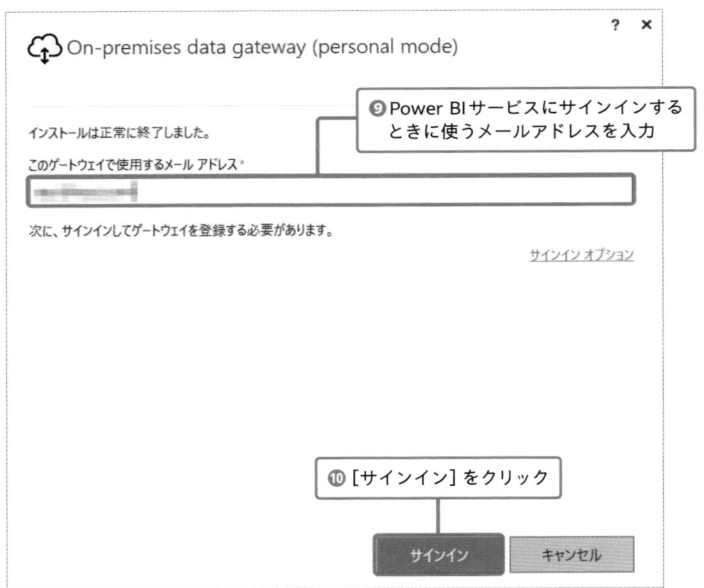

ここで入力するメールアドレスは、レポートを発行する際にPower BIサービスにサインインしたとき（P.214）と同じものだよ。

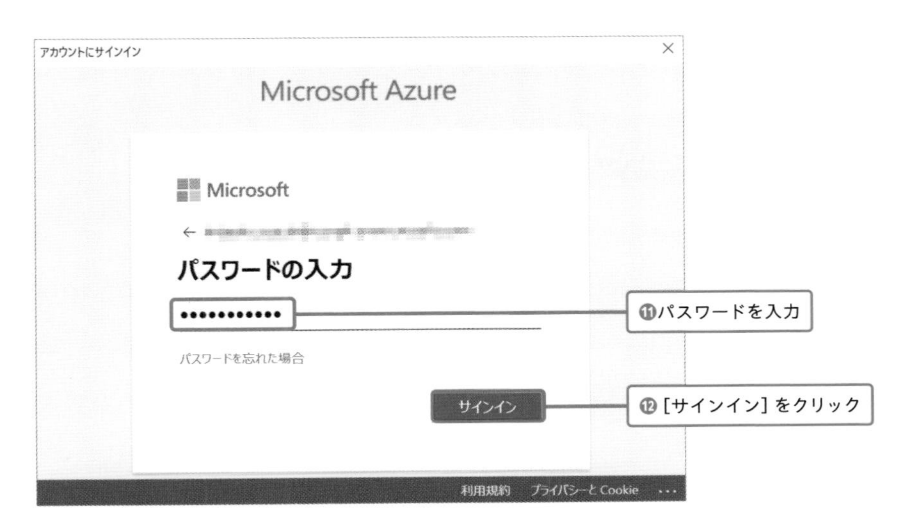

サインインするプロセスや画面は所属する会社や団体によって異なることもあるよ。

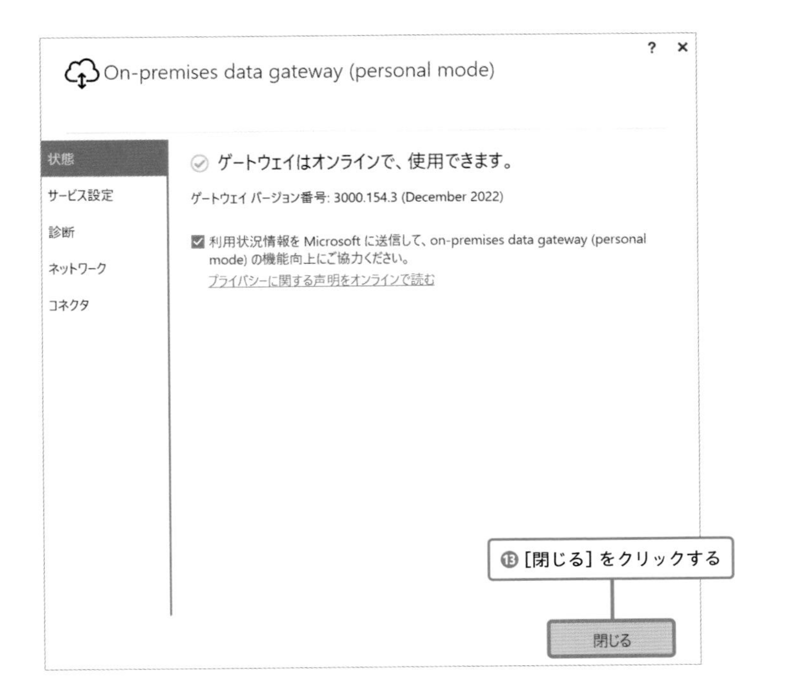

ゲートウェイを使ってデータを自動更新する

ゲートウェイのインストールは完了しましたが、あとは何をすればよいのでしょうか？

次に、Power BI側でデータ更新の設定をする必要がある。どのデータセットを、どれだけの頻度で、いつ更新するかなどを設定していこう。

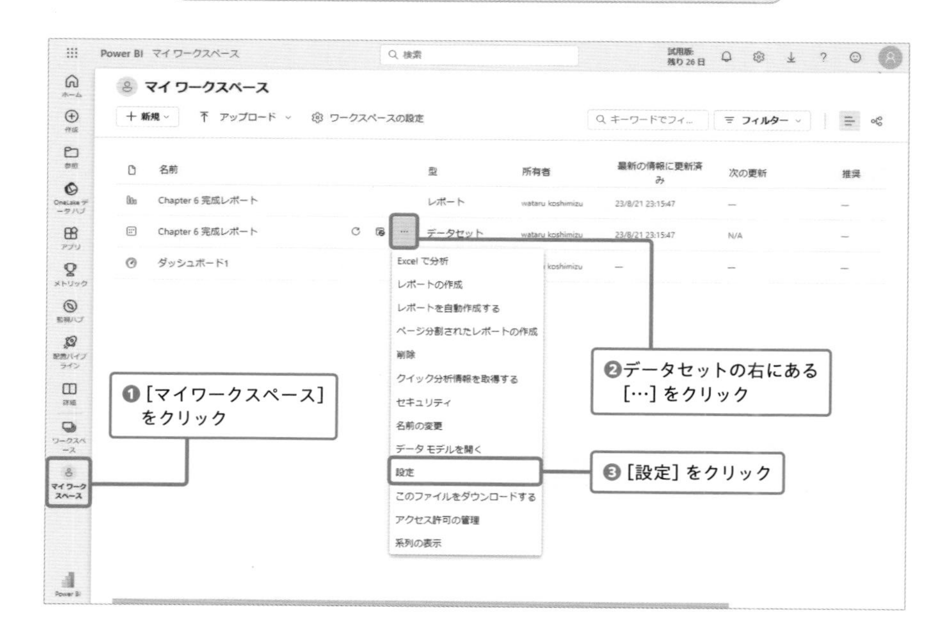

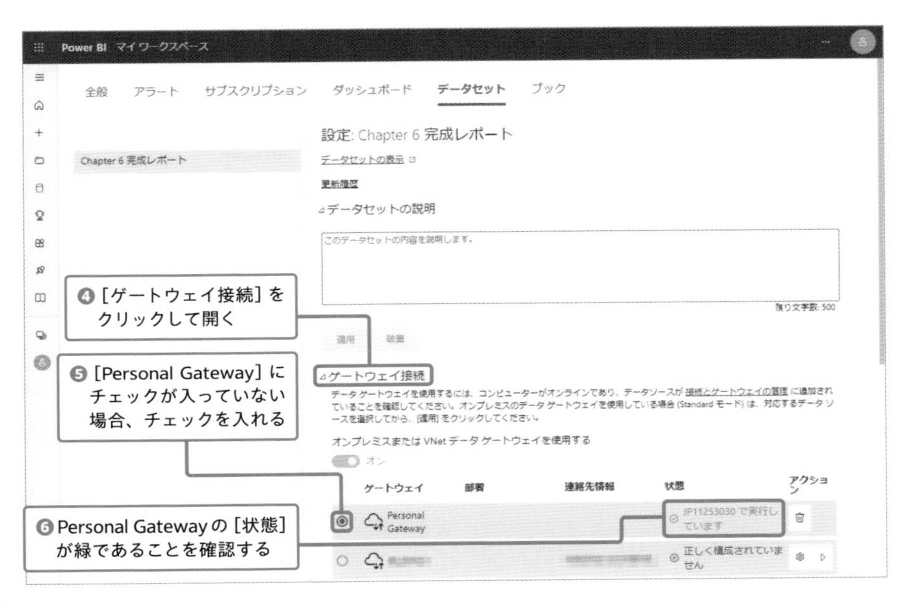
Power BI　マイ ワークスペース
全般　アラート　サブスクリプション　ダッシュボード　データセット　ブック
設定: Chapter 6 完成レポート
Chapter 6 完成レポート
データセットの表示
更新履歴
データセットの説明
このデータセットの内容を説明します。
残り文字数: 500
適用　破棄
ゲートウェイ接続
オンプレミスまたは VNet データ ゲートウェイを使用する
オン
ゲートウェイ　部署　連絡先情報　状態　アクション
Personal Gateway
JP11253030 で実行しています
正しく構成されていません
❹［ゲートウェイ接続］をクリックして開く
❺［Personal Gateway］にチェックが入っていない場合、チェックを入れる
❻Personal Gatewayの［状態］が緑であることを確認する

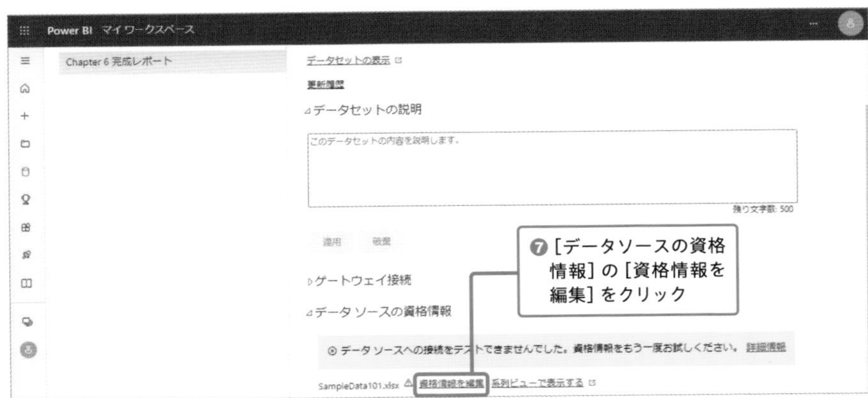
Power BI　マイ ワークスペース
Chapter 6 完成レポート
データセットの表示
更新履歴
データセットの説明
このデータセットの内容を説明します。
残り文字数: 500
適用　破棄
ゲートウェイ接続
データ ソースの資格情報
データ ソースへの接続をテストできませんでした。資格情報をもう一度お試しください。 詳細情報
SampleData101.xlsx　資格情報を編集　系列ビューで表示する
❼［データソースの資格情報］の［資格情報を編集］をクリック

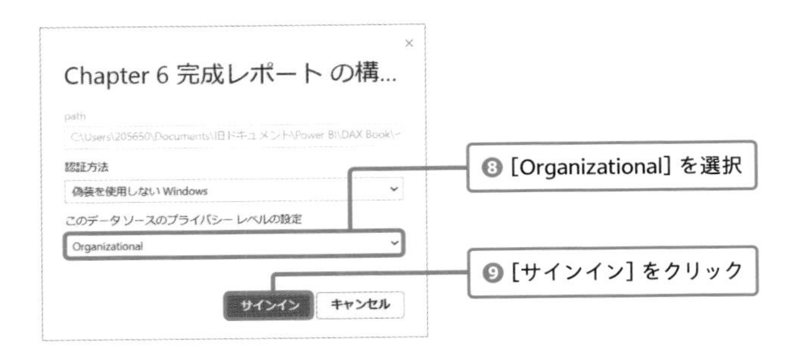
Chapter 6 完成レポート の構...
path
認証方法
偽装を使用しない Windows
このデータ ソースのプライバシー レベルの設定
Organizational
サインイン　キャンセル
❽［Organizational］を選択
❾［サインイン］をクリック

次のページに続く

プライバシーレベル

プライバシーレベルは、データソースを利用できるユーザーの範囲を表しており、None、Private、Organizational、Publicの4つのレベルがあります。それぞれの詳しい説明はMicrosoftのサイトを参照してください。
https://learn.microsoft.com/ja-jp/power-bi/enterprise/desktop-privacy-levels

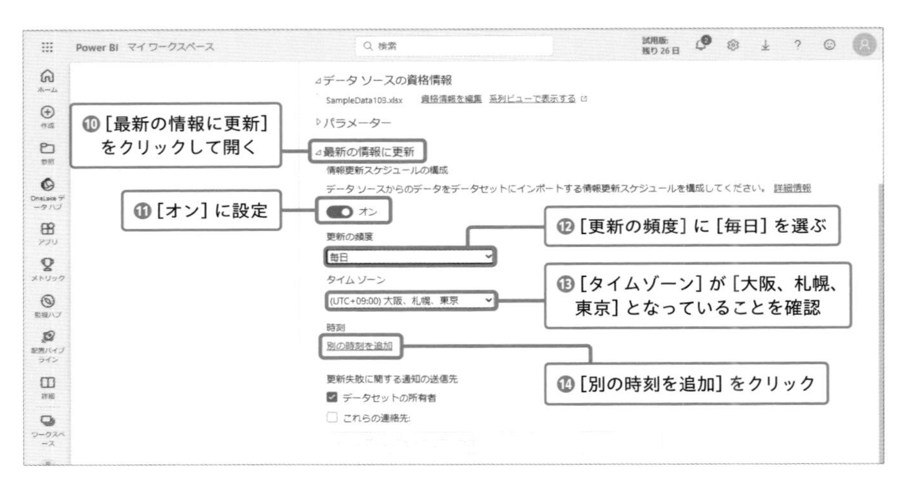

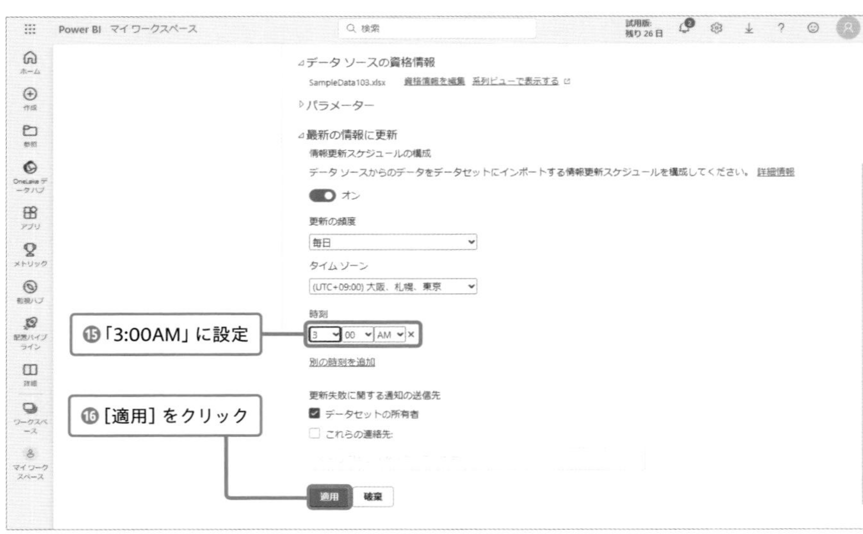

これで毎日午前3時に自動でデータが更新されるんですか？

その通り。非常に便利だけど、ゲートウェイをインストールしたPCがその時間に使用可能である必要があるから、夜にシャットダウンなどをしないように気をつけよう。

PCの電源が入っている時間帯を選ぶ必要があるんですね。

もしそれが難しい場合は、サーバー用の標準モードのゲートウェイのほうが便利かもしれない。サーバーは一般的に、夜も含めてほとんどの場合で使用可能だからね。

なるほど。ところで、スケジュールした時刻を待たずにデータを更新したい場合はどうすればいいんですか？

その場合は、データセットの右にある［今すぐ更新］のアイコンをクリックしよう。

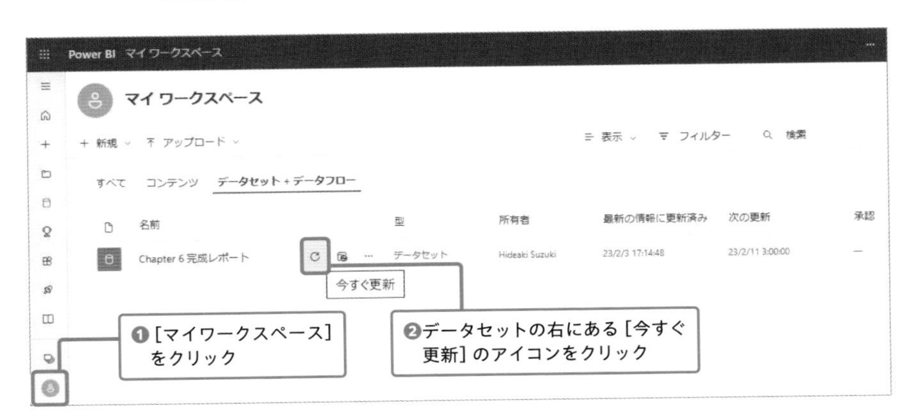

次のページに続く

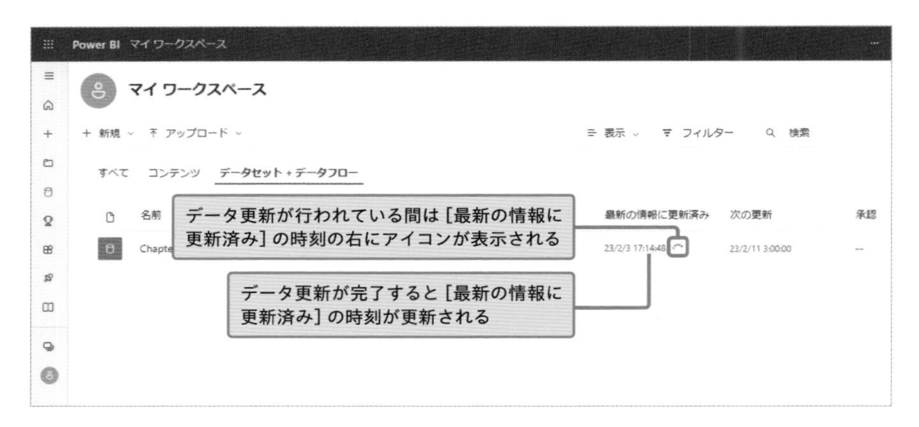

おお！　これで、好きなタイミングで更新することもできますね！

Power BIサービスの基本的な機能は理解できたね。ここまで来れば、データを読み込んで加工し、レポートを作成して共有するという一連の流れができるようになったと思う。

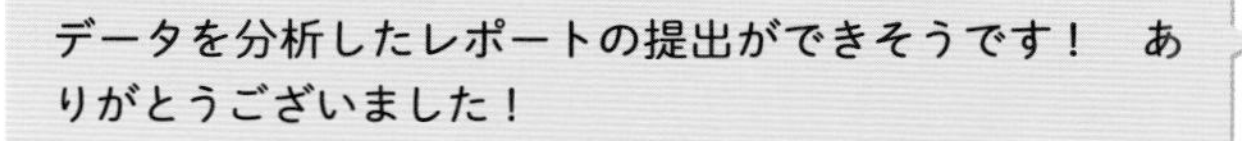

データを分析したレポートの提出ができそうです！　ありがとうございました！

終わりに

これで、Power BI DesktopからPower BIサービスまでの主な機能の使い方の説明はいったん終わりにしよう。

うーん、長かったような短かったような……。

そうだろうね。人によってBI関連のツールの知識は違うから、Power BIのどの部分がわかりやすく、どの部分が難しく感じるかは異なると思う。理解しづらかった箇所は必要に応じて見返しておこう。

わかりました！　ところで、この本の内容を理解すれば、Power BIでどのようなレポートも作成できるようになりますか？

そうだね……、ビジネスに必要なレポートの中には、非常に複雑なものもあるから、どんなニーズにも対応できるようになるとまではいえないかな。

それじゃあ、より高度なPower BIの知識を身につけたい場合にはどうすればいいんですか？

数年前までは日本語の教材が少なかったけれど、最近は参考にできる書籍や動画も増えている。なので時間さえあれば、あとは勉強しようと思ったらいくらでも学べると思うよ。

そうなんですね。具体的にはどんなことを勉強したらいいんでしょうか？

この本の最初に説明した通り、Power BI Desktopはレポート、データ、モデルという3つのビューとPower Queryという大きな4つの機能に分けることができる。それぞれの部分に特化した書籍や動画もあるので、それらを参考にしたらいいんじゃないかな。

なるほど……！　もっと勉強してみたくなりました！

あとは、データ加工に関しての知識を増やしたい場合にはPower QueryやDAX、基となるデータの構造をどのようにすればよいのか勉強したい場合にはデータモデリングの知識などだね。スポット的に特定の機能やDAX関数を調べたい場合にはYouTubeが便利だし、体系的に勉強したい場合には書籍やオンライン学習サイトUdemyなどで勉強するといいと思うよ。

わかりました！　ありがとうございます！

INDEX

英字・記号

あ行

か行

さ行

た行

は行

ま行

ら・わ行

● 著者プロフィール

鈴木ひであき

立命館大学経済学部卒業
カリフォルニア大学リバーサイド校理工学部数学科卒業
カリフォルニア州立大学大学院フラトン校コンピューターサイエンス専攻修士課程修了

2004年〜2015年、ロサンゼルスにあるSolver, Inc.でBI関連の仕事に従事。SQL、ETL、DWHを専門とするエンジニアとして、ComcastやLos Angeles Dodgers等を顧客とした大型プロジェクトをこなす。2020年からPower BI関連の書籍を執筆・出版、UdemyとYouTubeでも動画を配信中。

● スタッフリスト

カバーデザイン	沢田幸平（happeace）
カバー・本文イラスト	千野エー
本文デザイン・DTP	横塚あかり（リブロワークス・デザイン室）
校正	株式会社聚珍社
デザイン制作室	今津幸弘・鈴木 薫
制作担当デスク	柏倉真理子
編集	リブロワークス
編集長	柳沼俊宏

■商品に関する問い合わせ先

このたびは弊社商品をご購入いただきありがとうございます。本書の内容などに関するお問い合わせは、下記のURLまたは二次元バーコードにある問い合わせフォームからお送りください。

https://book.impress.co.jp/info/

上記フォームがご利用いただけない場合のメールでの問い合わせ先
info@impress.co.jp

※お問い合わせの際は、書名、ISBN、お名前、お電話番号、メールアドレスに加えて、「該当するページ」と「具体的なご質問内容」「お使いの動作環境」を必ずご明記ください。なお、本書の範囲を超えるご質問にはお答えできないのでご了承ください。

- ●電話やFAX でのご質問には対応しておりません。また、封書でのお問い合わせは回答までに日数をいただく場合があります。あらかじめご了承ください。
- ●インプレスブックスの本書情報ページ https://book.impress.co.jp/books/1122101109 では、本書のサポート情報や正誤表・訂正情報などを提供しています。あわせてご確認ください。
- ●本書の奥付に記載されている初版発行日から3年が経過した場合、もしくは本書で紹介している製品やサービスについて提供会社によるサポートが終了した場合はご質問にお答えできない場合があります。

■落丁・乱丁本などの問い合わせ先

FAX：03-6837-5023
service@impress.co.jp

※古書店で購入された商品はお取り替えできません。

よく分(わ)かるPower BI(パワー ビーアイ)
データを可視化(かしか)して業務効率化(ぎょうむこうりつか)を成功(せいこう)させる方法(ほうほう)

2023年10月1日　初版発行

著　者　鈴木(すずき)ひであき
発行人　高橋隆志
発行所　株式会社インプレス
〒101-0051　東京都千代田区神田神保町一丁目105番地
ホームページ　https://book.impress.co.jp/
印刷所　音羽印刷株式会社

ISBN978-4-295-01786-8　C3055
Printed in Japan